大数据
分析统计应用丛书

非结构化 UNSTRUCTURED BIG DATA ANALYSIS
大数据分析

主编 李翠平

U0385907

中国人民大学出版社
·北 京·

大数据分析统计应用丛书编委会

主任委员

袁 卫 纪 宏
房祥忠 陈 敏
刘 扬

编 委
（按拼音顺序）

总　序

一

　　统计学是收集、分析、展示和解释数据的方法性质的一门科学。信息技术的蓬勃发展，使统计在经济、社会、管理、医学、生物、农业、工程等领域有了越来越多、越来越深入的应用。2011 年 2 月，国务院学位委员会第 28 次会议通过了新的《学位授予和人才培养学科目录（2011）》，将统计学上升为一级学科，这为统计学科建设与发展提供了难得的机遇。

　　一般认为，麦肯锡公司的研究部门——麦肯锡全球研究院（MGI），在 2011 年首先提出了大数据时代（age of big data）的概念，并引起了全球广泛的反响。大数据是指随着现代社会的进步和信息通信技术的发展，在政治、经济、社会、文化等各个领域形成的规模巨大、增长与传递迅速、形式复杂多样、非结构化程度高的数据或者数据集。它的来源包括传感器、移动设备、在线交易、社交网络等，其形式可以是各种空间数据、报表统计数据、文字、声音、图像、超文本等各种环境和文化数据信息等。大数据时代是一个海量数据开始广泛出现、海量数据的运用逐渐普遍的新的历史时期，也是我们需要认真研究与应对的一个新的社会环境与社会形式。

　　大数据时代对统计专业的学生提出了更高的要求。他们不仅需要具有扎实的统计理论基础，并且要熟练掌握各种处理大数据和统计模型分析的计算机技能，还要懂得如何提出研究问题、如何判断数据质量、如何评价模型和方法，以及如何准确清晰地呈现分析结果。这对统计教育和人才培养提出了新的目标和方向。

二

　　顺应时势，在教育部全国应用统计专业学位研究生教育指导委员会推动下，由中国人民大学、北京大学、中国科学院大学、中央财经大学、首都经济贸易大学五所高校发起，集中统计学科、计算机学科、经济与管理学科的相关学院优势，依托应用统计专业硕士项目，组建了北京大数据分析硕士培养协同创新平台。2014 年 9 月首届实验班正式招生并开始授课。

实验班每年招收约 50～60 名学生，分别来自中国人民大学、北京大学、中国科学院大学、中央财经大学、首都经济贸易大学等院校。他们均是以优异成绩进入上述高校应用统计硕士项目的本科毕业生，对大数据分析有浓厚的兴趣，立志为大数据分析领域的发展做出贡献。

大数据分析硕士的培养是为了满足政府部门和企业等用人单位利用大数据决策的需求，其核心竞争力是快速部署从大数据到知识发现和价值的能力，培养方案与国际接轨，核心内容是面向大数据的统计分析和挖掘技术。经过前期的充分论证，大数据分析硕士培养方案确定了核心必修课与分方向的选修课。必修课的重点内容为统计学和计算机科学的交叉部分，侧重于培养从大数据到价值的实践能力，包括大数据分析必备的计算机基础技能、面向大数据分析的计算机编程能力、大数据统计建模和挖掘能力。每门必修课均配备了 5 人以上的教学团队，由包括国家"千人计划"入选者、长江学者、国家杰出青年基金获得者在内的在相关领域有较高造诣的中青年学者组成。

大数据分析硕士培养协同创新平台是一个面向政府部门和企业等大数据分析人才需求单位开放的平台，目标是建成一个政产学研有机融和的协同创新平台。2014 年 5 月 19 日平台成立大会就汇集了《人民日报》、新华社、中央电视台、中国移动、中国联通、中国电信、全国手机媒体专业委员会、SAS（北京）有限公司、华闻传媒产业创新研究院、北京华通人商用信息有限公司、龙信数据（北京）有限公司等，成为该平台的第一批实践培养和研发基地。在 2014 年 9 月开学典礼上又有中国科学院计算机网络信息中心、中国中医科学院、商务部国际贸易学会、国家食品安全风险评估中心、北京商智通信息技术有限公司、史丹索特（北京）信息技术有限公司、北京太阳金税软件技术有限公司、北京京东叁佰陆拾度电子商务有限公司、北京知行慧科教育科技有限公司、中关村大数据产业联盟、艾瑞咨询集团 11 家单位加入平台建设的联盟协作单位。实际部门的踊跃参与说明大数据分析人才培养的巨大发展空间。为了加强大学与实际部门专家的双导师制度，开学典礼上为第一届实验班专门聘任了 26 名实际部门专家担任硕士研究生指导教师。

2015 年 1 月 15 日，大数据分析硕士培养协同创新平台联合京东、奇虎 360、艾瑞咨询集团、华通人等多家公司举办了针对学生实习的宣讲会。会后组织学生到各相关部门进行有关数据挖掘、大数据分析的实习工作，学生们得到了锻炼。

为活跃学术氛围，拓展学生视野，大数据分析硕士培养协同创新平台组织了大数据分析学术系列讲座，邀请学界、业界相关人士交流分享学术、行业前沿的经验，共同推进大数据人才培养以及学术成果的转化。

三

迄今为止，五校联合大数据分析硕士实验班已经成功开展两届。在此基础上，课程组全体教师及时收集学生反馈意见，积极组织讨论，联合中国人民大学出版社，启动了"大数据分析统计应用丛书"的编写工作。

本套丛书第一期出版四本。《大数据分析计算机基础》着重介绍数据分析必备的计算机技能，包括 Linux 操作系统与 shell 编程，数据库操作与管理；面向大数据分析的计算机编程能力，我们重点推荐了 Python 语言。《大数据探索性分析》的内容包括大数据抽样、预处理、探索性分析、可视化以及时空大数据案例。《大数据分布式计算与案例》介绍了单机并行计算以及 Hadoop 分布式计算集群，在此基础上介绍了 HDFS 文件管理系统以及 MapReduce 框架、各种统计模型的 MapReduce 实现，此外还介绍了处理大数据最常使用的 Hive，HBase，Mahout 以及 Spark 等工具。《大数据挖掘与统计机器学习》介绍了常用的统计学习的回归和分类模型、模型评价与选择的方法、聚类和推荐系统等算法，所有方法均配有 R 语言实现案例，支持向量机和深度学习方法给出了 Python 实现案例，最后是三个数据量在 10G 以上的大数据案例分析，所有的数据和程序均可下载。相信读者在学习本套丛书的过程中，数据处理与分析能力会得到锻炼和提高。

　　在丛书第一期的基础上，我们也在积极策划第二期，内容包括非结构化大数据分析、大数据统计模型、统计计算与统计优化方法等，希望可以涵盖更多的数据类型与统计方法。

　　该丛书面向的读者主要是应用统计专业硕士，也可以作为统计专业高年级本科生、其他专业的本科生、研究生以及对大数据分析有兴趣的从业人员的参考书，希望这套丛书可以为我国大数据分析人才的培养奉献我们的绵薄之力。

丛书编委会

前　言

　　非结构化数据是与结构化数据相对应的概念。要理解什么样的数据是非结构化的，先来看一下什么是结构化数据。结构化数据通常指具有固定格式的数据，例如，存放在关系数据库中的二维表格就是一种典型的结构化数据。这类数据由若干行和列组成。每一行表示一个对象，每一列表示对象的一个属性。例如，日常生活中经常使用的通讯录、工资单等就是这种类型的表格。

　　可以看出，结构化数据具有固定的格式，看上去非常规整。这类数据可能是为了数据挖掘而特定收集的，在收集之初就设计好了格式；也有可能是经过了某个数据转换过程而得到的。对这类数据而言，行的增加比较容易，每增加一行相当于增加一个新的样本。而列的增加要困难得多，这要求对所有已存在的样本进行检查，并且为每一个样本的新属性添加测量值。

　　与结构化数据相反，非结构化数据指无固定格式的数据，例如，文本、网页、图像、视频、数据流、序列、社交网络、图结构等。这类数据也许存在着某种程度的内部结构，但是由于不具有固定的格式，所以通常称为非结构化数据。现有数据中绝大多数数据都是非结构化数据，而且随着时间的推移，非结构化数据的增长速度要远远超过结构化数据的增长速度。

　　传统结构化数据的统计分析已经较为普遍，但对于非结构化数据的分析，虽然已经引起业界和学界的广泛关注，但是仍有很大的探索空间。究其原因，主要源于非结构化数据的特点。与结构化数据相比，非结构化数据突破了结构定义不易改变和数据定长的限制，其数据存储和分析都更加复杂多样。

　　本书介绍了四种典型非结构化数据的分析和挖掘技术，分别是文本数据、社交网络数据、数据流数据和多媒体数据（包括图像、音频和视频），共 12 章。

　　第 1～5 章，主要介绍了文本挖掘的时代背景、文本挖掘与数据挖掘的关系、文本预处理、文本分类、文本聚类、话题检测、观点挖掘和情感分析等。第 6～10 章，主要介绍了社会网络的相关基本概念、常见统计属性、社区发现、个体社会影响力分析、链路预测、网络信息扩散等。第 11 章，主要介绍了数据流中的变化探测、直方图、聚类和分类等。第 12 章，主要介绍了图像、音频和视频数据的特征提取、内容检索、内容识别等。

为了便于读者学习，大部分内容除了理论讲解之外，还给出了相应的在大数据环境下的上机实践案例。例如，在文本挖掘部分，给出了在 Spark 环境下用朴素贝叶斯进行垃圾短信识别、用 LDA 模型进行话题检测的 Scala 语言实现代码，以及用 LIBSVM 实现的发债企业负面新闻识别系统的实现方案；在社会网络分析部分，用 Spark GraphX 实现了微博用户关系分析和个体社会影响力计算，给出了相应的 Scala 语言实现代码、边聚类社区发现算法的 C 语言实现代码，以及基于邻居相似度指标的链路预测算法和两种信息扩散计算过程的 R 语言实现代码。

本书第 1~5 章由李翠平、刘苗、卫斌合作撰写，第 6~10 章由马丽丽和孙怡帆合作撰写，第 11 章由贾金柱撰写，第 12 章由李锡荣和许洁萍撰写。全书由李翠平统稿校对。中国人民大学数据仓库与商务智能实验室的很多同学参与了本书的写作和研讨、实践案例设计、书稿校对等，他们是：王绍卿、赵衍衍、付岩松、葛昊、邵国栋、刘颖智、张超杰、李青华。作者在此对他们的支持和帮助表示诚挚的谢意。

最后，感谢北京五校联合（中国人民大学、北京大学、中国科学院大学、中央财经大学、首都经济贸易大学）大数据分析硕士培养协同创新平台的所有老师；感谢中国人民大学出版社的大力支持。

我们在编写本书的过程中，尽可能做到深入浅出，力求概念正确，理论联系实际。非结构大数据分析是一个应用很广的领域，发展非常迅速，但我们水平有限，书中一定存在许多不足之处，希望同行和广大读者不吝赐教，多提宝贵意见。

李翠平

目　录

第1章　文本挖掘概述

1.1　时代背景

随着计算机与网络技术的发展，一方面，科学、工程、商业计算等领域需要处理大规模的数据。例如，在高能物理、天文学、生物学和地球科学等领域，每年的数据规模都能达到若干 PB；另一方面，用户在生活工作中使用社交网络、新闻网站、办公软件等所创建的内容数据也呈爆炸式增长，例如，在谷歌、脸书、百度、新浪微博等应用中产生的数据量甚至能达到 EB 级。

用户创建的这些内容数据，有很大一部分是用自然语言表达的文本数据。

这些文本数据包括微博、电子邮件、政府报告、学术文献、网页、会议纪要等。它们具有丰富的语义，蕴含了人们对自然界的认识，代表人们对不同事物的观点和偏好，具有极大的挖掘价值。例如，网络购物之后，消费者通常会发表对某个产品的评论，其他消费者会根据这些评论来决定是否选择购买该产品，厂家则可以根据这些评论来对产品加以改进。

文本数据是一种典型的非结构化数据。由于缺乏类似结构化数据那样固定清晰的模式结构，计算机很难理解文本数据的语义，也很难对其进行自动化处理。几十年来，人们一直在探索如何能让计算机精确地理解自然语言，同时自动地对文本数据进行分析。但到目前为止，这个愿望还没有完全实现。尽管如此，人们还是研究并提出了很多基于规则和统计的自动化文本分析和挖掘技术，本章主要对这些技术进行介绍。

1.2　文本挖掘与数据挖掘

文本挖掘是数据挖掘的一种特殊形式。首先来看什么是数据挖掘。数据挖掘是从大量的、不完全的、有噪声的、模糊的、随机的数据中，提取隐含在其中的、人们事先不知道的、但又是潜在有用的信息和知识的过程。简单地说，数据挖掘是从大量数据中提取或挖掘知识的过程。数据挖掘要处理的原始数据可以是任何类型的，比如可以是表格、文本、网页、图像、视频、数据流、序列、图结构，等等。而文本挖掘主要指基于文本这种特定类型的原始数据进行的数据挖掘。因此，文本挖掘可以看作数据挖掘的一个分支。

文本挖掘有时也称为文本数据挖掘、文本知识发现、文字探勘、文本分析等。虽然文本挖掘的定义和数据挖掘有相似之处，但由于文本数据具有非结构化的特点，缺乏机器可理解的语义，传统的数据挖掘技术并不能直接应用于文本数据，即使可以使用，也需要建立在对文本预处理的基础之上。也就是说，首先需要将非结构化的文本数据转换为结构化的数据。

1.2.1 从非结构化数据到结构化数据

文档是典型的非结构化数据，文本挖掘通常在文档集合上进行。由于传统的数据挖掘算法大多以结构化数据作为输入，不能直接在原始的文档形式上进行，所以在进行文本挖掘时需要首先将文本转换为结构化数据，然后才能使用传统的数据挖掘算法进行模式的挖掘。通常将这个从非结构化数据到结构化数据的转换过程称为文本预处理。

文本预处理的主要任务是将文本转换为二维表格。由于二维表格中的每行代表一个对象（或者叫样本），因此，进行转换的时候可以将每一篇文档看作一个样本，转换成二维表格中对应的一行（也可看作一个向量）。如何将一篇文档转换成一个向量呢？需要经历如下三步：

第一步，分词，即将一个文档切分成一个一个的词。例如，将文档"我喜欢文本挖掘课程"划分成"我 喜欢 文本 挖掘 课程"5个词。英文等文档由于词和词之间有空格作为分界符，分词相对容易。中文文档由于词和词之间并没有分界符存在，分词相对困难得多。分词属于自然语言处理技术范畴，目前已经提出了多种分词算法，如基于字符串匹配的分词算法、基于统计的分词算法、基于知识理解（规则）的分词算法、基于字标注的分词算法等。基于这些算法，人们也开发出了一些现成的分词工具，如中科院计算技术研究所开发的汉语词法分析系统 ICTCLAS 等。

第二步，去除停用词、取词根。经分词程序处理后的文本句子变成了词＋空格＋词的表现形式。其中许多语气助词、副词、连词等虚词虽然出现频率很高，但并无实际使用意义，如"的""地""得""着""了""过"等，需要将其删除。这类词在文本预处理中称为停用词（stop word）。另外，英文里面有些经过变形的词，要将其还原成词根。例如，类似于"studying""studied"这样的词，要将其还原成"study"。这一步通常称为取词根。

第三步，文本表示，即将每一篇文档表示成一个向量。前面提到，二维表格是一种典型的结构化数据表现形式。文本预处理的目标就是要将非结构化的文本数据表示为类似二维表格等结构化数据的表示形式。其中每个文档相当于二维表格中的一行，文档集合中经分词及去停用词取词根处理后的每个词取词根作为二维表格中的一个属性列。用作列属性的这些词也叫特征词。相关表示形式如图 1-1 所示。

	特征词 1	特征词 2	特征词 3	⋯	特征词 n
文档 1	权重 11	权重 12	权重 13	⋯	权重 $1n$
文档 2	权重 21	权重 22	权重 23	⋯	权重 $2n$
文档 3	权重 31	权重 32	权重 33	⋯	权重 $3n$
文档 4	权重 41	权重 42	权重 43	⋯	权重 $4n$
⋮	⋮	⋮	⋮	⋮	⋮
文档 m	权重 $m1$	权重 $m2$	权重 $m3$	⋯	权重 mn

图 1-1　文档集合的结构化表示形式

这种表示方式称为文本的向量空间模型，即用向量空间模型来表示文本。在向量空间模型中，图 1-1 中的每一个特征词称为向量空间模型中的一个维度，即文本集可以看作由一组特征词（特征词 1，特征词 2，特征词 3，特征词 4，⋯，特征词 n）组成的向量空间，每个文本文件可以看成这 n 维空间中的一个向量。权重可以根据不同的方法计算得出。最简单的向量空间模型是布尔模型，它将某个词在文档的出现与否作为权重的度量指标，词出现时权重为 1，没出现时权重为 0。例如，如下三个经过分词之后的文档所生成的布尔模型如图 1-2 所示。

文档 1："我　喜欢　文本　挖掘"；

文档 2："我　喜欢　信息　检索"；

文档 3："我　是　一个　学生"。

	我	喜欢	是	文本	挖掘	信息	检索	一个	学生
文档 1	1	1	0	1	1	0	0	0	0
文档 2	1	1	0	0	0	1	1	0	0
文档 3	1	0	1	0	0	0	0	1	1

图 1-2　布尔向量空间模型示例

至此，我们又看到了熟悉的二维表格数据，也意味着，非结构化到结构化数据的转换完成。将转换之后的二维表格数据输入到经典的数据挖掘算法中，就能够得到想要的各种挖掘结果。当然，这里只是做了一个简单的示例，实际中需要考虑更多的问题。更详细的内容请参见本书第 2 章中的"分词技术"及"文本表示"两节。

1.2.2　文本挖掘的知识类型

如上所述，文本挖掘是从大量的、不完全的、有噪声的文本数据中提取隐含在其中的、潜在有用的信息和知识的过程。这些信息和知识是人们在用自然语言进行表达时蕴含在文本中的，不同的人将自己对自然界的认识、对事物的看法表达出来，存放在文本数据中。现在，需要从这些大量的多人产生的文本中将这些有用的知识挖掘出来。一般来说，需要对如下知识进行挖掘：

（1）关于自然语言本身的知识。寻找关于自然语言的使用方法、词语搭配、同义词情况、俗语情况等的知识。

（2）关于文本内容的知识。寻找蕴含在自然语言中的关于某个特定的人或物的看法或认识，主要有文本分类和聚类、话题检测、文本摘要、文本关联分析。

（3）关于文本作者情感的知识，主要指通过文本内容来推断文本作者的观点或者情感倾向。

1.2.3 文本挖掘的过程

图1-3给出了文本挖掘过程的形象化表示。其主要步骤如下：

（1）文本获取：主要指从不同的数据源通过不同的方式获得文本挖掘所需要的文本数据。例如，可以首先通过搜索引擎技术，获得相关的结果文档，然后用这些结果文档作为文本挖掘的输入；或者，通过网络爬虫技术从互联网上爬取所需要的文本数据。有关搜索引擎和爬虫的技术本书未涉及，感兴趣的读者请参考相关书籍。

（2）文本预处理：首先对文本进行过滤，对文本的类型进行分类。而后对文本进行预处理，即进行分词、去除停用词、取词根、文本表示。最终将每一篇文档表示成一个向量，完成从非结构化数据到结构化数据的转换。

（3）文本挖掘：首先确定挖掘任务，然后选择或者设计合适的算法和工具进行挖掘操作。根据用户提供的指标，对挖掘出来的模式进行评估，并使用可视化的知识表示技术，向用户提供容易理解的数据模式（知识）。基本的文本挖掘任务通常包括：文本分类、文本聚类、观点挖掘、话题检测等，详细的内容请参照本篇后续第3、4、5章的内容。一些更高级的文本挖掘任务如问答系统、机器翻译等本书并没有涉及，感兴趣的读者请参考相关书籍。

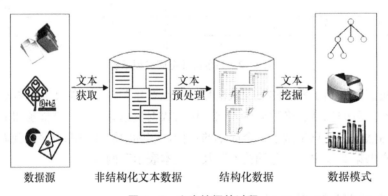

图1-3 文本挖掘的过程

1.2.4 文本挖掘的特点

文本挖掘有很多独特之处，主要表现在：（1）文本挖掘处理的是大规模的文本集合，而不是一个或少量的文本文档。（2）文本挖掘发现的知识是隐藏在大量文本文档中的，是新的、以前未知的模式或关系。（3）文本挖掘抽取的知识是以真实世界为基础的、具有潜在价值的，是直接可用的，它或者是某个特定用户感兴趣的，或者对于解答某个特定问题是有用的。（4）文本挖掘处理的是大规模的文本库，其挖掘算法复杂度较高。（5）文本数据有大量的噪声和不规则的结构，因此文本挖掘算法应具有很强的鲁棒性。

1.2.5 文本挖掘的应用

文本挖掘是应用驱动的，在商务智能、科学研究、舆情监测、自动问答、情感分析、信息安全、生物信息处理、垃圾邮件过滤、自动简历评审等方面都有广泛的应用。下面就几个重要领域展开说明。

一、商务智能

文本挖掘可以帮助企业快速搜集和整理自己企业或同类型竞争企业的商业信息，从而更好地辅助企业决策。例如，企业可以对网络购物平台的商品评价进行文本挖掘。网络购物平台的商品评价文本中包含了用户对于某个或某类商品的情感倾向和观点（支持、反对、喜欢、讨厌等）。对商家或服务提供商而言，这些观点和态度可以帮助企业改进商品缺陷，有针对性地提高服务质量，更高效地完成产品的升级换代和企业的规划安排。

二、科学研究

在科学研究中，及时获取文献中的知识是很必要的。研究人员通常需要及时了解和把握所在研究领域的最新研究热点和未来研究趋势。文本聚类技术可用于发现现有研究文献中的热点话题。通过对不同时期的文献的追踪研究，绘制出不同领域的技术发展路线图，或者通过对不同地区的文献的研究，概括出研究热点的地域分布及应用领域等，从而帮助研究者发现技术创新机会。

三、舆情监测

舆情是指公众对于现实社会中各种现象、问题，所表达的信念、态度、意见和情绪表现的总和，是实现社会调控管理不可忽视的制约力量。网络的普及以及 Web2.0 的出现，为社会大众表达对国家政策和各种社会问题的情绪与态度提供了开放的渠道，从而形成了各种各样的网络舆情信息。网络舆情成为观察民意焦点指向的一个风向标。通过对来自不同渠道的文本数据进行分析和归纳，可以全面系统地了解某一时期或某一地区的社会舆情情况，从而有利于决策者做出正确的决策。

四、自动问答

自动问答系统最突出的特点是允许用户用自然语言句子进行提问，系统会自动分析用户的提问，然后通过反问即人机交互的方式，准确地辨识用户的意图，并为用户直接返回所需要的答案。和搜索引擎相比，用户不需要将自己的问题分解成关键字，可以把整个问题直接交给问答系统。问答系统通过对问题的理解，结合自然语言处理技术，能够直接提交给用户想要的答案。因此，问答系统比传统的搜索引擎方便、快捷和高效。

文本挖掘的应用领域远不止以上四个方面，本书只简单罗列以上几类应用，相信读者可以发现更多的文本挖掘的应用案例。

习题

1. 请简述文本挖掘与数据挖掘的联系与区别。
2. 如何将非结构化数据转换为结构化数据？请简述其过程。
3. 文本挖掘的知识类型主要有哪些？

4. 请简述文本挖掘的主要过程。

5. 文本挖掘的特点是什么?

6. 文本挖掘有哪些应用?

7. 文本挖掘的主要任务通常有哪些?

参考文献

[1] 程显毅，朱倩. 文本挖掘原理. 北京：科学出版社，2010.

[2] 卫斌. 发债企业负面新闻识别分类系统. 北京：中国人民大学硕士论文，2016.

[3] 宋继华，等. 中文信息处理教程. 北京：高等教育出版社，2011.

[4] 朱巧明. 中文信息处理技术教程. 北京：清华大学出版社，2005.

[5] 宗成庆. 统计自然语言处理. 2 版. 北京：清华大学出版社，2013.

[6] Feldman R Dagan I. Knowledge discovery in textual databases (KDT) //International conference on knowledge discovery and data mining. AAAI Press，1995：112−117.

[7] Han J W，Kamber M. Data mining：concepts and techniques. Data mining concepts modsls methods & algorithms second edition，2011，5（4）：1−18.

[8] Kao A，Poteet S. Natural language processing and text mining. Springer，2007.

[9] Zhai C X，Massung S. The data management and analysis：a practical introduction to information retrieval and text mining. Association for computing machinery and morgan & claypool，2016.

第2章 文本预处理

2.1 自然语言处理

如前所述，为了进行文本挖掘，首先需要将非结构化的文本数据转换为结构化的数据，然后才能使用传统的数据挖掘算法进行模式的挖掘。通常从非结构化数据到结构化数据的转换过程称为文本预处理。因此，可以说，文本预处理是文本挖掘的基础。

文本预处理是建立在对自然语言进行计算机理解的基础上的。换句话说，自然语言处理技术对文本进行预处理后，将其转换成计算机可以理解的符号。只有让计算机很好地理解了自然语言文本，它才能帮助人们准确地从文本中挖掘出所蕴含的知识。这件事情说来容易做来难。虽然对人来说理解母语很容易，但对计算机来说，要让它理解自然语言表达的一句话，是非常困难的。本文预处理过程通常包括以下几步：

（1）词法分析。主要功能是找出自然语言的基本单位。例如，英语的基本单位就是单词，由于单词之间用空格隔开，词法分析做起来相对容易。但有些语言，比如汉语，由于词和词之间没有专门的分界符，很难确定词的边界。

（2）句法分析。主要目的是探查一个句子中多个词彼此之间的相关性，进一步揭示出句子的结构信息。

（3）语义分析。主要功能是确定一个句子要表达的语义。通常根据句子中所包含的词的语义以及句子的结构进行推断。

（4）意图分析。主要功能是根据文本上下文，推断所表达的文本背后的主要意图。语义分析只是给出了文本的表面含义，而意图分析旨在揣摩说话者要表达的更深层次的意思，即言外之意。

自然语言处理技术的宗旨就是开发出能让计算机理解自然语言的技术。从人类进化的角度看，自然语言的出现是为了实现人与人之间的交流。为了使交流更加高效，如果对话双方默认地都知道一些背景知识的话，在交流时往往会忽略它们，并基于这些背景知识进行更高层次的交流。这就使得计算机很难理解人们之间交流的内容。试想一下让一个缺乏认知能力的低龄幼儿来理解成人之间一段关于美国总统竞选的谈话。另一方面，自然语言存在很多二义性。比如句子"你在干什么"，它可以纯粹表示想知道对方在做什么，也可以表示不理解对方的行为，想责问他为什么这么做；再比如当我们看到句子"这个孩子在汽车上画画"时，既可以理解为"这个孩子在汽车上，他在画画"，也可以理解为"这个孩子在画画，他画在了汽车上"。

不同的文本分析和挖掘任务需要不同程度的自然语言处理技术。例如，就文本分类或者聚类来说，只需要将文本中的每一个句子切分成词（分词），然后挑选其中一些重要的词作为特征（特征选择），并用这些特征将文本进行表示（文本表示），在此基础上应用传统的数据挖掘技术就行了。但是，对一些更高级的文本分析任务，如问答系统或者机器翻译来讲，需要计算机能够对文本进行更精确的理解。因为对一个句子的错误理解，将导致错误的翻译结果；对一个问题的错误把握，将产生无关的甚至错误的答案。

图 2-1 显示了不同的文本分析和挖掘任务所需要的自然语言处理的精确程度。可以看出，对于本书要介绍的大多数文本挖掘任务如文本分类、文本聚类、观点挖掘、话题检测来说，自然语言处理技术本身并不是一个很大的障碍，主要涉及词法分析这一块。更具体地说，主要涉及的技术是分词、特征选择和文本表示。因此，本书并不对自然语言处理技术本身进行过多的介绍，仅对与本书所讲授的基本文本挖掘任务相关的分词、文本表示、特征选择技术进行介绍。更多的关于自然语言处理的技术请参考相关书籍。

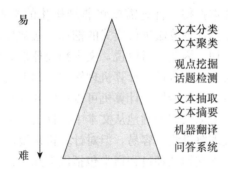

图 2-1　不同的文本分析和挖掘任务所需要的自然语言处理的精确程度

2.2　分词技术

分词（word segmentation），又称切词，是将句子切分成一个个单独的词。在以英文为代表的拉丁语系中，句子中的单词之间以空格作为天然分界符，除少数固定搭配或短语外，通常一个单词代表"分词概念"中的一个词。而在中文语言中，汉字是最小的书写单元，中文句子由一个个汉字构成，但汉字却不是最小的能够独立活动的有意义的语言成分，词才是。与英文不同的是，中文句子中词与词之间没有明显的区分标记。有的词由一个汉字组成，有的词则必须由两个或两个以上的汉字组成才能表达完整的意义。所以，在进行中文文本预处理时，必须首先对中文句子进行切词处理，也就是将句子切分成词与词的组合，即在词与词之间加入空格作为切分符号。例如，将句子"我喜欢文本挖掘课程"切分成"我 喜欢 文本 挖掘 课程"5个词。下面我们主要以中文为例，来介绍分词的主要方法和技术。

2.2.1　中文分词方法

中文分词的主流方法主要包括基于词典的机械分词方法、基于统计的分词方法、基于规则的分词方法、基于字标注的分词方法等几种。

一、基于词典的机械分词方法

基于词典的机械分词方法又名字符串匹配方法，其策略是将需要进行切词的文本字符串（句子）与一个"词典"中的词条进行匹配。若在词典中找到某个词的字符串，则匹配成功，完成该词的切词过程。句子剩余部分继续按照相关的策略进行匹配，直到所有词匹配完成，即文本字符串（句子）被切分出所有的词。按照对文本字符串（句子）扫描方向的不同，又可细分为正向匹配和逆向匹配；按照比较长度原则不同又可分为最大匹配和最小匹配。因此，理论上有4种不同的组合方法，即正向最大匹配法、正向最小匹配法、逆向最大匹配法、逆向最小匹配法。实际中正向最大匹配法和逆向最大匹配法使用较多，它们简单、易实现，且分词效率较高。

正向最大匹配法的基本思想是：假定词典中最长的词有 I 个汉字，则用待处理文档的当前字串的前 I 个汉字作为查询字段去查找词典。若词典中存在这样的一个 I 字词，则匹配成功，匹配字段被作为一个词切分出来。如果词典中找不到这样的一个 I 字词，则匹配失败，将匹配字段中的最后一个字去掉，对剩下的包含 $I-1$ 个字的字串重新进行匹配处理……如此进行下去，直到匹配成功（切分出一个词），或剩余字串的长度为零为止，这样就完成了一轮匹配。然后取下一个包含 I 个字的字串进行匹配处理，直到文档被扫描完为止。例如，对字串"长春市长春节致辞"按照3个汉字字符进行匹配，分词结果是"长春市/长春/节/致辞"。

逆向最大匹配法的基本思想与正向最大匹配法相同，不同的是，分词切分的方向与正向最大匹配法相反，且使用的分词词典也不同。逆向最大匹配法从被处理文档的末端开始匹配扫描，每次取最末端的 I 字字串作为匹配字段，若匹配失败，则去掉匹配字段最前面的一个字，继续匹配。相应地，它使用的分词词典是逆序词典，其中的每个词条都将按逆序方式存放。在实际处理时，先将文档进行倒排处理，生成逆序文档；然后，根据逆序词典对逆序文档用正向最大匹配法处理即可。

由于汉语中偏正结构较多，若从后向前匹配，可以适当提高精确度。所以，逆向最大匹配法比正向最大匹配法的误差要小。例如切分句子"长春市长春节致辞"，正向最大匹配法的结果是"长春市/长春/节/致辞"，而逆向最大匹配法利用逆向扫描，可得到正确的分词结果"长春/市长/春节/致辞"。再如"南京市长江大桥"，如果按照4个字符进行匹配，正向最大匹配法的结果会是"南京市长/江/大桥"，而逆向最大匹配法利用逆向扫描，可得到分词结果"南京市/长江大桥"。当然，最大匹配法是一种基于分词词典的机械分词法，不能根据文档上下文的语义特征来切分词语，对词典的依赖性较大，所以在实际使用时，难免会造成一些分词错误。为了提高分词的准确度，可以采用将正向最大匹配法和逆向最大匹配法相结合的分词方案，即采用双向最大匹配法。

顾名思义，双向最大匹配法是将正向最大匹配法与逆向最大匹配法相结合的方法。该方法先根据标点符号对文档进行粗切分，把文档分解成若干个句子，然后再对这些句子用正向最大匹配法和逆向最大匹配法进行扫描切分。如果两种分词方法得到的匹配结果相同，则认为分词正确，否则，按最小集处理。双向最大匹配法在实用中文信息处理系统中应用广泛。

二、基于统计的分词方法

基于统计的分词方法不依赖于词典，该方法的主要策略是：统计上下文中相邻的字同时出现的次数，次数出现越多，就越可能是一个词。这种分词方法认为字与字相邻出现的概率或频率能较好地反映词的可信度。此方法的主要模型为 N 元文法模型（N-gram），这种模型基于如下假设：需切词的句子中第 n 个词的出现只与此词前面 $n-1$ 个词相关，而与其他任何词无关，所以整个句子出现的概率就是各个词出现概率的乘积，即如果句子 S 是由词 W_1，W_2，W_3，…，W_n 组成的，句子 S 出现的概率为：

$$P(S) = P(W_1 W_2 W_3 \cdots W_n)$$
$$= P(W_1)P(W_2 | W_1)P(W_3 | W_1 W_2)\cdots P(W_n | W_1 W_2 \cdots W_{n-1})$$

但 N 元文法模型存在两个明显缺陷，一是参数空间过大，实用化难度大；二是数据严重稀疏。为弥补上述缺陷，学术界引入了马尔科夫假设，即一个词的出现仅仅依赖于它前面出现的有限的 1 个（或者几个）词。如果假设仅仅依赖于它前面出现的 1 个词（此为二元文法模型，或者称为 2-gram），则句子 S 出现概率可以简化为：

$$P(S) = P(W_1 W_2 W_3 \cdots W_n)$$
$$= P(W_1)P(W_2 | W_1)P(W_3 | W_1 W_2)\cdots P(W_n | W_1 W_2 \cdots W_{n-1})$$
$$\approx P(W_1)P(W_2 | W_1)P(W_3 | W_2)\cdots P(W_n | W_{n-1})$$

上述式子中的概率都可以通过真实语料库计算出来，使得该方法具有较好的实用性。

三、基于规则的分词方法

该方法通过模拟人对句子的理解，以达到识别词的效果。基本思想是先对句子进行语义分析和句法分析，然后利用句法信息和语义信息对文本进行分词。这种方法试图让机器具有人的理解能力，需构建具有大量语法知识的"规则"，对文本进行语法语义分析，然后根据分析结果得到句子的结构，最后基于对整个句子的理解进行分词。理想的中文句子结构是：（定）主‖[状]谓<；补>＋（定）宾，例如：（我们）学生‖[一定][要]学<；好>（专业）课程。事实上，中文在使用过程中有太多的随意性和灵活性，这给计算机理解中文带来了较大的难度。

四、基于字标注的分词方法

基于字标注的分词方法实际上是构词方法。它把分词过程视为字在字符串（句子）中的标注问题。由于每个字在构造一个特定的词语时都占据着一个确定的构词位置（词位），假如规定每个字最多只有四个构词位置，即 B（词首）、M（词中）、E（词尾）和 S（单独成词），那么下面句子（甲）的分词结果就可以直接表示成如（乙）所示的逐字标注形式：

（甲）分词结果：/北京/计划/明年/把/人口/目标/控制/在/两千万/以/内/

（乙）字标注形式：北/B 京/E 计/B 划/E 明/B 年/E 把/S 人/B 口/E 目/B 标/E 控/B 制/E 在/S 两/B 千/M 万/E 以/S 内/S/

需强调的是，这里说到的"字"不只限于汉字，也包括外文字母、阿拉伯数字和标点符号等字符。所有这些字符都是构词的基本单元。当然，汉字依然是这个单元集合中数量最多的一类字符。把分词过程视为字的标注问题的一个重要优势在于，它能够平衡地看待词表词和未登录词的识别问题。在这种分词技术中，文本中的词表词和未登录词都是用统一的字标注过程来实现的。在学习架构上，既可以不必专门强调词表词信息，也不用专门设计特定的未登录词（如人名、地名、机构名）识别模块，这使得分词系统的设计大大简化。在字标注过程中，所有的字根据预定义的特征进行词位特性的学习，获得一个概率模型；然后，在待分字串上，根据字与字之间的结合紧密程度，得到一个词位的标注结果；最后，根据词位定义直接获得最终的分词结果；总而言之，在这样一个分词过程中，分词成为字重组的简单过程。这一简单处理带来的分词结果是令人满意的。

2.2.2　中文分词工具

针对中文句子的分词方法或算法很多，基于这些算法，业内人士开发了许多成熟的分词工具。

一、LTP-cloud

语言云 LTP-cloud 是由哈尔滨工业大学社会计算与信息检索研究中心研发的云端自然语言处理服务平台。因后端依托于语言技术云平台，所以该工具能为用户提供包括分词、词性标注、依存句法分析、命名实体识别、语义角色标注在内的丰富高效的自然语言处理服务。该工具具备免安装、节省硬件资源、跨平台等优点，用户可通过其官方网站注册后调用其通用接口实现在线分词。该平台目前支持主流的编程语言，如 C++，Java，C♯，Python，Ruby 等。该平台面向非营利组织（如大学、科研院所等）以及个人研究者的非营利项目开放源代码；上述组织或个人如将该平台用于营利目的或任何营利组织中，则需要购买商业版授权。

二、ICTCLAS

中科院计算所研制的基于多层隐马尔科夫模型的汉语词法分析系统 ICTCLAS（Institute of Computing Technology, Chinese Lexical Analysis System），具备中文分词、词性标注、未登录词识别等功能。其官方网站表明其中文分词正确率较高，基于角色标注的未登录词识别能取得高于 90% 的召回率，其中中国人名的识别召回率接近 98%，分词和词性标注处理速度为 543.5KB/s。有来自中国、日本、新加坡、韩国、美国以及其他国家和地区的 30 000 多个个人和商业机构用户下载使用。NLPIR 汉语分词系统是由张华平博士在 ICTCLAS 的基础上于 2009 年推出的全新版本，为了与 ICTCLAS 区别，将此分词系统命名为 NLPIR 汉语分词系统，别名为 ICTCLAS 2013 版，现在最新版本为 ICTCLAS 2016 版。主要功能包括中文分词、词性标注、命名实体识别、用户词典等，支持 GBK 编码、UTF8 编码、BIG5 编码。新增微博分词、新词发现与关键词提取，支持多种主流操作系统（Windows，Linux 等），支持包括 C，C++，C♯，Java，Hadoop 等多种开发语言与平台。研究学习的用户可通过其官方网站下载免费使用，但需定期更新使用许可。

三、FudanNLP

FudanNLP 是由复旦大学计算机学院开发的中文自然语言处理工具包，包含机器学习算法和数据集。FudanNLP 目前可以实现中文分词 、词性标注、实体名识别 、句法分析、时间表达式识别等中文处理功能，同时还提供文本分类、新闻聚类 、Lucene 中文分词等信息检索功能。在云计算的背景下，FNLP 与云计算服务微软 Azure 合作，借助微软云平台提供云服务。

四、IKAnalyzer

IKAnalyzer 是由多个开源项目发起者、资源程序员、系统架构师林良益开发的开源的、基于 Java 语言的轻量级的中文分词工具包。从 2006 年 12 月推出 1.0 版开始，IKAnalyzer 已经推出了多个版本。最初，它是以开源项目 Lucene 为应用主体的，结合词典分词和文法分析算法的中文分词组件。新版本的 IKAnalyzer3.0 则发展为面向 Java 的公用分词组件，独立于 Lucene 项目，同时提供了对 Lucene 的默认优化实现。

2.2.3 中文分词的研究难点

虽然学术研究方面有了许多成熟的分词算法，但依然无法解决中文分词的所有问题，因为中文是一种十分复杂的语言，让计算机理解中文语言存在一些困难。中文分词突出的问题是切分歧义、未登录词识别等。

（1）切分歧义。切分歧义是指同一句话，存在两种或两种以上的切分方法。例如："门把手弄坏了"，可以切分成"门把手/弄/坏/了"，也可切分成"门/把/手/弄/坏/了"。如果不联系上下文，连人也无法确定"门把手"是否应该算一个词，更不用说计算机了。

（2）未登录词识别。未登录词是指没有被收录在分词词典中但又必须切分出来的词，包括各类专有名词（人名、地名、机构名、产品名、商标名等）、缩写词、省略语、新增词等 。未登录词主要分为两类，一类是新出现的词或者专业术语；另一类是人名、地名、机构名、其他专有名词等。随着社会的发展，每年都会有许多新词产生，而互联网的普及与应用，使新词产生的速度比以往更快，比如"北漂""蜗居""给力""高帅富"等，这些词本身不包含在词典中且无法预期，但往往流通性极强，所以不容忽视。

在未登录词识别研究中，当前技术较为成熟的是针对地名、人名等的识别，较为困难的是针对商标字号和机构名的识别，非常困难的是针对专业术语、缩略词和新词的识别。对于大规模真实文本来说，未登录词对于分词精度的影响远远超过了切分歧义。

2.3 文本表示

前面提到，二维表格是一种典型的结构化数据表现形式。文本预处理的目标就是要将非结构化的文本数据表示为类似二维表格等结构化数据的表示形式。其中每个文档相当于二维表格中的一行，文档集合中经分词及去停用词处理后的每个词作为二维表格中的一个属性列，也称原始特征。相关表示形式如图 2-2 所示。

	特征词 1	特征词 2	特征词 3	…	特征词 n
文档 1	权重 11	权重 12	权重 13	…	权重 1n
文档 2	权重 21	权重 22	权重 23	…	权重 2n
文档 3	权重 31	权重 32	权重 33	…	权重 3n
文档 4	权重 41	权重 42	权重 43	…	权重 4n
⋮	⋮	⋮	⋮	⋮	⋮
文档 m	权重 $m1$	权重 $m2$	权重 $m3$	…	权重 mn

图 2-2　文档集合的结构化表示形式

这种表示方式称为文本的向量空间模型，即用向量空间模型来表示文本。在向量空间模型中，图 2-2 中的每一个特征词称为向量空间模型中的一个维度，即文本集可以看作是由一组特征词（特征词 1，特征词 2，特征词 3，特征词 4，…，特征词 n）组成的向量空间，每个文本文件可以看成为这 n 维空间中的一个向量。例如文档 i 可以表示为 V（文档 i）＝（权重 $i1$，权重 $i2$，权重 $i3$，…，权重 in），其中的"权重 ij"的值表示"文档 i 的特征词 j"的权重值（代表特征词 j 在文档 i 中的重要程度）。权重值可以根据不同的方法计算得出。最简单的向量空间模型是布尔模型，它将某个词在文档的出现与否作为权重的度量指标，词出现时权重为 1，没出现时权重为 0。复杂一点的权重计算方法有词频法（TF）、逆向文档频率法（IDF）、词频-逆文档频率法（TF-IDF）等。

由原始特征（即文档集合中经分词及去停用词处理后的每个词）构成的向量空间模型通常存在维度数量庞大和数据过于稀疏的问题。对于一般规模的文本挖掘问题，其对应的特征空间的维数成千上万。很明显，这给存储和计算带来了极大的困难，一般的算法很难处理，因此需减少这些特征词的维数，以方便后续高效率地存储和计算。减少特征词维数的方法有两种，一种为特征选择，另一种为特征重构。简单来说，前者是从原始特征中去掉一部分特征，而后者则是通过一定的方法，将原始的特征进行重新组合和解释，找出新的特征来代表。常用的特征重构法是采用线性变换，如奇异值分解、主成分分析等方法，将样本数据从高维空间投影到低维空间来达到降维的目的。由于篇幅所限，下面仅对特征选择的几种常用方法进行简单介绍。

2.3.1　特征选择

特征选择就是从特征集 $T=\{$特征词 1，特征词 2，特征词 3，特征词 4，…，特征词 $n\}$ 中选择一个子集 $T'=\{$特征词 1，特征词 2，特征词 3，特征词 4，…，特征词 $n'\}$，其中 n' 为小于等于 n 的数值，选择的依据是特征词对文本挖掘作用的大小。通常用一个统计量来表示特征词的重要程度，通过设置一个临界阈值，将统计量大于等于此临界值的 n' 个特征词作为文本特征子集，以此作为原始文本的最新代表。这些能代表原始文本的特征词应该含义明确，出现的频度应该合适，数量上要少，当然也不能太少，也就是说临界阈值通常根据多次实验得出，不同的语料、不同的文本挖掘任务，其经验值不同，目前并无统一的理论参考。

特征选择方法主要有文档频数法（document frequency，DF）、信息增益法（information gain，IG）、卡方检验法（chi-square test，CHI）、互信息法（mutual information，MI）等。下面分别进行介绍。

一、文档频数法

文档频数（DF）主要指某个特征词在文档集合中出现的频率（即文档数量），计算公式如下：

$$DF(t) = \frac{出现特征词\,t\,的文档数}{集合中总的文档数}$$

通过文档频数法进行特征选择就是将文档频数小于某一阈值的特征词删除，从而降低特征空间的维数。文档频数法是一种最简单的特征选择技术，由于其相对语料规模的线性复杂度，它能够用于大规模的语料统计。但现实研究中往往发现，有些 DF 值较小的词相对于一些 DF 值较大的词反而更有用，比如在文本分类中，DF 值较小的词具有更多的类别区别度。有实验表明，如果一个特征词在某文档集合的80%的文档中都出现了，那么它对于文本分类来说几乎是无意义的。

二、信息增益法

信息增益法是一种较为有效的特征选择方法，该方法将特征词能够给文本挖掘所带来的信息量（即增益）作为其重要性的衡量标准。某特征词能够带来的信息量越大，该特征词就越重要。信息增益法在决策树分类中常被用作分裂属性的选择标准，其计算原理具体可参见本书3.2.1节。该方法设计巧妙，无论是在决策树分裂属性的选择中，还是在文本特征词的选择方面，都表现出很好的特性，但是这种方法并不适用于所有情况。研究发现，信息增益法更偏向于选择那些取值比较多且均匀的特征词，而那些只有少量取值的特征词往往被忽略。这一点也给不同类型的文本挖掘造成一定的局限。

三、卡方检验法

卡方检验（chi-square test）由统计学家皮尔逊推导，国际上通常用希腊字母 χ^2 表示。通过观察实际观察值与假定理论值的偏差来确定理论的正确与否是卡方检验法的核心思想。例如，假设的理论值为 E，而对于样本集的实际观察值分别为 χ_1，χ_2，$\cdots$，χ_n，则理论值 E 与实际观察值之间偏差程度的计算公式为：

$$\sum_{i=1}^{n} \frac{(\chi_i - E)^2}{E}$$

将上式计算结果进行开方，如果计算结果值比原预设的阈值小，则说明偏差很小，认为偏差是测量手段不够精确所带来的误差导致，从而认定原假设成立；如果计算结果值比原预设的阈值大，则表示偏差较大，认为此时偏差并非误差所致，即得出原假设不成立的结论。

在文本分类的特征选择阶段，一般使用"特征词 t 与类别 C 不相关"来做原假设，计算结果值越大，说明对原假设的偏离越大，即原假设"特征词 t 与类别 C 不相关"越不成立，反之"特征词 t 与类别 C 相关性较强"成立。特征选择的过程是为每个特征词 t 计算它与类别 C 的偏差值，然后从大到小排序，根据实际情况取前 K 个值对应的特征词作为新的可以代表文本集合的新特征词集合，由此代替原来多个原始特征词集，即第 K 个值为前文所提及的阈值。

卡方检验在统计某文本中是否出现过某词时，不管此词出现的次数，只统计此词是否出现过，这种方法在某种程度上夸大了某些低频词的作用，有待进一步研究和改进。

四、互信息法

与信息增益法相似，互信息法也是基于信息论的一种方法。常用于统计两个随机变量之间的相关性。对于特征词 T_j 和文档类别 C_m，如果用 P_{mj} 表示 T_j 和 C_m 同时在文档中出现的次数，Q_{mj} 表示 T_j 出现而 C_m 未出现的次数，U_{mj} 表示 T_j 不出现而 C_m 出现的次数，V_{mj} 表示 T_j 和 C_m 均未出现的次数，I 表示文档总数，那么词条 T_j 和文档类别 C_m 之间的互信息定义为：

$$MI_{mj} = \log \frac{p(T_j \& C_m)}{p(T_j)p(C_m)} \approx \log \frac{P_{mj}I}{(P_{mj}+U_{mj})(P_{mj}+Q_{mj})}$$

这里 $p(T_j \& C_m)$ 指的是 T_j 和 C_m 在文档中共现的联合概率。对于词条 T_j，可以使用如下两种方法从全局的角度计算 MI：

$$MI_{\text{avg}}(T_j) = \sum_{m=1}^{M} p(C_m)MI_{mj}$$

或

$$MI_{\max}(T_j) = \max_{m=1,\cdots,M} MI_{mj}$$

使用互信息法进行特征选择基于如下假设：在某个特定类别出现频率高，但在其他类别出现频率比较低的特征词与该类别的互信息比较大。由于该方法不需要对特征词和类别之间关系的性质作任何假设，因此非常适合文本分类的特征选择。

2.3.2　特征词权重的计算方法

如前所述，对文档进行分词并去停用词，表示为向量空间模型后，由于原始特征词数量过多，需要通过文档频数、信息增益、卡方检验、互信息等方法进行特征选择。特征选择结束后，文档集使用最终选择的特征词作为向量空间模型中的属性（列）。文本向量空间模型中，属性为各特征词，假设文档集总共有 m 个文档，最终选定的特征词有 n 个，则每个文档可以看成 n 维空间中的一个点（向量），向量空间用 mn 矩阵表示，矩阵中第 i 行与第 j 列交叉处的数值为"权重 ij"值，表示第 i 个文档中关于"特征词 j"的权重值（代表特征词 j 在文档 i 中的重要程度）。权重值可以采用不同的方法计算得出，如词频法、逆向文档频率法、词频-逆文档频率法等。下面分别对其进行介绍。

一、词频法（TF）

词频（TF）指的是某一特定特征词 t 在某一特定文档 d 中出现的次数。由于同一特征词在较长的文档中出现的次数比在较短的文档中出现的次数要多，因此，针对这一现实特点，通常需要对这个表示次数的数值进行归一化处理，以防止其数值结果倾向于较长的文档。综上，对于特征词 t，其在某一特定文档 d 中的词频的计算公式为：

$$TF_t = \frac{n_t}{\sum_k n_{k,t}}$$

式中，n_t 为特征词 t 在该文档中出现的真实次数；$\sum_k n_{k,t}$ 为该文档中所有特征词出现次数之和。

二、逆向文档频率法（IDF）

逆向文档频率（IDF）是对一个特征词 t 在文档集中普遍重要性的度量。此度量的数值主要是通过文档集中的文档总数 N 除以包含了该特征词的文档数 n，将商取对数后获得。包含特征词 t 的文档数量 n 越大，IDF 结果值越小。参考公式如下：

$$IDF_t = \log \frac{|N|}{|\{n : t \in d\}|}$$

式中，$|N|$ 是文档集中的文档总数；n 为包含了特征词 t 的文档数量。如果特征词 t 在文档集中不存在，即包括特征词 t 的文档数量为 0，这将导致上述公式中分母为 0，所以现实计算时通常对公式进行如下变形处理：

$$IDF_t = \log \frac{|N|}{|\{n : t \in d\}| + 1}$$

三、词频-逆文档频率法（TF-IDF）

词频体现了同类文档中同一特征词是否高频的特点，而逆向文档频率则认为一个特征词出现的文档频数越小，其文档类别区分能力就越强。TF-IDF 法基于如下假设前提：特征词应该在某特定类别文档中出现频率高，但在其他类别的文档中出现频率低，这对于文本分类才有现实指导意义。因此，TF-IDF 法以 TF 和 IDF 的乘积作为特征词的权重，突出词频高且类别区分能力较强的特征词，抑制词频高但类别区分能力较弱的特征词，某特征词 t 的 TF-IDF 计算公式如下：

$$TF\text{-}IDF_t = TF_t \times IDF_t$$

权重的计算方法通常根据实际情况选定，至今仍无普遍适用的最优公式，TF-IDF 法是一种经验策略，本身并无较强的科学理论基础作为支撑。但多年的实践证明，此方法的确是文本挖掘过程中一个有力的工具。

习题

1. 请简述自然语言处理的过程。
2. 中文分词有哪些常用方法？请简述各种方法的工作原理。
3. 中文分词现有的工具主要有哪些？
4. 请简述中文分词的研究难点。
5. 什么是切分歧义？举例说明。
6. 什么是未登录词？未登录词识别的难点主要在哪里？
7. 特征选择常用的方法有哪些？
8. 特征词权重的计算方法有哪些？

参考文献

[1] 宋继华，等. 中文信息处理教程. 北京：高等教育出版社，2011.

〔2〕王晓龙，等，计算机自然语言处理. 北京：清华大学出版社，2005.

〔3〕卫斌. 发债企业负面新闻识别分类系统. 北京：中国人民大学硕士论文，2016.

〔4〕周强，等. 汉语最长名词短语的自动识别. 软件学报，2000，11（2），195-201.

〔5〕朱巧明. 中文信息处理技术教程. 北京：清华大学出版社，2005.

〔6〕宗成庆. 统计自然语言处理. 2版. 北京：清华大学出版社；2013.

〔7〕Jurafsky D，Martin J H. Speech and language processing：an lntroduction to natural language processing，computational linguistics，and speech recognition. Prentice Hall Press，2000.

〔8〕Manning C D，Schütze H，Foundations of statistical natural language processing. MIT Press，1999.

〔9〕Zhai C X，Massung S. Test data management and analysis：a practical infodultion fo information retrieval and text mining. Association for computing machinery and morgan & claypool，2016.

第3章 文本分类

3.1 预测建模

文本分类是在预定的类别体系下，让计算机根据文本内容自动将文本识别为某个类别的过程。分类通常称为预测建模，目的是建立一个模型。该模型允许我们根据已知的属性值来预测其他某个未知的属性值。当被预测的属性是范畴型（category）时，称为分类；当被预测的属性是数量型（quantitative）时，称为回归。预测有很多应用，例如，可以预测未来某天是否下雨，或者某人是否患了某种疾病；也可以预测哪个人会获得贷款，或者所能获得贷款的额度。早在数据挖掘提出之前，统计学、机器学习、专家系统和人工智能领域的研究者就对预测建模做过大量的研究。数据挖掘研究人员从知识发现和应用的角度对该问题进行了更细致和深入的探讨，不仅对原有的分类和回归方法做了改进，而且提出了一些新的方法。

在预测模型中，一个变量被表达成其他变量的函数。因此，可以把预测建模的过程看作学习一种映射或函数 $Y=f(X;\theta)$。这里 f 是模型结构的函数形式，θ 是 f 中的未知参数。X 通常称为输入变量，是一个 p 维向量，代表观察到的对象的 p 个属性值。Y 通常称为响应变量，是一个标量，代表预测的结果。如果 Y 是数量型变量，那么学习从向量 X 到 Y 的映射过程叫作回归。如果 Y 是范畴型变量，则叫作分类。从学习一个 p 维向量 X 到 Y 的映射这个角度来讲，分类和回归这两种任务都可以看作函数逼近（function approximation）问题。

预测建模的训练数据由 n 对 (X,Y) 组成。每对数据中的向量 $X(i)$ 和目标值 $Y(i)$ 都是从已知数据中观察得到的（$0\leqslant i\leqslant n$）。因此，预测建模所要做的就是根据训练数据拟合出模型 $Y=f(X;\theta)$，该模型可以在给定输入向量 X 和模型 f 的参数 θ 的情况下预测出 Y

的值。具体来说，模型拟合的过程需要完成以下事情：（1）确定模型 f 的结构；（2）确定参数 θ 的值。θ 值是通过在数据集上最小化（或最大化）一个评分函数（如似然、误差平方和等）来确定的，而搜索最佳 θ 值的过程就是优化的过程，通常是数据挖掘算法的核心部分。

3.2　决策树分类

　　决策树分类的主要任务是要确定各个类别的决策区域，或者说，确定不同类别之间的边界。在决策树分类模型中，不同类别之间的边界通过一个树状结构来表示。图 3-1 给出了一个商业上使用决策树的例子。它表示了一个用户是否会购买个人电脑的判别过程，用它可以预测某人（某条记录）的购买意向。其中的内部节点（方形框）代表对记录中某个属性的一次测试。叶子节点（椭圆框）代表一个类别（buys _ computers ＝ yes 或者 buys _ computers ＝ no）。

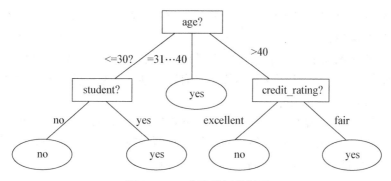

图 3-1　一个决策树的例子

　　决策树模型是一个分层的多叉树结构。树的每个内部节点代表对某个属性的一次测试。对于实数值或整数值属性，测试使用的是阈值；对于范畴型属性，测试使用的是隶属关系。树中的每条边代表一个测试结果。叶子代表某个类别或者类别的分布。树最顶端的节点是根节点。如果有 m 个属性的话，决策树最高有 m 层。

　　用决策树进行分类需要两步。第一步是利用训练集建立一棵决策树，得到一个决策树分类模型。第二步是利用生成的决策树对输入数据进行分类。对输入的记录，从根节点依次测试记录的属性值，直至某个叶子节点，从而找到该记录所属的类别。

　　决策树分类建模的基本原理是以一种递归的方式将输入变量所跨越的空间划分成多个单元，使划分出的每个单元的大多数对象属于同一个类别。例如，对于具有三个输入变量 x，y，z 的情况，可以先按 x 把输入空间划分成多个单元。然后再按 y 或 z 对这几个单元中的每一个进行划分。重复该过程直到没有必要继续划分下去。其中，划分变量或阈值的选取标准有多种，但本质上都是将数据划分成几个不相交的子集，每个子集中的对象尽可能属于同一个类别。划分变量或阈值的选取方法是贪婪搜索，即搜索每个输入变量的每个可能阈值，以找到那个能够使评分函数（通常采用误分类率）得到最大改进的阈值。图

3-2展示了针对图3-1中的两个变量 age 和 student 进行划分的过程。可以看出，该划分导致用于分类的决策区域局限于超矩形，而且矩形的边只能和输入变量坐标轴平行。有关该划分的具体过程将在后面章节详细讲解。

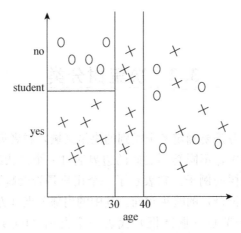

图 3-2 针对变量 age 和 student 进行分割的结果

决策树分类模型具有许多优点：（1）易于理解和解释；（2）可以处理混合类型的变量（例如，范畴型变量和数量型变量的组合），因为树结构采用简单的多元测试来划分空间（对于数量型变量使用阈值，对于范畴型变量使用隶属关系）；（3）可以快速预测新的案例。然而，构建树的方式决定了决策树模型具有顺序性。该顺序性有时导致所得的划分对输入变量空间来讲不是最优的。

决策树的结构是由数据得来的，而不是事先确定的。树结构的建立过程通常分为两个阶段：利用训练集生成决策树，然后再对决策树进行剪枝。每个阶段都有不同的方法，相应地就有各种不同的算法。下面我们对其一般过程进行描述。

3.2.1 建树阶段

决策树的生成是一个从根节点开始从上到下的递归过程。一般采用分而治之的方法，通过不断地将训练样本划分成子集来构造决策树。

假设给定的训练集 T 总共有 m 个类别。则针对 T 构造决策树时，会出现以下三种情况：

（1）如果 T 中所有样本的类别相同，那么决策树只有一个叶子节点。

（2）如果 T 中没有可用于继续分裂的变量，则将 T 中出现频率最高的类别作为当前节点的类别。

（3）如果 T 包含的样本属于不同的类别，根据变量选择策略，选择最佳的变量和划分方式将 T 分为几个子集 T_1，T_2，…，T_k，每个数据子集构成一个内部节点。

对于某个内部节点，继续进行判断，重复上述操作，直到满足决策树的终止条件。终止条件就是：节点对应的所有样本属于同一个类别，或者 T 中没有可用于进一步分裂的变量。

以下是建树算法的主要过程。

决策树 Generate _ decision _ tree 构建算法

输入：训练集 T，输入变量集 A，目标（类别）变量 Y

Generate _ decision _ tree (T, A, Y)

1. 如果 T 为空，返回出错信息；
2. 如果 T 的所有样本都属于同一个类别 C，则用 C 标识当前节点并返回；
3. 如果没有可分的变量，则用 T 中出现频率最高的类别标识当前节点并返回；
4. 根据变量选择策略选择最佳变量 X 将 T 分为 k 个子集 $(T_1, T_2, \cdots, T_k)$；
5. 用 X 标识当前节点；
6. 求 T 的每一个子集 T_i；
7. NewNode = Generate _ decision _ tree $(T_i, A-X, Y)$；//递归操作
8. 生成一个分支，该分支由节点 X 指向 NewNode；
9. 返回当前节点。

输出：决策树 Tree

在上述算法中，节点分裂（第 4 步）是生成决策树的重要步骤。只有根据不同的变量将单个节点分裂成多个节点，方能形成多个类别，因此整个问题的核心就是如何选择分裂变量。

下面我们介绍两种比较流行的分裂变量选择方法，信息增益（information gain）和增益比（gain ratio）。

一、信息增益

昆兰（Quinlan）在 20 世纪 80 年代初期所提出的决策树分类算法 ID3 中使用信息增益作为衡量节点分裂质量的标准。信息增益最大的变量被认为是最佳的分裂变量。

那么什么是信息增益呢？首先介绍信息的计算方法。假设有 n 条等概率的消息需要发送，则发送每条消息的概率 $p=1/n$。那么一条消息所能传递的信息就是 $-\log_2(p) = \log_2(n)$。如果有 8 条等概率的消息需要发送，则 $\log_2(8)=3$，意思是要确定其中的某一条消息，需要 3 个二进制位。

如果这 n 条需要发送的消息不是等概率的，而是满足一个概率分布 $P = (p_1, p_2, \cdots, p_n)$，则该分布所传递的信息（用 Info 表示）为：

$$Info(P) = p_1 \times (-\log_2(p_1)) + p_2 \times (-\log_2(p_2)) + \cdots + p_n \times (-\log_2(p_n))$$

例如，P 为 $(0.5, 0.5)$ 的话，则 $Info(P) = 1$；P 为 $(0.67, 0.33)$ 的话，则 $Info(P) = 0.92$；P 为 $(1, 0)$ 的话，则 $Info(P) = 0$。由此可以看出，概率分布越均匀，信息（或熵）越大。

明白了信息的计算方法，下面介绍如何计算信息增益。实际上，给定训练集 T，信息增益代表的是在不考虑任何输入变量的情况下，确定 T 中任一样本所属类别需要的信息，与考虑了某一输入变量 X 后确定 T 中任一样本所属类别需要的信息之间的差，差越大，说明引入输入变量 X 后，所需要的信息越少，该变量对分类所起的作用就越大，因此这种变量称为好的分裂变量。换句话说，要确定 T 中任一样本所属类别，我们希望所需要的信息越少越好，而引入输入变量 X 能够减少分类所需要的信息，因此说输入变量 X 为分类这个数据挖掘任务带来了信息增益。信息增益越大，说明输入变量 X 越重要，因此变量 X 应该被认为是好的分裂变量而被优先选择。

计算信息增益的总的思路是：（1）计算不考虑任何输入变量的情况下要确定 T 中任一样本所属类别需要的信息 $Info(T)$；（2）计算引入每个输入变量 X 后要确定 T 中任一样本所属类别需要的信息 $Info(X，T)$；（3）计算二者的差，$Info(T) - Info(X，T)$，即变量 X 的信息增益，记为 $Gain(X，T)$。下面分步介绍。

1. 计算 $Info(T)$

如果不考虑任何输入变量，而将训练集 T 中的所有样本仅按照响应变量 Y 的值分到 m 个不相交的类别 C_1，C_2，…，C_m 的话，要确定任一样本所属的类别需要的信息为：

$$Info(T) = Info\left(\frac{|c_1|}{|T|}，\frac{|c_2|}{|T|}，\cdots，\frac{|c_m|}{|T|}\right) = -\sum_{i=1}^{m} \frac{|c_i|}{|T|}\log_2\frac{|c_i|}{|T|} \tag{3-1}$$

2. 计算 $Info(X，T)$

如果考虑某个输入变量 X，将训练集 T 按照 X 的值划分为 n 个子集 T_1，T_2，…，T_n 的话，要确定 T 中任一样本所属的类别需要的信息为：

$$Info(X，T) = \sum_{i=1}^{n} \frac{|T_i|}{|T|}Info(T_i) \tag{3-2}$$

式中，$Info(T_i)$ 为确定 T_i 中任一样本所属的类别需要的信息。其计算方法与 $Info(T)$ 的计算方法类似，即

$$Info(T_i) = -\sum_{j=1}^{m} \frac{|s_j|}{|T_i|}\log_2\left(\frac{|s_j|}{|T_i|}\right) \tag{3-3}$$

式中，S_j 为 T_i 中属于类别 C_j 的样本子集。

3. 计算 $Gain(X，T)$

现在，根据 $Info(T)$ 和 $Info(X，T)$，可以计算出信息增益为：

$$Gain(X,T) = Info(T) - Info(X,T) \tag{3-4}$$

所有变量的信息增益计算完之后，可以根据信息增益的大小对所有输入变量进行排序。在创建决策树的时候，优先使用信息增益大的变量。根据这样的策略所创建出的决策树应该是比较小的。

下面来看一个采用信息增益进行决策树构造的具体例子。

[**例 3.1**] 表 3-1 是一个取自 AllElectronics 的顾客数据库（该数据取自 [Qui86][1]）。本例将其作为训练集。假设目标属性 buys_computer 只有两个不同的取值（即 {yes，no}），因此有两个不同的类别（$m=2$）。设类 C_1 对应 buys_computer=yes 的情况，而类 C_2 对应 buys_computer=no 的情况。从训练集可以看出，类 C_1 有 9 个样本，类 C_2 有 5 个样本。

表 3-1　　　　　　　　　　　　　AllElectronics 顾客数据库

RID	age	income	student	credit_rating	class：buys_computer
R1	<=30	high	no	fair	no
R2	<=30	high	no	excellent	no

---

① 本书所用数据文件可以从中国人民大学出版社网站（www.crup.com.cn）下载。

续前表

RID	age	income	student	credit_rating	class：buys_computer
R3	=31…40	high	no	fair	yes
R4	>40	medium	no	fair	yes
R5	>40	low	yes	fair	yes
R6	>40	low	yes	excellent	no
R7	=31…40	low	yes	excellent	yes
R8	<=30	medium	no	fair	no
R9	<=30	low	yes	fair	yes
R10	>40	medium	yes	fair	yes
R11	<=30	medium	yes	excellent	yes
R12	=31…40	medium	no	excellent	yes
R13	=31…40	high	yes	fair	yes
R14	>40	medium	no	excellent	no

为计算每个属性的信息增益，我们首先使用式（3-1）计算不考虑任何输入属性时，确定训练集 T 中任一样本所属类别需要的信息：

$$Info(T)=Info\left(\frac{9}{14},\frac{5}{14}\right)=-\frac{9}{14}\log_2\frac{9}{14}-\frac{9}{15}\log_2\frac{5}{14}=0.940$$

接着，需要针对每一个输入属性，计算加入该属性后，确定训练集 T 中任一样本所属类别需要的信息。

先从属性 age 开始，age 有三个不同的取值，分别是"<= 30""= 31…40"">40"。当 age 取值为"<= 30"时，共有 5 个样本，其中有 2 个样本的目标属性为 buys_computer = yes（即属于类 C_1），另外 3 个样本的目标属性为 buys_computer = no（即属于类 C_2）。当 age 取值为"= 31…40"时，共有 4 个样本，全部属于类 C_1。当 age 取值为">40"时，共有 5 个样本，3 个属于 C_1，2 个属于 C_2。对 age 的每个取值根据式 3-3 分别计算出的信息如下：

对于 age = "<=30" 　　　　$Info(T_1) = Info(2/5, 3/5) = 0.971$

对于 age = "31…40" 　　　　$Info(T_2) = Info(4/4, 0) = 0$

对于 age = ">40" 　　　　$Info(T_3) = Info(3/5, 2/5) = 0.971$

根据式（3-2），我们可以算出在考虑了输入属性 age 的情况下，确定 T 中任一样本所属类别需要的信息：

$$Info(age,T)=\frac{5}{14}Info(T_1)+\frac{4}{14}Info(T_3)+\frac{5}{14}Info(T_3)=0.694$$

因此，由式（3-4）可知，采用属性 age 进行分裂所获得的信息增益是：

$$Gain(age,T)=Info(T)-Info(age,T)=0.246$$

类似地，我们可以计算 $Gain(income，T) = 0.029$，$Gain(student，T) = 0.151$ 和 $Gain(credit\_rating，T) = 0.048$。由于 age 具有最大的信息增益，被最先选作分裂变量。因此，在图 3-3 所示的决策树结构中，我们可以看到，age 被作为根节点，并且对于 age

非结构化大数据分析

的每个取值，创建了一条分枝。同时，数据集也进行了划分。由于分枝 age "31…40" 所对应的数据子集都属于同一个类别 C_1（buys_computer = yes），因此在该分枝的端点创建了一个叶节点，并用 yes 标记。

数据集按照 age 的不同取值进行划分后的结果如图 3-3 所示。根据 age 的三个不同取值 "<= 30" "= 31…40" "> 40"，数据集被划分成了三个子集。对于每一个数据子集，可以递归应用上述分裂策略。

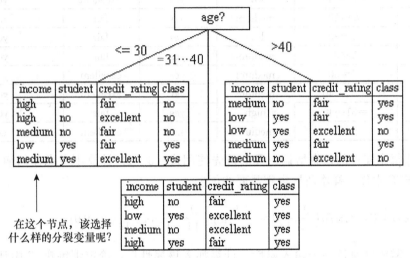

图 3-3　根据属性 age 进行数据集划分

例如，对于图 3-3 中的左边第一个数据子集（age<=30）来说，该进一步选择什么样的分裂变量呢？

可以类似地在该数据子集上计算除了 age 之外的其他每一个变量的信息增益。

对于 student 来说：

$$Gain(student, T_1) = Info(T_1) - \frac{2}{5}Info(T_{11}) - \frac{3}{5}Info(T_{12})$$

$$= 0.971 - \frac{2}{5} \times 0.0 - \frac{3}{5} \times 0.0 = 0.971$$

对于 credit_rating 来说：

$$Gain(credit\_rating, T_1) = Info(T_1) - \frac{2}{5}Info(T_{11}) - \frac{3}{5}Info(T_{12})$$

$$= 0.971 - \frac{2}{5} \times 1.0 - \frac{3}{5} \times 0.918 = 0.020$$

对于 income 来说：

$$Gain(income, T_1) = Info(T_1) - \frac{2}{5}Info(T_{11}) - \frac{2}{5}Info(T_{12}) - \frac{1}{5}Info(T_{13})$$

$$= 0.971 - \frac{2}{5} \times 0.0 - \frac{2}{5} \times 1.0 - \frac{1}{5} \times 0.0 = 0.570$$

由此可知，在 age≤30 所对应的节点应该选择 student 变量继续进行分裂。

二、增益比

信息增益作为分裂变量的选择标准时，比较偏向于选择那些取值比较多且均匀的变量，例如，产品号、顾客号等。由于该类型变量的取值是唯一的，它的信息增益总是最大。例如，考虑用表 3-1 中的 RID 作为输入变量：

$$Info(\text{RID}, T) = \sum_{i=1}^{n} \frac{|T_i|}{|T|} Info(T_i) = \sum_{i=1}^{14} \frac{1}{14} Info(T_i)$$

由于按照 RID 对 T 划分后生成的每个子集中都只有一个样本，因此其类别分布要么是（1，0），要么是（0，1），因此，$Info(T_i)$ 总是 0。

相应地，$Info(\text{RID}, T)$ 的值最小，$Gain(\text{RID}, T)$ 的值最大。因此，根据信息增益越大越好的原则，这样的变量被认为是最好的分裂变量而总是被优先选择。但实际上，这样的变量并不好。因为根据这样的变量分裂而成的决策树，在对未来的样本进行分类时没有任何意义。因为类似产品号这样的属性其值是随机生成的，未来样本的产品号不可能和现有训练集中样本的产品号相同。我们通常说一个决策树模型非常好或者非常重要，并不是因为它对已有数据进行了很好的拟合，而是因为它能够对未来数据进行正确的分类。

为此，昆兰在 1993 年对 ID3 算法进行了改进，提出了一种新的决策树分类算法 C4.5。在该算法中，使用增益比（gain ratio）代替信息增益来作为衡量节点划分质量的标准。

增益比的定义为：

$$GainRatio(X, T) = \frac{Gain(X, T)}{SplitInfo(X, T)}$$

式中，$SplitInfo(X, T)$ 是训练集 T 根据输入变量 X 的值进行划分后要确定 T 中任意样本所在的子集所需要的信息，其计算公式为：

$$SplitInfo(X, T) = Info\left(\frac{|T_1|}{|T|}, \frac{|T_2|}{|T|}, \cdots, \frac{|T_m|}{|T|}\right) = -\sum_{i=1}^{m} \frac{|T_i|}{|T|} \log_2\left(\frac{|T_i|}{|T|}\right)$$

式中，T_1，T_2，…，T_m 为按照变量 X 的值对 T 进行划分后的子集。

和信息增益一样，增益比大的变量被认为是好的分裂变量而被优先选择。增益比通过引入 $SplitInfo(X, T)$，对上面提到过的那些取值比较多且均匀的变量进行了惩罚，虽然它们的信息增益较大，但由于相应的 $SplitInfo(X, T)$ 也比较大，因此增益比并不一定很大。从而使得类似的变量不被优先选择。

例如，如果用表 3-1 中的 RID 作为分裂变量：

$$SplitInfo(RID, T) = -\sum_{i=1}^{n} \frac{|T_i|}{|T|} \log_2\left(\frac{|T_i|}{|T|}\right)$$
$$= -\sum_{i=1}^{14} \frac{1}{14} \log_2\left(\frac{1}{14}\right)$$
$$= 3.807$$

根据例 3.1 可知，$Info(T) = 0.949$。因此

$$GainRatio(RID, T) = \frac{Gain(X, T)}{SplitInfo(X, T)} = \frac{Info(T) - 0}{3.807} = \frac{0.949}{3.807} = 0.249$$

而如果使用 income 作为分裂变量的话：

$$SplitInfo(income, T) = -\frac{4}{14}\log_2\left(\frac{4}{14}\right) - \frac{6}{14}\log_2\left(\frac{6}{14}\right) - \frac{4}{14}\log_2\left(\frac{4}{14}\right) = 1.557$$

根据例 3.1 可知，$Gain(income, T) = 0.029$。因此，$GainRatio(income, T) = 0.029 / 1.557 = 0.019$。

事实上，目前已经提出了很多选择分裂变量的方法。如 CART 决策树分类算法中使用 Gini 指标（Gini index）来进行变量选择，CHAID 算法中使用一种基于独立统计 χ^2 检验的变量选择方法等。这些变量选择方法各有优缺点，尽管有一些比较研究，但并未发现哪一种方法明显优于其他方法。在实际应用中这些变量选择方法都能产生比较好的结果。

3.2.2 剪枝阶段

决策树的构造过程决定了它是与训练集中的数据完全拟合的。如果训练集中不存在噪声的话，按这种策略所生成的决策树准确度比较高。但是在有噪声的情况下，完全拟合将导致"过学习"（over fitting）的结果。所谓"过学习"，就是由于一些不具有代表性的特征也被反映到了模型中，从而使得应用该模型对未来数据进行预测时准确度反而降低。产生过学习的原因是在训练集存在噪声的情况下，为了与训练集数据完全拟合，生成了一些反映噪声的分支。这些分支不仅会在新的决策问题中导致错误的预测，而且增加了模型的复杂性。事实上，简化决策树不仅可以加快分类的速度，而且有助于提高对新数据准确分类的能力。

克服过学习问题通常采用剪枝的方法，即用一个叶子节点来替代一棵子树。剪枝的方法有很多，最主要的有如下两类：

● 先剪（pre-pruning）：在建树的过程中，当满足一定条件，例如信息增益达到某个预先设定的阈值时，节点不再继续分裂，内部节点成为一个叶子节点。叶子节点取子集中出现频率最多的类别作为自己的类别标识。

● 后剪（pos-pruning）：当树建好之后，针对每个内部节点，分别计算剪枝之前和之后的分类错误率。如果剪枝能够降低错误率的话，则将该节点所在的子树用一个叶子节点代替。分类出错率根据与训练集完全独立的测试集获得。期望剪枝后最终能形成一棵错误率尽可能小的决策树。

决策树越小越容易理解，存储与传输代价也越小。但节点过少同样会造成分类准确度的下降，因此要在树的规模和准确度之间做出权衡，防止过度剪枝（over-pruning）。

3.2.3 分类规则的生成

决策树生成之后，可以很容易地从中抽取出分类规则。树中从根节点到叶子节点的一

条路径表示一条规则。规则的左部（条件）是从根节点出发到达该叶子节点路径上的所有中间节点及其边的标号的"与"，规则的右部（结论）是叶节点的类别标号。例如，从图 3－1 所示的决策树中，可以得到一条分类规则为：IF age ＝ "＜＝30" AND student ＝ "no"，THEN buys ＿ computer ＝ "no"。

　　在对新样本进行分类时，如果该样本满足了某条分类规则的条件部分，则该规则右边的类别就是该样本的类别。如果生成的分类规则太多，还需要对规则进行简化。

3.3　贝叶斯分类

　　贝叶斯分类是一种典型的概率建模方法，用来预测一个样本属于某个特定类的概率，主要有朴素贝叶斯分类法和贝叶斯信念网络法两种。朴素贝叶斯分类法之所以被称为"朴素"的，是因为在分类的计算过程中做了一个朴素的假设，假定属性之间是相互独立的。该假设称作类条件独立，做此假设的目的是为了简化计算。但实际上，在某些情况下，属性间是不独立的，这时朴素贝叶斯分类法就不适用了。这就要采用贝叶斯信念网络分类法，该方法采用图形模型来表示属性之间的依赖关系。本节主要对朴素贝叶斯分类法进行介绍。

3.3.1　基本概念

　　设给定的训练集 T 总共有 m 个类别 C_1，C_2，…，C_m。理想的情况下，这 m 个类是互不包含并且完全的，因此对任一数据对象来说，有 $\sum_{k=1}^{m} P(C_k) =1$，其中 $P(C_k)$ 指的是该数据对象属于类 C_k 的概率。实际中，类之间可能是互相包含的，比如一个人可能患有多种疾病。当类之间出现包含关系时，可以将其转换为二分类问题（"是否患有疾病 1""是否患有疾病 2"等）。实际中可能还存在一种疾病没有包含在我们的分类模型中的情形（即类别集合是不完全的），这时可以向模型中加入一个新的类别 C_{k+1}，对应于"所有其他的疾病"。在本章的后续部分，我们都假定"类别间互不包含而且类集是完全的"。

　　朴素贝叶斯分类法基于 4 个概率存在，分别是 $P(C_k \mid X)$，$P(C_k)$，$P(X \mid C_k)$，$P(X)$。

　　其中的第一个概率 $P(C_k \mid X)$ 是需要求出的目标概率（后验概率）。即给定一个样本 i 的输入属性 X，分类的过程就是，针对各个候选类别 C_k，分别求出概率 $P(C_k \mid X)$ 的值，然后比较大小，将样本 i 分给概率值最大的那个类别。但是，概率 $P(C_k \mid X)$ 的值无法根据训练集得出。怎么办呢？贝叶斯定理告诉我们，第一个概率可以由后面的三个概率运算求出，即

$$P(C_k|X)=\frac{P(X|C_k)P(C_k)}{P(X)}$$

而上式中后面的三个概率都是可以根据训练集计算得出的。下面我们就来详细介绍它们的计算方法。为了便于讲述，我们假定样本数据由水果组成，每个水果有两个属性，一个是该水果的颜色，另一个是它的形状。给定一个样本 i，分类的过程就是，根据它的颜色和形状（输入向量 $\boldsymbol{X}$ 的值），看它是苹果还是橘子（假定只有这两种类别，苹果用 C_1 表示，橘子用 C_2 表示）。

一、概率 $P(C_k)$

这个概率表示的是先验概率。先验概率指的是在不知道任何关于样本 i 的信息的情况下（即不知道 i 的输入向量 $\boldsymbol{X}$ 的值），所知道的样本 i 属于类别 C_k 的概率 $P(C_k)$。例如，人有两种性别，如果用 $P(C_k)$（$k=1$, 2）来表示受精卵发育成为男性或女性的概率，那这个概率就是先验概率。它代表了在获得输入变量 $\boldsymbol{X}$ 的值之前的类隶属关系概率。在我们的例子中，给定样本 i，不管它是什么颜色，也不管它什么形状，$P(C_1)$ 表示样本 i 是苹果的概率，$P(C_2)$ 则表示样本 i 是橘子的概率，这时的 $P(C_1)$ 和 $P(C_2)$ 就是先验概率。

那么，如何求出先验概率 $P(C_k)$ 呢？当事先不知道这些先验概率时，需要根据背景知识、现有的数据、数据的分布假设（如属性间彼此独立）等来对先验概率进行估计。

如果训练集中的样本是随机抽取的，那么 $P(C_k)$ 就是 C_k 在训练集中发生的频率。即，$P(C_k) = S_k/S$，其中，S_k 是训练集中属于类别 C_k 的样本数，而 S 是总的样本数。例如，假设训练集中共有 100 个水果，其中 60 个是苹果，而 40 个是橘子，则 $P(C_1) = 60/100 = 0.6$，而 $P(C_2) = 40/100 = 0.4$。

当然，如果采用其他的采样模式，事情要更复杂一些。例如，在一些医疗问题中常常有意地从每一个类别中抽取等数量的样本，这样就必须使用其他的手段来估计这些先验概率了。

二、概率 $P(X \mid C_k)$

这个概率表示，样本 i 属于类别 C_k 时，i 的输入属性 X 的每个属性为某个特定值的概率。例如，已知样本 i 是苹果，则 i 的颜色为红并且形状为圆（即 X 在颜色和形状方面的取值分别为红和圆）的概率，表示为 $P(X \mid C_1)$；或者已知样本 i 是橘子，则 i 是黄色并且是圆的的概率，表示为 $P(X \mid C_2)$。

这个概率也是可以根据训练集求出的。给定具有许多属性的数据集，计算 $P(X \mid C_k)$ 的成本可能非常高。为降低计算 $P(X \mid C_k)$ 的成本，可以做类条件独立的朴素假定。给定样本的类标号，假定属性值之间相互独立，即在属性间不存在依赖关系。这样，就有

$$P(X \mid C_k) = \prod_{j=1}^{v} p(x_j \mid C_k)$$

式中，v 为输入属性的个数。概率 $P(x_1 \mid C_k)$，$P(x_2 \mid C_k)$，…，$P(x_v \mid C_k)$ 可以由训练样本估计，其中：

（1）如果 A_j 是分类属性，则 $P(x_j \mid C_k) = s_{jk}/s_k$；其中 s_{jk} 是在属性 A_j 上具有值 x_j 的样本属于类别 C_k 的数目，而 s_k 是 C_k 中的训练样本数。

（2）如果是连续值属性，则通常假定该属性服从高斯分布。因而

$$P(x_j \mid C_k) = g(x_j, \mu_{C_k}, \sigma_{Ck}) = \frac{1}{\sqrt{2\pi}\sigma_{Ck}} e^{\frac{(x-\mu_{Ck})^2}{2\sigma_{Ck}^2}}$$

其中，给定类 C_k 的训练样本属性 A_j 的值，$g(x_j, \mu_{C_k}, \sigma_{Ck})$ 是属性 A_j 的高斯密度函数，而 μ_{C_k}，σ_{Ck} 分别为平均值和标准差。

在本例中，假设训练集的 60 个苹果中，如果有 50 个颜色是红的，40 个形状是圆的，则给定样本 i 是苹果且 i 的两个输入属性分别取值为红和圆的概率 $P(X_{红圆} \mid C_1) =$ $(50/60) \times (40/60) = 0.56$。

三、概率 $P(X)$

这个概率表示任取一个样本 i，其输入向量 X 的每个属性取某个特定值的概率。比如，从水果集中任意取出一个水果，不管是苹果还是橘子，它是红色并且是圆形的概率。

这个概率也可以由训练集得出，比如 100 个水果中，有 55 个红色的，有 90 个圆形的，则任取一个水果，它是红色并且是圆形的概率为 $P(X) = (55/100) \times (90/100) = 0.495$。实际上，$P(X)$ 对于所有类来说是常数，比如本例中，不管样本 i 是苹果还是橘子，$P(X)$ 都等于 0.495。所以，后面我们会讲到，在实际分类的过程中，这个概率根本没有必要求出。

下面我们来介绍朴素贝叶斯分类法的具体方法。

3.3.2　朴素贝叶斯分类法

朴素贝叶斯分类法的工作过程如下：

（1）每个数据样本 i 用一个 v 维向量 $X = \{x_1, x_2, \cdots, x_v\}$ 表示，用来描述 X 的 v 个输入属性 $A_1, A_2, \cdots, A_v$ 的取值。

（2）假定有 m 个类别 $C_1, C_2, \cdots, C_m$。给定一个未知的数据样本 i（输入向量 X 已知，类标号未知），当且仅当：

$$P(C_k \mid X) > P(C_j \mid X), 1 \leqslant j \leqslant m, j \neq k$$

这时，朴素贝叶斯分类将样本 i 分配给类 C_k，我们最大化 $P(C_k \mid X)$。根据贝叶斯定理

$$P(C_k \mid X) = \frac{P(X \mid C_k) P(C_k)}{P(X)}$$

由于 $P(X)$ 对于所有类为常数，只需要最大化 $P(X \mid C_k) P(C_k)$ 即可。

（3）对每个类 C_k，计算 $P(X \mid C_k) P(C_k)$。样本 i 被指派到类 C_k，当且仅当：

$$P(X \mid C_k) P(C_k) > P(X \mid C_j) P(C_j), 1 \leqslant j \leqslant m, j \neq k$$

换言之，X 会被指派到 $P(X \mid C_i) P(C_i)$ 最大的类 C_i。

［例 3.2］　表 3-2 是一个取自 AllElectronics 的顾客数据库。本例将其作为训练集。假设目标属性 buys_computer 只有两个不同的取值（即 {yes, no}），因此有两个不同的类别（$m = 2$）。设类 C_1 对应 buys_computer＝yes 的情况，而类 C_2 对应 buys_computer＝no

的情况。从训练集可以看出，类 C_1 有 9 个样本，类 C_2 有 5 个样本。

给定一个新的样本 X，它的类别标号未知，前四个属性的值分别为：

$$X = (age = "\leq30", income = "medium", student = "yes", credit\_rating = "fair")$$

现在的任务是：以表 3-2 的数据作为训练集，采用贝叶斯分类法预测出 X 的类别（C_1 或者 C_2）。

根据上面的讨论，我们需要分别计算 $P(X \mid C_1)P(C_1)$ 和 $P(X \mid C_2)P(C_2)$，并比较算出来的概率哪个更大一些。如果 $P(X \mid C_1)P(C_1)$ 的概率大，则 X 的类别是 C_1，反之则是 C_2。

表 3-2   **AllElectronics 顾客数据库**

RID	age	income	student	credit _ rating	class: buys _ computer
R1	≤30	high	no	fair	no
R2	≤30	high	no	excellent	no
R3	$=31\cdots40$	high	no	fair	yes
R4	>40	medium	no	fair	yes
R5	>40	low	yes	fair	yes
R6	>40	low	yes	excellent	no
R7	$=31\cdots40$	low	yes	excellent	yes
R8	≤30	medium	no	fair	no
R9	≤30	low	yes	fair	yes
R10	>40	medium	yes	fair	yes
R11	≤30	medium	yes	excellent	yes
R12	$=31\cdots40$	medium	no	excellent	yes
R13	$=31\cdots40$	high	yes	fair	yes
R14	>40	medium	no	excellent	no

每个类的 $P(C_i)$，可以根据训练样本计算：

$$P(buys\_computer = yes) = 9/14 = 0.643$$

$$P(buys\_computer = no) = 5/14 = 0.357$$

为计算 $P(X \mid C_i)$，其中 $i = 1, 2$，需要先计算下面的条件概率：

$$P(age = "<30" \mid buys\_computer = "yes") = 2/9 = 0.222$$

$$P(age = "<30" \mid buys\_computer = "no") = 3/5 = 0.600$$

$$P(income = "medium" \mid buys\_computer = "yes") = 4/9 = 0.444$$

$$P(income = "medium" \mid buys\_computer = "no") = 2/5 = 0.400$$

$$P(student = "yes" \mid buys\_computer = "yes") = 6/9 = 0.667$$

$$P(student = "yes" \mid buys\_computer = "no") = 1/5 = 0.200$$

$$P(credit\_rating = "fair" \mid buys\_computer = "yes") = 6/9 = 0.667$$

$$P(credit\_rating = "fair" \mid buys\_computer = "no") = 2/5 = 0.400$$

由此，我们得到：

$$P(X \mid \text{buys\_computer} = \text{"yes"}) = 0.222 \times 0.444 \times 0.667 \times 0.667 = 0.044$$

$$P(X \mid \text{buys\_computer} = \text{"no"}) = 0.600 \times 0.400 \times 0.200 \times 0.400 = 0.019$$

$$P(X \mid \text{buys\_computer} = \text{"yes"}) \, P(\text{buys\_computer} = \text{"yes"}) = 0.044 \times 0.643 = 0.028$$

$$P(X \mid \text{buys\_computer} = \text{"no"}) P(\text{buys\_computer} = \text{"no"}) = 0.019 \times 0.357 = 0.007$$

因此，朴素贝叶斯分类法预测样本 X 的类别为 buys_computer = "yes"。

朴素贝叶斯分类法假定属性值之间是相互独立的。实际上，在某些情况下，属性之间是不独立的，朴素贝叶斯分类法也就不适用了。这时就要采用贝叶斯信念网络分类方法，该方法通常采用图形模型来表示属性之间的依赖关系。

3.4　支持向量机分类

关于支持向量机（support vector machine，SVM）的研究最早出现在 20 世纪 60 年代，经过几十年的研究，到 90 年代中期形成了一个较完整的体系。和其他的分类方法相比，支持向量机的优点是准确性比较高，模型描述比较简单，不易产生过拟合的现象；缺点是需要较长的训练时间。支持向量机中的"机"字实际上代表一类算法，所以更确切地说，支持向量机可以理解为"使用了支持向量的算法"。

前面我们提到，用于分类的预测模型主要有两种：判别模型和概率模型。决策树模型属于前者，而贝叶斯分类属于后者。在判别模型中，最主要的任务是寻找各个类别的决策区域。一旦确定了各个类别的决策区域，分类建模的任务也就完成了。但在很多实际应用中，类别之间的边界是不可能那么清晰的。为此，人们提出了另外一种分类方法，该方法不再关注类别的边界，而是寻找一种能使不同类别的差异最大化的函数。这样的函数通常称为判别函数。支持向量机就属于这样的分类方法。

支持向量机主要用来解决二元分类问题（即数据集中的数据最多只属于两个不同的类别）。当用于多元分类问题时，需要分别构建多个支持向量机。对于二元分类问题，又分为两种情况：线性可分和线性不可分。所谓线性可分是指，如果将训练集中的样本都看作多维空间中的点，则存在一个超平面可以将这些点分成截然不同的两部分（一个部分对应一个类别）。相应地，线性不可分则指不存在这样一个超平面可以将所有的样本分成两类。对于线性不可分的情况，需要采取特殊的方法进行处理。

3.4.1　线性可分时的二元分类问题

假设一个训练集包含样本 $(X_1, Y_1), (X_2, Y_2), \cdots, (X_n, Y_n)$，其中 X_i 代表样本 i 的输入属性，Y_i 代表样本 i 的目标属性。由于我们现在考虑的是二元分类问题，所以 Y_i 只能取两个值，+1 或者 -1，即 $Y_i \in \{+1, -1\}$。例如，Y_i 对应于例 3.1 中的 "buy_computer = yes" 和 "buy_computer = no"。如果将 X_i 看作多维空间中的点，假设只

有两个输入属性 A_1 和 A_2 的话，则图 3-4 显示了一个二维空间中数据线性可分的例子，即存在一条直线，可以将所有的样本分成截然不同的两部分。实际上，这样的直线不止一条，而是有多条（如图 3-4 中的虚线所示）。我们希望从中找出一条最好的，即利用该直线进行分类的话，出错的概率最小。同理，如果在三维空间中，我们希望找到一个最好的平面；在 n 维空间中，我们希望找到一个最好的超平面。

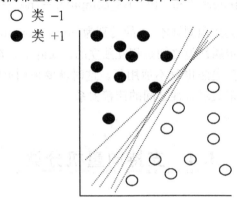

图 3-4　二维空间中数据线性可分的例子

那么，什么样的超平面（二维情况下为直线）最好呢？我们将图 3-4 中的任一直线平行地上下移动，直到在某一方向上碰到任意数据点为止，这时我们会得到一个区间。如图 3-5（a）中，L_1 移动后形成了区间 M_1，图 3-5（b）中，L_2 移动后形成了区间 M_2。通常认为，如果一条超平面（直线）移动后所形成的区间比较宽，则该超平面（直线）比较好。例如，图 3-5（b）中区间 M_2 要比 3-5（a）中的区间 M_1 宽，因此，用于空间划分的话，直线 L_2 要比 L_1 好。

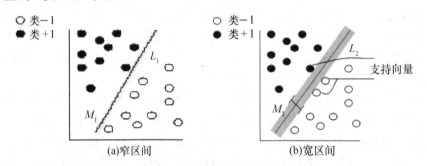

(a)窄区间　　　　　　　(b)宽区间

图 3-5　二维空间中由不同的直线所形成的不同区间

由此可知，最好的超平面就是能够形成最大区间的那个超平面。该超平面在移动过程中所碰到的那些点称为支持向量，图 3-5（b）中最靠近区间 M_2 的点就是该数据集的支持向量。

为什么能形成最大区间的超平面（即分类模型）就最好呢，原因如下：

（1）该模型的分类准确度较高。因为万一在分类超平面的选择上出现错误，能形成最大区间的超平面将使得分类的出错率最低。

（2）鲁棒性较好。因为该分类模型与那些不属于支持向量的样本没有关系，所以异常的样本数据不会对分类结果造成影响。

现在的问题就是要想办法找到这个最优的超平面,即能够形成最大区间的超平面。假设该超平面 P 可以表示为:

$$w_1 x_1 + w_2 x_2 + \cdots + w_n x_n + b = 0 \qquad (3-5)$$

或者用向量形式表示为:

$$W^{\mathrm{T}} X + b = 0 \qquad (3-6)$$

式中,$W = \{w_1, w_2, \cdots, w_n\}$ 为权向量;n 为输入变量的个数;b 为一个偏移量。

那么,当 W 和 b 取什么值的时候,该超平面所形成的区间 M 最大呢?要解决该问题,我们需要将 M 表示成 W 和 b 的表达式,并最大化该表达式,从而得到一组 W 和 b 的取值。将其代入式(3-5),就可以得到分类所需要的最好超平面。

因此,我们需要将 M 转换成 W 和 b 的表达式。如图 3-6 所示,如果将 M 与 $Y_i = +1$ 相邻的平面称为正-平面,将 M 与 $Y_i = -1$ 相邻的平面称为负-平面,则可以得到如下表达式:

(1) 正-平面:$W^{\mathrm{T}} X + b = +1$。

(2) 负-平面:$W^{\mathrm{T}} X + b = -1$。

(3) W 与正(负)-平面垂直(因为 W 是超平面 P 的法向量,与超平面 P 垂直。而正(负)-平面与超平面 P 平行)。

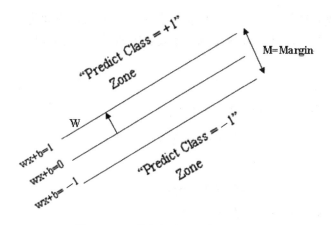

图 3-6　二维空间中正(负)-平面

有了正(负)-平面之后呢,给定样本 i 的输入向量 X,可以按照如下原则对其进行分类:如果 $W^{\mathrm{T}} X + b > 1$,则 i 的类别标号为+1;如果 $W^{\mathrm{T}} X + b < -1$,则 i 的类别标号为-1。如果 $-1 < W^{\mathrm{T}} X + b < 1$,则为 Error。

假定 X^- 为负-平面上的任意一点,而 X^+ 为正-平面上离 X^- 最近的点。则下式成立:

$$X^+ = X^- + \lambda W \qquad (3-7)$$

式中,λ 为某个特定的标量值。因为经过点 X^+ 和 X^- 的直线与正(负)-平面垂直,所以从 X^+ 到 X^- 只要沿着 W 方向行进一段距离即可。

综上,到目前为止,我们已经知道下述表达式是成立的:

式 1：$W^{\mathrm{T}}X^{+}+b=+1$

式 2：$W^{\mathrm{T}}X^{-}+b=-1$

式 3：$X^{+}=X^{-}+\lambda W$

式 4：$|X^{+}-X^{-}|=M$

现在，我们的任务是根据上面这些已知条件，将 M 表示成 W 和 b 的函数，并求出使 M 最大的 W 和 b 的值。

首先来介绍如何将 M 表示成 W 和 b 的函数：将式 3 代入式 1，得

$$W^{\mathrm{T}}(X^{-}+\lambda W)+b=+1$$
$$\Rightarrow W^{\mathrm{T}}X^{-}+b+\lambda W^{\mathrm{T}}W=+1$$
$$\Rightarrow -1+\lambda W^{\mathrm{T}}W=+1$$
$$\Rightarrow \lambda=2/W^{\mathrm{T}}W=2/(W\cdot W)$$

根据式 3 和式 4 可得

$$M=|\lambda W|=\lambda\sqrt{W\cdot W}=2/\sqrt{W\cdot W}=2/\|\vec{W}\|$$

由此我们将 M 表示成了 W 的函数。接下来的任务是确定 W 和 b 的值（即分类模型 $W^{\mathrm{T}}X+b=0$ 的参数），使得 M 最大，并且使该模型能够跟训练数据集中的样本进行最好的拟合。

换句话说，我们只需要编写一个程序，对 W 和 b 的取值空间进行搜索，找出能够满足上述两个条件的 W 和 b 值。实际上相当于要解决如下的优化问题：求一组变量 W 和 b，满足约束条件：

$$\begin{cases} W^{\mathrm{T}}X+b\geqslant+1,如果 Y=+1 \\ W^{\mathrm{T}}X+b\leqslant-1,如果 Y=-1 \end{cases}$$

且使目标函数 $Z=\|\vec{W}\|$ 的值最小（M 的值最大）。即

$$\min Z=\|\vec{W}\|^{2}$$
$$\mathrm{s.\,t.}\begin{cases} W^{\mathrm{T}}X+b\geqslant+1,如果 Y=+1 \\ W^{\mathrm{T}}X+b\leqslant-1,如果 Y=-1 \end{cases}$$

该优化问题可以应用经典的二次规划（quadratic programming）方法求解。

前面我们介绍的是将支持向量机应用于完全线性可分时的二元分类问题，即存在一个超平面 $W^{\mathrm{T}}X+b=0$，可以将训练集中的样本分成截然不同的两部分（一个部分对应一个类别）。而实际的情况要复杂得多，如图 3-7（a）所示，无法找到这样一个理想的超平面将样本完全分开。在这种情况下，需要对上述优化问题进行修改。设被错误分类的样本到其正确区域的最短路径为 ε，被错误分类的样本数共有 l 个，如图 3-7（b）所示。则目标函数需要修改为：

$$Z=\|\vec{W}\|^{2}+C\sum_{k=1}^{l}\varepsilon_{k}$$

式中，参数 C 为错误惩罚参数，用来平衡被错误分类的样本与算法间的关系。约束条件需

要修改为：

$$
\begin{cases}
W^{\mathrm{T}}X_k + b \geqslant +1-\varepsilon_k, & \text{如果 } Y_k = +1, k=1\cdots l \\
W^{\mathrm{T}}X_k + b \leqslant -1+\varepsilon_k, & \text{如果 } Y_k = -1, k=1\cdots l
\end{cases}
$$

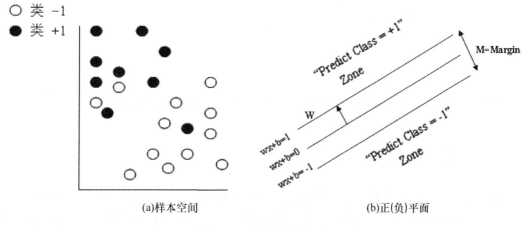

(a)样本空间　　　　　　　　(b)正(负)平面

图 3-7　不完全线性可分

3.4.2　线性不可分时的二元分类问题

上面描述的都是数据线性可分（完全或不完全）的情况，在现实世界中，很多分类问题都是线性不可分的，即不存在一个超平面能够将大多数样本进行正确分类。图3-8（a）和（b）分别展示了一维和二维情况下的线性不可分情况。

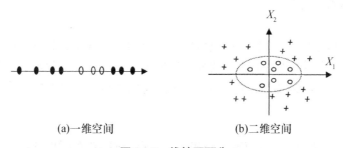

(a)一维空间　　　　　　　　(b)二维空间

图 3-8　线性不可分

当在原来的样本空间中无法找到一个最优的线性分类函数时，可以考虑利用非线性变换的方法将原样本空间的非线性问题转化为另一个高维空间中的线性问题。例如，可以将图 3-8（a）中的数据变换到二维空间 (X, X^2)，变换后则存在一个超平面，可以将样本分成两个不同的类别（如图 3-9（a）所示）。类似地，如果将图 3-8（b）中的数据变换到三维空间 $(X_1^2, \sqrt{2}X_1X_2, X_2^2)$，则同样存在一个超平面，可以将样本分成两个不同的类别（如图 3-9（b）所示）。

可以看出，在线性不可分的情况下，支持向量机方法增加了变量空间的维数。但实际上，根据核函数的有关理论，变换后的高维空间的内积可以用原来样本空间中的变量直接计算得出，所以在求解最优的分类超平面时，并没有增加太多计算量。

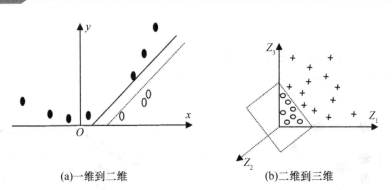

(a)一维到二维   (b)二维到三维

图 3-9　通过非线性变换，将线性不可分问题转化成线性可分问题

3.4.3　多元分类问题

上面介绍的支持向量机方法只能应用于二元分类问题中，但现实中存在着大量的多元分类问题。在这类问题中，目标属性 Y 可以取多个值，而不仅是两个值。为了进行多元分类，一种常用的方法是构造多个支持向量机。例如，假设有 m 个不同的类别 C_1，…，C_m，则构造 m 个不同的二元分类器，分别为 f_1，…，f_m。对任一个分类器 f_i 来说，它的目标属性 Y_i 只能取两个值，C_i 或者 $\neg C_i$，即 $Y_i \in \{C_i，\neg C_i\}$。给定一个新的样本 X，理论上这 m 个分类器应该只有一个取值为 $f_i(X) \geqslant 0$，其他的均为 $f_j(X) < 0$ ($j \neq i$)。但事实并非如此，实际分类时可能存在多个分类器，它们的 $f(X)$ 取值都大于等于 0。这个时候，通常选择值最大的 $f(X)$ 所对应的类别作为 X 的类别。

3.4.4　可扩展性问题

支持向量机比较适合规模较小的数据集，当应用于大规模的数据集时，支持向量的数量会大幅度增加，从而使支持向量机的复杂性增大，效率下降。目前，人们已经提出了一些方法，用来解决在大规模数据集上如何应用支持向量机进行分类的问题。

3.5　实践案例——垃圾短信识别

3.5.1　背景及数据

日常生活中，人们深受垃圾短信之扰。垃圾短信的识别，成为各移动运营商不得不面对和考虑的问题。垃圾短信影响了用户的生活，损害了用户的利益，部分违法垃圾短信还影响了社会的稳定和国家的安全。因此对垃圾短信进行识别和过滤成为目前各运营商面临的重要任务之一。

垃圾短信识别是一个典型的二元分类问题。对任何一条短信，可以根据它的文本内容将其分类为垃圾短信和非垃圾短信。本案例主要介绍针对一个文本数据集如何进行垃圾短信的识别。

该文本数据集来源于中国好创意 CCF 全国青年大数据创新大赛——基于文本内容的垃圾短信识别。数据集包含 80 万条短信信息。原始数据的格式如下：第一列是每一条短信的编号，第二列是短信类别标签（0 代表该条短信不是垃圾短信，1 代表该条短信是垃圾短信），最后一列是短信内容。将整个数据集转换成 csv 格式后部分短信类别和内容数据如表 3 - 3 所示。数据集与代码的下载地址为：https：//pan.baidu.com/s/1mhTCNzU。

表 3 - 3　　　　　　　　　　　　　短信类别和内容数据

短信类别	内容
0	每天晚上拿着手机不断刷微博、朋友圈而不愿意早早睡觉，这是种病得治
1	红都百货 2 楼婷美专柜三八节活动火热进行中。一年仅一次的最大活动力度！欢迎各位美女前来选购！
0	带给我们大常州一场壮观的视觉盛宴
0	有原因不明的泌尿系统结石等
0	南靖消防、公安、武警等部门先后赶到现场
0	南京下暴雨，我在四川享受完美阳光
1	感谢致电杭州萧山全金釜韩国烧烤店，本店位于金城路×××号。韩式烧烤等，价格实惠、欢迎惠顾【全金釜韩国烧烤店】
0	这款 UVe 智能杀菌机器人是扫地机的最佳伴侣
0	此类皮肤特别容易招惹粉刺、黑头等
0	乌兰察布丰镇市法院成立爱心救助基金
1	《依林美容》三八女人节倾情大放送活动开始啦!!! 超值套餐等你拿，活动时间×月×日—×月×日，详情进店咨询。美丽热线×××××××××
0	这意味着用户可将 MicrosoftEdge 浏览器的默认搜索引擎设置为 Google
0	苏州和无锡两地警方成功破获了一起劫持女车主的案件
0	自然之友苏州小组今日下午按原计划举办小组读书活动暨"我为城市量体温"启动仪式

3.5.2　数据预处理

此案例中数据预处理的总体思路是通过数据清理、集成、变换等方法将原始数据中不完整数据、不一致数据、重复数据等去除。主要有两个步骤，第一步是对短信文本进行中文分词，去除其中的无用词，例如特殊符号、数字等后，把返回的结果存入文本文件中；第二步是将每一条完成分词的短信变成相对应的特征向量。本案例中通过编写 Python 程序来实现数据的预处理，将原始的 80 万条短信数据存入 whole.txt 文件中。

Python 是一种面向对象的解释型计算机程序设计语言，语法简洁清晰，还具有丰富且强大的库。本案例中文本分词使用的是分词工具——Jieba 和 Python 中的一个正则库 re。

Jieba 是用 Python 语言写成的一个工业界的分词开源库，代码清晰，扩展性好，对已收录词和未收录词都有相应的处理算法。使用 Jieba 进行分词时，需要先下载和安装 Jieba

包。Windows 操作系统下，在 cmd 命令行中输入 pip install jieba 命令，然后在 Python 程序中 import 导入 jieba 包即可。使用 re 包是为了支持正则表达式，在分词过程中能够快速地去除不必要的垃圾词。使用时只需在 Python 程序中直接 import 导入 re 包即可。

首先，将 whole.txt 文件转为 csv 格式，即 whole.csv 文件。示例代码如下：

```python
#读取原始文件
readfile = open('F:/data/whole.txt','r')
#要写入的新文件
outfile = open('F:/data/whole.csv','w')
#具体操作
lines = readfile.readlines()
outstr = ''
for line in lines:
    t = line.split()
    outstr = t[0]+','+t[1]+','+t[2]
outfile.write(outstr+'\n')
readfile.close()
outfile.close()
```

这么做的目的是要在 Python 中使用 pandas 工具包读取 csv 文件，便于代码实现与处理。pandas 包是一个含有更高级的数据结构和工具的数据分析包，它的核心数据结构是一位序列和二维表，所以可以很好地处理二维结构的 csv 数据文件。

然后，对 80 万条短信进行逐条处理，包括数据清理和中文分词等。

最后，将处理好的短信逐条写入 result.csv 文件中。

示例代码如下：

```python
import pandas as pd #导入 pandas 包处理 csv 格式数据
import jieba
import re
#将所有80万条短信数据读入 mescon_all 中
mescon_all = pd.read_csv('F:/data/whole.csv',header = None,encoding = 'utf8')
outfile = open('F:/data/result.csv','w')
#逐条取出短信 Label 与内容进行处理并将处理结果写入文件中
for i in range(len(mescon_all)):
#80万短信内容存于 mescon_all[2]数组中
mescon_single = mescon_all[2][i]
#80万短信 Label 存于 mescon_all[1]数组中
```

```
me_cate = mescon_all[1][i]
outstr = ''
♯正则表达式选取(除中文和英文以外的符号等全部删去)
temp = re.sub(u'[^\u4e00-\u9fa5A-Za-z]','',mescon_single)
♯再将筛选好的数据用 jieba 进行分词处理
ms_cut = list(jieba.cut(temp,cut_all=False))
分好词的结果写入文件中
for word in ms_cut:
    if word ! = '':
      outstr + = word + ''
outfile.write(str(me_cate) + ',' + outstr.encode('utf8') + '\n')
outfile.close()
```

　　若读者想按照以上代码进行测试实验,注意数据变为 csv 文件格式后,要以"utf8"或"gbk"格式进行存储,Python 以"utf8"或"gbk"格式解码对应读取。

　　通过以上的处理,便完成了数据预处理的第一步——对短信文本进行中文分词,去除其中的无用词,其结果可直接存入 result.csv 文件中。

　　分词结果的部分数据如表 3-4 所示,第一列还是短信的标签,表示是不是垃圾短信。

表 3-4　　　　　　　　　　　　短信类别和分词后的内容数据

类别	短信内容
0	每天晚上　拿　着　手机　不断　刷　微博　朋友圈　而　不　愿意　早早　睡觉　这是　种　病得治
1	红　都　百货×楼　婷美　专柜××节　活动　火热　进行　中　一年　仅　一次　的　最大　活动　力度　欢迎　各位　美女　前来　选购
0	带给　我们　大　常州　一场　壮观　的　视觉　盛宴
0	有　原因　不明　的　泌尿系统　结石　等
0	南靖　消防　公安　武警　等　部门　先后　赶到　现场
0	南京　下　暴雨　我　在　四川　享受　完美　阳光
1	感谢　致电　杭州　萧山　全金　釜　韩国　烧烤店　本店　位于　金城　路×××号　韩式　烧烤　等　价格　实惠　欢迎惠顾　全金　釜　韩国　烧烤店
0	这款　UVe　智能　杀菌　机器人　是　扫地机　的　最佳　伴侣
0	此类　皮肤　特别　容易　招惹　粉刺　黑头　等
0	乌兰察布　丰镇市　法院　成立　爱心　救助　基金

续前表

类别	短信内容
1	依林 美容 三八 女人 节 倾情 大放送 活动 开始 啦 超值 套餐 等你拿 活动 时间×月×日—×月×日 详情 进店 咨询 美丽 热线××××××××
0	这 意味着 用户 可 将 MicrosoftEdge 浏览器 的 默认 搜索引擎 设置 为 Google
0	苏州 和 无锡 两地 警方 成功 破获 了 一起 劫持 女 车主 的 案件
0	自然 之友 苏州 小组 今日 下午 按原 计划 举办 小组 读书 活动 暨我 为 城市 量体温 启动 仪式

至此，文本分词结束，并在此过程中去除了一些无用的词，但是这些数据仍无法直接用分类方法进行分类，因为大部分的分类方法期望的输入是固定长度的特征向量而不是不同长度的文本文件，所以要进行第二步——特征向量的提取。中文词转特征向量的方法有多种，如前面介绍过的 TF-IDF 法。这里我们介绍一种新的方法：哈希向量法。哈希向量法具体调用 HashingVectorizer 方法，其中的 n_features 参数定义了所转成特征向量的维度大小，或者说属性多少。维度越大，代表描述的原数据本身的属性越多，结果就会越精确，但是这样也就意味着计算和存储等消耗也就越大。因此需要折中选择，依据不同的情况，选择适当的 n_features 参数大小，若不特殊指定 n_features 参数大小，那么它的默认值是 2 的 20 次方。此案例中我们选择 n_features＝100，做一个简单的展示。即使只取100 维（与默认值 2 的 20 次方相差很大），但因为数据量巨大，故最后的准确率仍有保证，可参见最后的案例结果。

用哈希向量法转换生成的特征向量中的每一项都是一个 [−1，1] 之间的数，因为哈希表是根据设定的哈希函数和处理冲突方法将一组关键字映射到一个有限的地址区间上，并以关键字在地址区间中的象作为记录在表中的存储位置的，是一种散列的映射关系，所以由此方法得到的特征向量是一种离散关系的数据集。此案例中我们选择使用朴素贝叶斯方法来进行数据训练与模型建立，而贝叶斯方法接收的特征矩阵是每一项都大于 0 的特征矩阵，因此需要在每一条内容转成特征向量后，将每一项都加 1。对离散的数据集做这样的处理，不会对训练建模产生影响。

最后结果存于 features. txt 文件中。

示例代码如下所示：

```
import pandas as pd
from sklearn. feature_extraction. text import HashingVectorizer
mescon_all = pd. read_csv('F:/data/result.csv',header = None,encoding = 'gbk')
//此处目的是将内容为空的短信删除,只保留可以转成特征向量的短信
listtodel = []
for i,line in enumerate(mescon_all[1]):
    if type(line)! = unicode:
        listtodel. append(i)
mescon_all = mescon_all.drop(listtodel)
```

```
outfile = open('F:/data/features.txt','w')
//采用 HashingVectorizer 方法进行特征向量转化
vector = HashingVectorizer(n_features = 100)
temp = vector.transform(mescon_all[1]).todense()
//用 drop 方法筛选内容时，解决索引不对应的情况
x = [[i,j] for i,j in enumerate(mescon_all[0])]
temp = temp.tolist()
for i,line in enumerate(temp)：
    outstr = ''
    for word in line：
        outstr + = str(word + 1)
        outstr + = ''
    outfile.write((str(mescon_all[0][x[i][1]]) + ',' + outstr).encode('utf-
8') + '\n')
outfile.close()
```

Python 中把分词结果转为特征向量时，可能会出现 NaN 数据格式导致转化失败（不仅在此案例中，其他情况下的特征向量转换时也应注意），因此需要在代码中筛选出来，保证转化正常运行。此案例中选用把不以 Unicode 编码格式的数据删除的方式，来实现筛选出 NaN 数据格式的目的。

经过以上处理，便完成了数据预处理的第二步，即将原始数据处理成了本案例中我们所使用的朴素贝叶斯方法所认识和接收的数据样式。这样就可以将 features.txt 文件的内容输入后进行训练与建模了。

特征向量提取的部分结果如表 3-5 所示，因为维度是 100，所以此处只显示前面几个的维度结果，后面省略。文件中是用逗号隔开的标签与短信内容，此处第一列仍是短信类别，表示短信是不是垃圾短信。

表 3-5　　　　　　　　　　提取短信文本的特征向量的结果节选

类别	特征向量提取的结果
0	1.0　1.0　1.0　1.0　1.0　1.353 55　1.0　1.353 55　1.0　1.0　1.0　1.0　1.0…
1	0.757 46　1.0　1.0　1.0　1.0　1.0　1.242 53　1.242 53　1.0　1.0　1.242 53…
0	1.0　1.0　1.0　1.0　1.377 96　1.0　1.0　1.0　1.0　1.0　1.0　1.0　1.0…
0	1.5　1.0　1.0　1.0　1.0　1.0　1.0　1.0　1.0　1.0　1.0　0.5　1.0　1.0　1.0…
0	1.0　1.0　1.0　1.0　1.0　1.0　1.0　0.5　1.0　1.0　1.0　1.0　1.0　1.0…
0	1.0　1.0　1.0　1.0　1.0　1.0　1.0　0.591 75　1.0　1.0　1.0　1.0　1.0…
1	1.0　1.208 51　1.0　1.0　1.0　0.791 48　1.0　1.0　1.0　1.0　1.0　0.582 97…
0	1.353 55　1.0　1.0　1.0　1.0　1.0　1.0　1.0　1.0　1.0　1.0　1.0　1.0…
0	1.0　1.0　1.0　1.0　1.0　1.0　1.0　1.0　1.0　1.0　1.0　1.0　1.0…
0	1.0　1.0　1.0　1.0　1.0 1.0　1.0　1.0　1.0　1.377 96　1.0　1.0　1.0　1.0…
1	1.0　1.0　1.0　0.666 7　1.0　1.0　1.0　1.333 33　1.0　1.0　1.0　1.333 33…

续前表

类别	特征向量提取的结果
1	1.0　1.0　1.0　1.0　1.0　1.0　1.0　1.0　1.0　1.0　1.0　1.0　1.0　1.0　1.0…
0	1.0　1.0　1.0　1.0　1.0　1.0　1.0　1.0　1.0　1.0　1.0　1.0　1.0　1.0　1.0…
0	1.0　1.0　1.288 67　1.0　1.0　0.422 64　1.0　1.0　1.0　1.0　1.0　1.0　1.0…
0	1.0　1.0　1.0　1.0　1.0　1.0　1.0　1.0　1.0　1.0　1.0　1.0　1.0　1.0…
0	1.0　1.0　1.0　1.0　1.0　1.0　1.0　1.0　0.666 67　1.0　1.0　1.0　1.0…
0	1.0　1.0　1.0　1.0　1.0　1.0　1.0　1.353 55　1.0　1.0　1.0　1.0　1.0…

3.5.3　贝叶斯分类

数据预处理完毕后，我们就利用 Spark 中的 MLlib 所提供的贝叶斯方法对数据进行建模。

一、Spark 简介

Spark 是加利福尼亚大学伯克利分校 AMP 实验室（Algorithms，Machines and People Lab）开发的通用内存并行计算框架。它使用 Scala 语言——一种面向对象的、函数式编程语言实现，能够像操作本地集合对象一样轻松地操作分布式数据集（Scala 提供一个称为 Actor 的并行模型，其中 Actor 通过它的收件箱来发送和接收非同步信息而不是共享数据，该方式被称为 shared nothing 模型）。它具有运行速度快、易用性好、通用性强和随处运行等特点。

Spark 生态圈即伯克利数据分析栈（BDAS）包含了 Spark Core、Spark SQL、Spark Streaming、MLlib 和 GraphX 等组件，其中 Spark Core 提供内存计算框架、Spark SQL 提供即席查询、Spark Streaming 提供实时处理应用、MLlib 或 MLbase 提供机器学习功能，GraphX 提供图处理功能。它们都是由 AMP 实验室开发的，能够无缝地集成并提供一站式解决方案。

相比于 Hadoop，Spark 是借鉴了 MapReduce 发展而来的，继承了其分布式并行计算的优点并改进了 MapReduce 明显的缺陷，具体如下：

首先，Spark 把中间数据放到内存中，迭代运算效率高。MapReduce 中计算结果需要落地，保存到磁盘上，这样势必会影响整体速度，而 Spark 支持 DAG 图的分布式并行计算的编程框架，省略了迭代过程中数据落地的过程，提高了处理效率。

其次，Spark 容错性高。Spark 引进了弹性分布式数据集（resilient distributed dataset，RDD），它是分布在一组节点中的只读对象集合，这些集合是弹性的，如果数据集的一部分丢失，则可以根据"血统"（即允许基于数据衍生过程）对它们进行重建。另外在 RDD 计算时可以通过 CheckPoint 来实现容错，而 CheckPoint 有两种方式：CheckPoint Data 和 Logging The Updates，用户可以选择采用哪种方式来实现容错。

最后，Spark 更加通用。不像 Hadoop 只提供了 Map 和 Reduce 两种操作，Spark 提供的数据操作类型有很多种，大致分为：Transformations 和 Actions 两大类。Transformations 包括 Map、Filter、FlatMap、Sample、GroupByKey、ReduceByKey、Union、Join、Cogroup、MapValues、Sort 和 PartionBy 等多种操作类型，同时还提供 Count；Actions

包括 Collect、Reduce、Lookup 和 Save 等操作。另外各个处理节点之间的通信模型不再像 Hadoop 只有 Shuffle 一种模式，用户可以命名、物化，控制中间结果的存储、分区等。

二、调用 MLlib 进行建模

现在我们来调用 Spark 中的 MLlib 的朴素贝叶斯方法进行分类建模。使用的数据是上面用 Python 处理之后所得数据，这里为了方便起见，随机选取了 80％的数据作为训练集，20％作为测试集。示例代码如下所示：

```
import org.apache.spark.mllib.classification.NaiveBayes
import org.apache.spark.mllib.linalg.Vectors
import org.apache.spark.mllib.regression.LabeledPoint
import org.apache.spark.{SparkContext,SparkConf}
object test {
case class RawDataRecord(category：String, text：String)
  def main(args：Array[String]) {
    val conf = newSparkConf().setMaster("local").setAppName("123")
    val sc = new SparkContext(conf)
    val data = sc.textFile("F：/data/features2.txt")
//读入处理好的数据,且以逗号为分隔,取出每个 Label 与特征向量
    val parsedData = data.map { line =>
      val parts = line.split(',')
      LabeledPoint(parts(0).toDouble,Vectors.dense(parts(1).split('').map(_.toDouble)))
    }
//将整个 80 万条数据集按训练集与测试集 4：1 的比例随机分配
    val splits = parsedData.randomSplit(Array(0.8,0.2))
    val training = splits(0)
    val test = splits(1)
//以贝叶斯方法训练数据,创建模型,其中 lambda 为平滑参数,可手动设置
    val model = NaiveBayes.train(training,lambda = 1.0)
//将测试集用训练出的模型进行预测
valpredictionAndLabel = test.map(p =>(model.predict(p.features),p.label))
//统计预测出的数据
    val TP = predictionAndLabel.filter(x =>x._1 == 0 && x._2 == 0).count()
    val FP = predictionAndLabel.filter(x => x._1 == 0 && x._2 == 1).count()
    val FN = predictionAndLabel.filter(x => x._1 == 1 && x._2 == 0).count()
    val TN = predictionAndLabel.filter(x => x._1 == 1 && x._2 == 1).count()
//计算准确率、召回率、F1 来评估模型
    val pre = 1.0 * TP/(TP + FP)
```

```
    val recall = 1.0 * TP/(TP + FN)
    val F1 = 2.0 * pre * recall/(pre + recall)
    println("TP 为:" + TP)
    println("FP 为:" + FP)
    println("FN 为:" + FN)
    println("TN 为:" + TN)
    println("准确率为:" + pre)
    println("召回率为:" + recall)
    println("F1 为:" + F1)
  }
}
```

  Spark 支持 Scala、Python、Java 三种编程语言。因为 Spark 本身用 Scala 语言编写，并且它是一种高效、可拓展的语言，能够用简洁的代码处理较为复杂的处理工作。Scala 是一种类似 Java 的函数式面向对象语言，Scala 为定义匿名函数提供了一种轻量级的语法，它支持高阶（higher-order）函数，允许函数嵌套，支持局部套用（currying）。Scala 提供了一个独特的语言组合机制，可以更加容易地以类库的形式增加新的语言结构。所以这里选用了 Scala 语言，读者可依据情况自主选择编程语言。

  由结果发现，整体准确率大概为 90.05%，但召回率为 100%，即此模型预测出的所有结果均不是垃圾短信，这显然是有问题的。具体回到数据集中发现，标记为垃圾短信的内容很少，即相对来说数据集中的大部分都不是垃圾短信。而研究表明，在某些应用下，大约 1：10 的比例会使某些分类方法无效，因为分类方法会对数据量大的那一类数据过度拟合。此问题的解决方法有很多种，例如过抽样、欠抽样、特征选择、代价敏感等。

  过抽样法是抽样处理不平衡数据的最常用方法，基本思想就是通过改变训练数据的分布来消除或减小数据的不平衡。过抽样方法通过增加少数类样本来提高少数类的分类性能，最简单的办法是简单复制少数类样本；其缺点是可能导致过度拟合，没有给少数类增加任何新的信息。改进的过抽样方法通过在少数类中加入随机高斯噪声或产生新的合成样本等方法提高数据的平衡性。

  欠抽样方法是通过减少多数类样本来提高少数类占比的分类性能，最简单的方法是通过随机地去掉一些多数类样本来缩减多数类的规模，其缺点是会丢失多数类的一些重要信息，不能充分利用已有的信息。

  特征选择方法的原理是，当样本数量分布很不平衡时，特征的分布同样会不平衡。尤其在文本分类问题中，在大类中经常出现的特征，在稀有类中也许根本不出现。因此，根据不平衡分类的特点，选取最具有区分能力的特征，有利于提高稀有类的识别率。按照一个经验性的样本比例，挑选正负两个样本集，分别从中选择最能表示该类样本的特征集，然后将这些特征集合并作为最后挑选的特征。

  代价敏感是引入代价敏感因子，设计出代价敏感的分类算法。通常对小样本赋予较高的代价，大样本赋予较小的代价，期望以此来平衡样本之间的数目差异。

  这里为了简单起见，采用欠抽样方法。

从数据集中去除一些非垃圾短信的数据，即短信类别标记为 0 的短信数据，来达到样本类别的比例平衡。只要在代码原有基础上稍加修改即可，这里就不再赘述。具体可参见 3.5.1 节背景与数据中提到的下载地址里的源代码。

通过以上分析与处理，再一次调用 Spark 的 MLlib 的朴素贝叶斯方法分析数据。

由经过分析与处理后再次预测的结果，得出的训练模型的预测准确率大约为 75%，召回率大约为 86%，F1 大约为 80%。前面提到，这里只是将特征向量维度设置为 100 维，要想得到更精确的模型与预测结果，可适当增加特征维度，调试训练方法中的各个参数，并且可采用交叉验证等更深入的机器学习方法来处理数据，读者有兴趣可自行尝试。

至此，整个垃圾短信识别数据的分析处理，以及运用 Spark 来进行简单的训练建模过程就结束了。这里只是抛砖引玉，给读者简单地展示了一个大数据处理的案例分析过程，提供了一个处理的思路。

习题

1. 什么叫预测建模？什么叫分类？什么叫回归？

2. 决策树是如何进行分类的？在生成决策树的时候如何选择分裂变量？

3. 对于图 3-3 中的第三个数据子集（age＞40），进一步该选择什么样的分裂变量呢？请给出信息增益的计算过程。

4. 请简述贝叶斯分类的工作原理。

5. 在下面的学校教员数据库表 3-6 中，年龄属性已经被离散化。假设职称代表类别属性，给定的新元组为"王品，30…40，中，6"。请问如果用朴素贝叶斯分类法的话，王品的职称应该是什么？请写出计算步骤。

表 3-6　　　　　　　　　　　　　　学校教员资料

姓名	年龄	收入	工作年限	职称
钟时	30…40	中	5	副教授
王平	＜30	中	4	讲师
李乾	30…40	低	6	讲师
刘丽	30…40	中	5	副教授
杨光	＞40	高	8	教授
胡莎	＜30	低	7	副教授
鲁华	30…40	中	5	讲师
王洋	30…40	中	6	副教授
吴霞	＞40	高	6	教授
王亮	＞40	中	5	副教授
郭璇	＜30	高	6	讲师

6. 请简述支持向量机分类的工作原理。

7. 请比较决策树、朴素贝叶斯、支持向量机分类方法的优缺点。

参考文献

[1] 陈安，等. 数据挖掘技术及应用. 北京：科学出版社，2006.

［2］程显毅，朱倩. 文本挖掘原理. 北京：科学出版社，2010.

［3］王珊，等，数据仓库与数据分析教程. 北京：高等教育出版社，2012.

［4］Han J W，Kamber M. Data mining：concepts and techniques . Data minjing concepts models methods & algorithms second edition，2011.

［5］Ikonomakis M，Kotsiantis S，Tampakas V. Text classification using machine learning techniques. WSEAS transactions on computers，2005，4（8）：966－974.

［6］Xue N，Converse S P. Combining classifiers for chinese word segmentation. First sighan workshop attached with Coling，2002，57－63.

第4章 文本聚类和话题检测

4.1 概　述

文本聚类指的是将文档按照相似性进行分组。文档分组的结果能够揭示文档间的内在语义结构，具有广泛的应用。例如，对顾客的投诉邮件进行聚类能够反映出顾客对产品的抱怨主要集中在哪些方面；对搜索引擎返回的文档进行聚类能够对结果进行分组和去重；对词语进行聚类能够帮助创建同义词词典、对查询词进行扩展等。

4.1.1　描述建模

第3章介绍的文本分类属于预测建模的过程，其主要目的是根据观察到的对象特征值预测它的其他特征值。相对而言，本章所讨论的文本聚类属于描述建模的过程。描述建模是对数据对象进行概括，以反映数据对象最重要的特征。描述建模的方法有很多种，如聚类分析、密度估计、因素分析等。本章主要对聚类分析进行讨论。具体到文本，这里的数据对象可以是文档、句子、词语。

聚类是少数几个无监督学习的方法之一。它在没有训练样本的情况下，依据数据自身的相似性把数据集划分成多个有意义的子集（一个子集称为一个组或一个族）。聚类分析可以这样定义：将数据集分组，使其具有最大的组内相似性和最小的组间相似性。也就是说，聚类分析后要达到不同组中的对象尽可能地不相似，而同一组中的对象尽可能地相似的结果。这里，如何定义相似性是至关重要的，不同的相似性定义会产生不同的聚类结果。

大多数的聚类算法都不会对聚类结果进行解释，也就是说不会给聚类后的各个文本所在的组指定类别。用户需要手工探测每一个文本组,给它指定一个类别。当然,也有一些方法能够自动地给一个组中的文本指定类别,这里的类别通常用一个或多个短语表示。这种给一组文本指定类别的工作通常需要对组中文本的内容进行分析并综述。这一过程通常称为文本摘要(text summary)。

4.1.2 文本聚类方法概览

文本聚类从宏观上可以分成基于相似度的方法和基于模型的方法两大类。基于相似度的聚类方法在聚类之前,需要用户显式地定义一个相似度函数,然后聚类算法根据相似度的计算结果将相似的文本分在同一个组。在这种聚类模式下,每个文本只能属于一个组,这种聚类方法也叫"硬聚类"。与之相反,基于模型的聚类方法并不要求每个文本只属于一个组,而是给出一个文本属于不同组的概率,这种聚类方法叫"软聚类"。软聚类方法的典型代表就是话题检测。下面分别对这两种方法进行介绍。

这里介绍的文本聚类方法是通用的,既适用于对单个的词进行聚类,也适用于对短语、句子、整个文档进行聚类。

4.2 基于相似度的文本聚类

4.2.1 k-Means 方法

在第 2 章我们已经讲过如何将一个非结构化的文档转化成一个结构化的向量,这里假设文本集中所有的文本都已经转换成向量的格式。给定一个参数 k,k-Means 文本聚类法将文本集中的 n 个文本分成 k 个族 C_1, C_2, …, C_k,并且使得如下的评分函数在此划分下达到最优(取值最小):

$$E = \sum_{i=1}^{k} \sum_{x_j \in C_i} (x_j - \mu_i)^2$$

式中,μ_i 为族 C_i 的中心点;x_j 为某个特定的文本;E 为所有文本 x_j 与其所在族 C_i 的中心点 μ_i 的距离的总和。这里,文本之间的距离与文本之间的相似度成反比,相似度越大,距离越小;反之,相似度越小,距离越大。这里的相似度可以采用两个文本向量之间的余弦相似度等衡量。

可以看出,k-Means 聚类问题实际上是一个优化问题。除了穷举法,通常无法找到使全局最优的方案。因此,人们设计了各种启发式算法来找到一个尽可能优的局部最优解。

k-Means 方法分为以下几步:

(1)给 k 个族选择初始中心点,称为 k 个 Means。

(2)计算每个文本和每个中心点之间的距离。

（3）把每个文本分配给距它最近的中心点所属的族。

（4）重新计算每个族的中心点。

（5）重复（2）（3）（4）步，直到算法收敛。

总结起来，k-Means 方法具有以下优点：

（1）对于处理大数据集具有可扩充性和高效率性。算法的复杂度是 $O(tkn)$，其中 n 是文本对象的个数，k 是 cluster 的个数，t 是循环的次数，通常 $k<<n$，$t<<n$。

（2）可以实现局部最优化。

当然，k-Means 方法也有以下缺点：

（1）族的个数 k 必须事先确定。在有些应用中，事先确定族的个数非常难。

（2）无法找出具有特殊形状的族（如凹型、树权型等）。

（3）必须给出 k 个初始中心点。如果这些初始中心点选择不好的话，聚类结果的质量将会非常差。

（4）对异常数据过于敏感。异常数据的存在将对中心点的计算产生极大影响。

（5）求中心点的时候，需要计算算术平均。无法适用于具有分类属性的数据。

目前还有一些 k-Means 方法的变种，它们与 k-Means 方法的主要区别在于：

（1）最初的 k 个中心点的选择不同。

（2）距离的计算方式不同。

（3）计算族的中心点的策略不同。

k-Modes 方法是把 k-Means 方法扩展到对分类属性的处理。它采用海明距离来计算两个对象之间的距离。

k-Prototypes 算法则是把 k-Modes 方法和 k-Means 方法结合起来处理在数据挖掘应用中数值和字符属性混合的数据，它使用下面的公式来定义两个对象之间的距离：$S^r+\gamma S^c$，其中 S^r 是数值属性的距离，而 S^c 是字符属性之间的距离，γ 是这两个属性的权值。

k-Prototype 算法的优点是继续保持了 k-Means 方法的高效性和可扩展性，同时打破了 k-Means 方法只能处理数值属性的限制。它的缺点是依然具有 k-Means 方法的其他缺点，同时需要相关领域的知识来确定属性的权值。

4.2.2 层次聚类方法

基于层次的聚类方法的主要思想是把文本对象排列成一个聚类树，在需要的层次上对其进行划分，相关联的部分构成一个族。

基于层次的聚类方法有两种类型（见图 4-1）：

● 聚合层次聚类：最初每个文本对象自成一个族（称为原子族）。然后根据族之间的距离，将这些原子族合并。大多数聚合层次聚类算法都属于这一类，不同聚合层次聚类算法的主要区别是族之间的距离的定义不同。

● 划分层次聚类：与上面的过程正好相反。最初，所有的对象属于同一个族。然后对这个族进行逐层划分，形成较小的族。

聚合层次聚类和划分层次聚类都是通过计算族之间的距离来进行族的合并或者划分

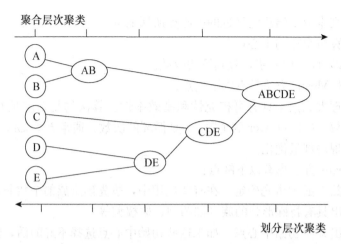

图 4-1　在数据对象 {A，B，C，D，E} 上的基于层次的聚类 [JM06]

的。这里的距离仍然可以采用文本向量之间的余弦相似度度量。设 $d(p, q)$ 为两个数据对象 p 和 q 之间的距离，m_i 和 m_j 分别为族 C_i 和 C_j 的中心，n_i 和 n_j 分别代表族 C_i 和 C_j 中文本对象的个数，则族 C_i 和 C_j 之间的距离定义如下：

(1) 最小距离：$d_{\min}(C_i, C_j) = \min_{p \in C_i, q \in C_j} d(p, q)$

(2) 最大距离：$d_{\max}(C_i, C_j) = \max_{p \in C_i, q \in C_j} d(p, q)$

(3) 中心点距离：$d_{\text{mean}}(C_i, C_j) = d(m_i, m_j)$

(4) 平均距离：$d_{\text{avg}}(C_i, C_j) = \dfrac{1}{n_i n_j} \sum_{p \in C_i} \sum_{q \in C_j} d(p, q)$

下面我们以聚合层次聚类为例，介绍根据族之间的距离对相似的族进行逐步合并的过程。具体步骤如下：

(1) 每个数据对象自己构成一个原子族。

(2) 计算所有原子族之间的两两距离。

(3) 将距离最近的两个族进行合并，族的个数减 1。

(4) 如果满足终止条件，则算法结束。否则计算新生成的族和其他族之间的距离并转至步骤 (3)。

算法终止的条件可以由用户指定。例如，可以指定当族的个数达到某个阈值或者每个族的半径低于某个阀值时算法停止。族的半径通常定义为：

$$R = \frac{1}{n} \sum_{i=1}^{n} d(p_i - m)$$

式中，p_i 为族中的每一个数据对象；m 为族的中心；n 为族中的数据对象个数。

可以看出，聚合层次算法的核心是计算两个族之间的距离并将距离最近的两个族进行合并。如果每一个族的内部都比较紧凑而且族和族之间分离得很好时，采用不同的距离定义所产生的聚类结果差别不大。但是，如果族和族之间分离得不好（哪怕只是存在一些异常点），或者族的形状不是球形，或者族的大小不均匀时，根据不同的距离定义进行聚类的结果将差别很大。

4.3　基于模型的文本聚类

基于模型的聚类方法利用一定的数学模型进行聚类。这类方法通常假设数据满足一定的概率分布，聚类的过程就是要尽力找到数据与模型之间的拟合点。典型的有高斯混合模型（Gaussian mixture model，GMM）和 LDA 话题检测模型。

4.3.1　GMM 方法

GMM 是 k-Means 方法的概率变种。其基本算法框架和 k-Means 类似，都是通过多次迭代逐步改进聚类结果的质量。GMM 和 k-Means 的区别在于：k-Means 聚类的最终结果是每个文本对象被指派到了某个族，而 GMM 在算法结束时，除了将文本对象指派给某个族外，还给出了该文本属于该族的概率。

GMM 假设数据服从高斯混合分布（Gaussian mixture distribution），换句话说，其数据可以看作从 k 个高斯分布（Gaussian distribution）中生成出来的。这里的数据对应的是文本向量。每个高斯分布称为一个组件，这些组件线性叠加在一起就组成了 GMM 的概率密度函数：

$$p(X) = \sum_{i=1}^{k} \omega_i g(X \mid \mu_i, \Sigma_i)$$

式中，X 为一个文本向量；ω_i 为 X 由第 i 个组件生成的概率；$g(X \mid \mu_i, \Sigma_i)$ 是第 i 个组件的概率密度函数，其中的 μ_i 和 Σ_i 分别是第 i 个高斯分布的中心和协方差矩阵（covariance matrix）。

现在我们已经知道了 GMM 的概率密度函数的形式，换句话说，已经知道了模型的结构，接下来要做的事情就是根据已知数据估计模型的参数。这里的参数是：ω_i，μ_i 和 Σ_i。GMM 中的 k 个组件对应于 k 个族，所以 GMM 聚类的过程实际上也就是估计参数 ω_i，μ_i 和 Σ_i 的过程。

对 GMM 进行参数估计需要一个评分函数，该评分函数取值最大（有些情况下是最小）时的模型参数就是所需要的参数。在 GMM 中，采用似然函数（likelihood function）作为评分函数：

$$E = \prod_{j=1}^{n} p(X_j)$$

式中，n 为文本集 D 中文本的个数；$p(X_j)$ 为采用 GMM 生成文本向量 x_j 的概率。

当该评分函数取值最大时，实际上就为 GMM 找到了这样一组参数，它所确定的概率分布生成文本集 D 中的文本向量的概率最大。这时 E 的取值称为最大似然（maximum likelihood）。

由于通常情况下 $p(X_j)$ 的概率都很小，它们的乘积 E 就更小，因此会对其取对数，把乘积变成求和的形式，得到对数似然函数。

$$F = \sum_{i=1}^{n} \log p(X_j)$$

接下来只要将这个函数最大化，即找到一组参数值，使对数似然函数的取值最大，就认为使此函数最大化的这组参数是最合适的参数，从而完成参数估计的过程。

函数最大化的通常做法是对函数求导并令导数等于零，然后解方程得到参数值后带入原函数得到最大值。然而，在 GMM 中，将 $p(X_j)$ 代入 F，得

$$F = \sum_{j=1}^{n} \log \left(\sum_{i=1}^{k} \omega_i g(X \mid \mu_i, \Sigma_i) \right)$$

由于在对数函数里面又有求和的操作，所以没有办法直接用求导后解方程的方式求得最大值。为了解决这个问题，采取类似于 k-Means 的迭代求解的方法。最开始的时候，先给出参数 ω_i，μ_i 和 Σ_i 的初始值，然后迭代地进行下面两步：

（1）估计文本向量 X_j 属于族 C_i 的概率（即 X_j 由第 i 个高斯分布生成的概率），其中 $1 \leqslant j \leqslant n$，$1 \leqslant i \leqslant k$：

$$p(X_j \in C_i) = \frac{\omega_i g(X_j \mid \mu_i, \Sigma_i)}{\sum\limits_{i=1}^{k} \omega_i g(X_j \mid \mu_i, \Sigma_i)}$$

如果是第一次迭代，则上述式子里的参数 ω_i，μ_i 和 Σ_i 采用初始值。如果不是第一次迭代，则采用上一次迭代所得的值。

（2）估计第 i 个高斯分布的参数：根据上一步的计算结果，得知数据对象 X_j 由第 i 个高斯分布生成的概率是 $p(X_j \in C_i)$，或者说第 i 个高斯分布生成了 $p(X_j \in C_i)$ X_j 这个值。将所有的数据对象考虑在内，可以看作 i 个高斯分布生成了 $p(X_1 \in C_i)$ X_1，$p(X_2 \in C_i)$ X_2，$\cdots$，$p(X_n \in C_i)$ X_n 这些文本向量。令

$$n_i = \sum_{j=1}^{n} p(X_j \in C_i)$$

则根据上述这些文本向量可以求得参数 ω_i，μ_i 和 Σ_i 的值如下：

$$\mu_i = \frac{1}{n_i} \sum_{j=1}^{n} p(X_j \in C_i) X_j$$

$$\Sigma_i = \frac{1}{n_i} \sum_{j=1}^{n} p(X_j \in C_i)(X_j - \mu_j)(X_j - \mu_j)^{\mathrm{T}}$$

$$\omega_i = \frac{n_k}{n}$$

将求出的参数值代入似然函数，如果似然函数的值发生了变化，则重复迭代上面两步。如果似然函数的值不再发生变化，则认为值已收敛，停止迭代，算法结束。

4.3.2 话题检测

　　基于模型的聚类方法的一个非常重要的应用就是话题检测。话题检测在很多场景中都会用到。比如，人们想知道今天微博用户关注的话题是什么？或者最近数据挖掘领域比较热门的研究话题是什么？或者有关某个产品的正面评论和负面评论中分别关注的话题是什么？等等。话题到底是什么呢？很难给话题下一个精确的定义。大体来说，话题通常指一个文档或一次会话的主题（或者主要思想）。话题的粒度可以是多种多样的，如某个句子、某篇文章、某个文档库等。

　　给定一个文本集，话题检测首先需要找出该文本集中包含的一些（通常是 k 个）话题，其次需要确定文档集中的每一篇文档覆盖了哪个话题以及覆盖的程度如何。换句话说，给定一个参数 k 和 N 个文档（文档 1、文档 2、…、文档 N），话题检测的任务是首先找出 k 个话题（话题 1、话题 2、…、话题 k），然后计算出每篇文档 i 对每个话题 j 的覆盖概率。如图 4-2 所示，可以看出文档 1 对话题 1 进行了很好的覆盖（或者说文档 1 主要在讨论话题 1），而对话题 2 的覆盖则很少。同理，文档 2 对话题 2 进行了很好的覆盖，而对话题 k 的覆盖很少，并且根本就没有提及话题 1。文档 i 对话题 j 的覆盖程度通常用一个概率值来表示，同一个文档对不同话题的覆盖概率加起来的和为 1。

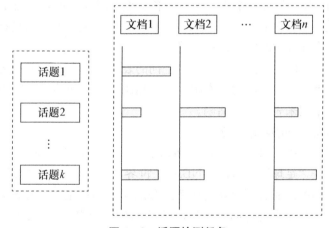

图 4-2　话题检测任务

　　那么接下来的一个问题是如何定义话题，或者说话题是如何表示的。话题的表示通常有两种形式，用单个词（或短语）来表示，或者用多个词的分布来表示。下面我们分别对其进行介绍。

一、基于单个词（或短语）的话题表示方法

　　最简单地表示一个话题的方法就是用一个词或者短语。比如，可以用"科学""体育""政治""旅游"表示 4 个不同的话题。在这种表示方式下，文档对话题的覆盖程度可以用该词（或短语）在文档中的出现频率来衡量。前面提到，话题检测包含两个任务：（1）识别出 k 个话题；（2）计算出各个文档对各个话题的覆盖度。如果用单个词表示话题的话，可以将文档中包含的所有词当作候选话题，然后设计一个评分函数，将得分最高的前 k 个词作为话题。评分函数的设计需要考虑很多因素。首先要有代表性，得分高的词应该能够代表文档集中的很多内容。评分的高低通常可以用词的出现频率来衡量。但是，仅仅用频率，"的""地"等虚词可能会得分很高。因此，需要选择那些出现次数相对频繁但又不是特别频繁的词作为话题。采用前面介绍过的 TF-IDF 权重公式作为评分函数是一种不错的选择。

有了评分函数之后，接下来需要做的就是根据评分函数的取值选取前 k 个词作为话题。有可能碰到的一个问题就是选出来的这 k 个词比较雷同。这不符合我们话题选择的初衷。我们的本意是想选择出 k 个具有代表性的词，能够覆盖文本集的大部分内容。所以在进行话题词选择的时候需要进一步做好去重的工作，尽量使选择出来的 k 个词既具有较高的评分，又互不冗余。

选择出 k 个话题之后，接下来的任务就是计算每篇文档对每个话题的覆盖度。最简单的方法就是统计每一个话题词在每篇文档中出现的概率。比如，某文档集假设已经选择好三个话题词，分别是"体育""科学""政治"。它们在某文档中的出现次数分别 5、10、20，则该文档对"体育""科学""政治"三个话题的覆盖度分别是 1/7、2/7、4/7。但这样的简单统计法存在一定的问题，比如，文档"中华人民共和国第十三届运动会 2017 年 8 月 27 日晚在天津市隆重开幕"讨论的是"体育"相关的话题，但是"体育"这个词在文档中并没有出现，导致它对"体育"这个话题的覆盖度为 0。因此，在计算文档对话题的覆盖度时需要一些更高级的技术，需要考虑词的相关联性、二义性等问题。比如上述文档中的"运动会"和"体育"是关联的，在计算覆盖度的时候应该将其考虑进去；比如英文词"star"，如果是指某位体育明星，则与"体育"话题相关，但如果是指天上的星星，则与"体育"无关。因此统计时需要区别对待。

用单个词表示话题的主要问题在于，单个词的表达能力太弱，只能用来表示简单的话题，并且文档对单个词的覆盖能力也有限。与之相比，多个词的表达能力要强得多，下面我们介绍如何用多个词来表示一个话题。

二、基于词分布的话题表示方法

这种方法是用词典中所有词的概率分布来表示话题。例如，在"体育"这个话题下，具有较高概率的词是"足球""篮球""NBA""世界杯""运动会""金牌"等。这些词直觉上都与"体育"相关。所有词出现的概率总和加起来仍然是 1。用概率分布来表示话题的好处是，如果从该分布中进行词语采样，得到话题相关词的概率会大一些。

需要注意的是，当一个词的概率非常大，而其他大多数词的概率都非常小的时候，基于多个词分布的话题表示方法退化成前面讲过的基于单个词的简单话题表示方法。在这个意义上，前者可以看作后者的延伸和扩展。

基于多个词分布的话题表示方法的另一个好处是，可以表示更细粒度的话题。比如，同样都是表示"体育"的话题，如果词分布中"篮球"的概率大于"足球"的概率，则可以认为该话题内容更多的是关于体育中的篮球而不是足球。值得注意的是，在比如"体育"的话题中，并不是说与体育无关的词出现的概率必须为 0，只是说它们出现的概率相对来说要小一些。另外，有些词会同时以不同的概率出现在多个话题中。

接下来要解决的问题就是：如何识别出基于多个词分布的 k 个话题？如何计算出每个文档对每个话题的覆盖度？由于每个话题由一个概率分布描述，解决该问题的最直接方法就是概率建模。问题的正式定义如下：

输入：由 N 个文档构成的文本集 C、话题个数 k、词典 V

　　输出：两类概率分布。第一类是 k 个话题的词分布（θ_1，θ_2，$\cdots$，θ_k）；第二类是每一个文档 d_i 在不同话题上的概率分布（π_1，π_2，$\cdots$，π_k）。

　　现在的问题是如何由输入得到输出。对此人们提出了很多方法，这里介绍一种比较通用的方法——生成模型法。该方法假设文本集中的文档都是由一个模型生成的（事实上并非如此，此处只是为了更好地理解数据从而完成话题检测任务）。模型具有参数，参数不同，则模型的表现不同，进而生成数据的概率值也就不同。在设计模型的时候，将要挖掘的知识需要用模型的参数表现出来，然后再用已有的数据来估计这些参数，从而得到所需要的知识（这里具体为上面提到的要输出的两类概率分布）。如何估计模型的参数，或者说如何用数据拟合模型，属于标准的统计问题，有很多不同的方法可以使用。

　　接下来看一下对于话题检测来说，生成模型需要设计哪些参数。首先，针对每一个话题，词典 V 中所有词都有一个概率值，因此需要 $k \cdot |V|$ 个参数；其次，针对文档集中的 N 个文档，每个文档对每个话题都有一个覆盖概率，所以需要 $k \cdot N$ 个参数。值得注意的是每个话题下所有词的概率总和为 1，每个文档下所有话题的覆盖概率总和也为 1，所以事实上参数的个数会分别少 1 个，需要的参数总数为 $k \cdot (|V| - 1) + (k - 1) \cdot N$。

　　模型设计好之后，接下来要做的就是将数据拟合到模型，或者说学习模型的参数。在学习的过程中，需要对参数的取值进行调节，使得模型生成已有数据的概率最大，这时参数的取值达到最优。这些最优的参数值即我们希望从文本中挖掘出的知识，通常也是算法的输出结果。

　　上述方法也是使用生成模型进行文本挖掘的常用思路。首先，设计一个带参数的模型，使其能够尽可能地对现有数据进行刻画。然后，将数据拟合到模型，学习得到参数的最优取值。这些最优的参数值代表的正是希望从文本中挖掘出来的知识。

4.3.3　识别单个话题

　　我们先来看一种最简单的情况：文档集中只有一个文档 d，该文档只讨论了一个话题。由于只有一个话题，文档 d 对该话题的覆盖率是 100%。在这种情况下，只需要求出该话题对应的词分布就可以了。假设该文档共包含 M 个不同的词，则整个模型参数的个数是 M 个，分别是 $P(w_1)$，$P(w_2)$，$\cdots$，$P(w_M)$。

　　如果采用最简单的一元文法模型（nigram anguage model），即文档中每个词出现的概率是独立的，$P(w_i)$ 计算如下：

$$P(w_i) = \frac{C(w_i, d)}{\sum\limits_{j=1}^{M} C(w_j, d)}$$

式中，$C(w_i, d)$ 为词 w_i 在文档 d 中出现的次数。

　　这种简单的一元文法模型的缺点在于，它根据词的频率估计话题的词分布，某些停用词（中文如"的"，英文如"the"）的出现概率可能会非常高，但这些词并不包含语义信息，用来代表特定的话题是不合适的。

为了降低停用词的概率，考虑采用由两个模型构成的混合生成模型。其中一个用来生成停用词列表（称为背景词分布θ_B），另一个用来生成有意义的话题θ_d。在这样的一个混合模型下，文档中每个词出现的概率为：

$$P(w_i)=P(\theta_B)P(w_i|\theta_B)+P(\theta_d)P(w_i|\theta_B)$$

式中，$P(\theta_B)$为w_i由背景词分布生成的概率；$P(\theta_d)$为w_i由话题词分布生成的概率。

由于背景词分布θ_B通常会预先设定好（一般会给停用词较大的概率），该混合模型的参数为$M+2$个，分别为$P(w_1|\theta_B)$，$\cdots$，$P(w_M|\theta_B)$，$P(\theta_d)$，$P(\theta_B)$，总计为Λ，这些参数的值可以通过最大似然法来估计。由该混合生成模型生成整篇文档中所有词的概率（或者说似然函数）为：

$$P(d|\Lambda)=\prod_{i=1}^{M}P(w_i)^{c(w_i,d)}$$

接下来用期望最大化算法估计出参数Λ的值即可。

E-阶段：

$$p^{(n)}(z=0|w)=\frac{p(\theta_d)p^{(n)}(w|\theta_d)}{p(\theta_d)p^{(n)}(w|\theta_d)+p(\theta_B)p(w|\theta_B)}$$

M-阶段：

$$p^{(n+1)}(w|\theta_d)=\frac{c(w,d)p^{(n)}(z=0|w)}{\sum_{w'\in V}c(w',d)p^{(n)}(z=0|w')}$$

4.3.4　PLSA 方法

上面介绍了一个文档只有一个主题的特殊情况下的话题检测方法，下面将其扩展到多个文档多个主题的一般情况。PLSA 是较经典的解决这类问题的方法。该方法将上述由两个分布构成的混合模型扩展到由多个分布构成的混合模型。假设有k个话题，则 PLSA 假设文本集由一个混合生成模型生成，该混合生成模型包含$k+1$个组件。其中的k个组件分别对应k个话题的词分布，另外一个组件对应背景词分布。

在这样一个混合生成模型中，文档d中每个词的生成过程仍然包含两步：第一步选择一个组件，这个组件可能是背景词分布θ_B，也可能是一个话题θ_i。设选择背景词分布θ_B生成词的概率为λ_B，则选择话题θ_i生成词的概率为$(1-\lambda_B)\pi_{d,i}$（其中$\pi_{d,i}$是文档d对话题θ_i的覆盖度）。一旦在第一步决定了使用某个词分布，第二步从选定的分布中生成一个词就可以了。因此，词w_i在文档d中出现的概率为：

$$P(w_i)=\lambda_B P(w_i|\theta_B)+(1-\lambda_B)\sum_{j=1}^{k}\pi_{d,j}P(w_i|\theta_j)$$

下面通过最大似然法来估计这些参数的值。由该混合生成模型生成文档d中所有词的概率为：

$$P(d|\Lambda)=\prod_{i=1}^{M}P(w_i)^{c(w_i,d)}$$

生成文档集 C 的概率（或者说似然函数）是：

$$P(C \mid \Lambda) = \prod_{d \in C} \prod_{i=1}^{M} P(w_i)^{c(w_i, d)}$$

同样用期望最大化算法估计出参数 Λ 的值即可。隐含变量 $z_{d,w} \in \{B, 1, 2, \cdots, k\}$ 表示话题由背景词分布或者某个话题 j 生成。

E-阶段：

$$p^{(n)}(z_{d,w} = j) = \frac{\pi_{d,j}^{(n)} p^{(n)}(w \mid \theta_j)}{\sum_{j'=1}^{k} \pi_{d,j'}^{(n)} p^{(n)}(w \mid \theta_{j'})}$$

$$p^{(n)}(z_{d,w} = B) = \frac{\lambda_B p(w \mid \theta_B)}{\lambda_B p(w \mid \theta_B) + (1 - \lambda_B) \sum_{j=1}^{k} \pi_{d,j}^{(n)} p^{(n)}(w \mid \theta_j)}$$

M-阶段：

$$\pi_{d,j}^{(n+1)} = \frac{\sum_{w \in V} c(w,d)(1 - p^{(n)}(z_{d,w} = B)) p^{(n)}(z_{d,w} = j)}{\sum_{j'} \sum_{w \in V} c(w,d)(1 - p^{(n)}(z_{d,w} = B)) p^{(n)}(z_{d,w} = j')}$$

$$p^{(n+1)}(w \mid \theta_j) = \frac{\sum_{d \in C} c(w,d)(1 - p^{(n)}(z_{d,w} = B)) p^{(n)}(z_{d,w} = j)}{\sum_{w'} \sum_{d \in C} c(w',d)(1 - p^{(n)}(z_{d,w'} = B)) p^{(n)}(z_{d,w'} = j)}$$

4.3.5　改进的 PLSA 方法

PLSA 方法是一个完全无监督的学习方法，在进行话题检测的过程中，只需要根据数据的特征进行计算，不需要额外的其他知识。但是有些时候，在进行话题检测的过程中，可能存在一些先验知识，使用户对要挖掘的话题已经有所了解，并希望对某些话题进行分析。例如，可能需要对和"文本挖掘"相关的话题进行分析，或者希望对某公司新出的某款手机的电池寿命或者屏幕大小进行分析。总之，有一些话题是用户关心的，而另一些话题可能是其不关心的。另外，用户对文档-话题之间的覆盖情况可能也有一些了解。比如，文档可能已经被贴上标签，根据标签可以知道该文档主要讨论的是哪些话题。

在存在先验知识的情况下，估计生成模型的参数的时候，需要在最大似然和用户先验之间取得一个平衡，即需要进行贝叶斯估计。这时用到的评分函数是最大后验概率（maximum a posteriori，MAP），而不再是最大似然。假设所有的参数定义为 Λ，可以引入一个先验分布 $P(\Lambda)$，它可以看作用户偏爱的所对应的 Λ 取值的一个概率分布。当用户偏向哪些参数值时，其概率就相应设置得大一些，表示在各种各样的话题词分布中，至少有一种是用户偏爱的；在各种各样的文档—话题覆盖分布中，至少有一种是用户偏爱的。因此，用户总是能够将自己的偏爱定义为先验，加入到模型中。

有了先验分布 $P(\Lambda)$ 之后，估计文档集 C 的参数 Λ 的时候，就希望最大化最大后验概

率，即

$$\Lambda^* = \arg\max_\Lambda P(\Lambda)P(C\,|\,\Lambda)$$

式中，$P(C\,|\,\Lambda)$ 为最大似然。引入 $P(\Lambda)$ 的目的就是希望能在先验知识和最大似然之间取一个折中。

定义 $P(\Lambda)$ 的方式有很多，最方便的是使用一个共轭先验分布，即 $P(\Lambda)$ 和 $P(C\,|\,\Lambda)$ 使用一样的概率密度函数。因为二者的形式相同，可以合并成一个函数。这样的话，最大后验概率和最大似然可以采用类似的方法。由于函数形式相同，可以把在原始数据上最大后验概率看作在一个新的数据集上的最大似然。这个新的数据集可以看作在原来的数据集上加入了一部分新的数据。使用这样一个共轭先验，最大后验概率的计算和参数的估计仍然可以采用改进的期望最大化算法来进行。具体如下：

E-阶段：

$$p^{(n)}(z_{d,w}=j) = \frac{\pi_{d,j}^{(n)}p^{(n)}(w\,|\,\theta_j)}{\displaystyle\sum_{j'=1}^{k}\pi_{d,j'}^{(n)}p^{(n)}(w\,|\,\theta_{j'})}$$

$$p^{(n)}(z_{d,w}=B) = \frac{\lambda_B p(w\,|\,\theta_B)}{\lambda_B p(w\,|\,\theta_B)+(1-\lambda_B)\displaystyle\sum_{j=1}^{k}\pi_{d,j}^{(n)}p^{(n)}(w\,|\,\theta_j)}$$

M-阶段：

$$\pi_{d,j}^{(n+1)} = \frac{\displaystyle\sum_{w\in V}c(w,d)(1-p^{(n)}(z_{d,w}=B))p^{(n)}(z_{d,w}=j)}{\displaystyle\sum_{j'}\sum_{w\in V}c(w,d)(1-p^{(n)}(z_{d,w}=B))p^{(n)}(z_{d,w}=j')}$$

$$p^{(n+1)}(w\,|\,\theta_j) = \frac{\displaystyle\sum_{d\in C}c(w,d)(1-p^{(n)}(z_{d,w}=B))p(z_{d,w}=j)+\mu p(w\,|\,\theta_j')}{\displaystyle\sum_{w'}\sum_{d\in C}c(w',d)(1-p^{(n)}(z_{d,w'}=B))p(z_{d,w'}=j)+\mu}$$

其中 μ 和 $\mu p(w\,|\,\theta_j')$ 表示的是先验知识带来的对数据的改变。

4.3.6　LDA 方法

PLSA 是一个通用的生成模型，但它只能应用于已知文档的生成过程，无法用于生成新的文档。为什么 PLSA 不能用于生成新的文档呢？因为在 PLSA 中，文档 d 对话题 j 的覆盖概率 $\pi_{d,j}$ 是和一个已经存在的文档相关的，而对于一个新文档来说，该概率是不可获得的。

解决该问题的一种办法是给 $\pi_{d,j}$ 设置先验知识。这里要介绍的 LDA 方法就是这样做的，它假设每个文档 d 的文档-话题覆盖分布 π_d 都是从一个 Dirichlet 分布中抽样得到的，而该 Dirichlet 分布是在 π_d 的整个参数空间上定义的一个分布。因此 Dirichlet 分布可以看作分布的分布。类似地，每一个话题下的词分布也可以看作从另一个 Dirichlet 分布抽样得到的。

在 PLSA 中，每一个文档 d 的文档-话题覆盖分布 π_d 和每一个话题下的词分布 θ_i 都是需要估计的未知参数，但在 LDA 模型中，π_d 和 θ_i 不再是参数（变成了隐变量），而是假设它们都是从某个 Dirichlet 先验分布中抽样得到。这样的话，LDA 只有两类参数，一类是 $\alpha = \{\alpha_1, \alpha_2, \cdots, \alpha_k\}$，另一类是 $\beta = \{\beta_1, \beta_2, \cdots, \beta_M\}$。$\alpha$ 和 β 都称为超参数。一旦这些超参数确定了，则两个 Dirichlet 分布也就确定了，进而整个生成模型也就确定了。一旦从 Dirichlet 分布采样得到了文档-话题分布 π_d 和话题下的词分布 θ_i，则可以采用和 PLSA 一样的方法来模拟生成所有的文档。当没有先验知识的时候，α 和 β 可以分别被设置为统一的值，表示不管是词分布还是文档—话题覆盖分布，用户都没有任何偏好。

LDA 模型的参数估计比较复杂，常用的一种方法是吉布斯抽样算法（Gibbs sampling），它是一种较特殊的蒙特卡洛（Makov chain Monte Carlo，MCMC）法。用吉布斯抽样算法推导 LDA 模型的参数容易实现，需要较少的内存，且能够以较快的速度推断出较好的参数。

下面以从门户网站上爬取的 4 587 篇中文新闻文本为例，介绍用吉布斯抽样算法推导 LDA 模型参数的 C++ 代码（http：//gibbslda. sourceforge. net/）的训练数据格式、参数设置及训练结果。

一、训练数据的格式

训练数据存储到一个文本文件中，第一行记录训练集中文档的数目，接下来每一行对应一个文档的特征词，特征词以空格为分隔，如图 4－3 所示。

```
4587
北京　深化　改革　决定　全文　公布　网站　消息　中国共产党　北京市……
法院　公布　典型　案例　记者　任重远　截至　中国　裁判　文书　判决书……
深市　公告　汇总　消息　华映　科技　董事会　会议　决议　华映　科技……
高层　传言　记者　外界　Google　中国　关闭　办公室　传言　首席　法务……
运输机　坠毁　造成　死亡　时间　阿尔及利亚　载有　军人　家属　运输机……
……
```

图 4－3　训练数据格式

二、GibbsLDA 参数设置

（1）−est：用于估计 LDA 模型的参数。

（2）−alpha ＜double＞：LDA 超参数 α 的值。默认为 $50/k$（k 是话题数目）。

（3）−beta ＜double＞：LDA 超参数 β 的值。默认为 0.1。

（4）−ntopics ＜int＞：LDA 话题的数目。默认值为 100。

（5）−niters ＜int＞：Gibbs sampling 迭代的次数。默认值为 2 000。

（6）−savestep ＜int＞：保存 LDA 模型参数的中间推断结果。默认值为 200。

（7）−twords ＜int＞：每个话题中最后具有代表意义的词的数目。默认值为 0，如果设置为 20，则在每次 LDA 模型参数写入磁盘时，同时写入每个话题中概率最大的前 20 个词。

（8）−dfile ＜string＞：训练数据的存储位置。

LDA 程序运行命令示例：lda −est −alpha 0.5 −beta 0.1 −ntopics 5 −niters 1000 −savestep 400 −twords 10 −dfile newsData/news4587. dat。

三、训练结果

训练结果共生成六种类型的文本文件。训练结果如图 4－4 所示。其中包含数字的文件是模型进行中间的训练结果，包含"final"的文件是全部迭代完毕后的训练结果。

```
wordmap. txt
model－00400. others
model－00400. phi
model－00400. tassign
model－00400. theta
model－00400. twords
model－00800. others
model－00800. phi
model－00800. tassign
model－00800. theta
model－00800. twords
model－final. others
model－final. phi
model－final. tassign
model－final. theta
model－final. twords
```

图 4-4　训练结果文件

● wordmap. txt 存储的是训练数据中词的数目及每个词对应的编号。如图 4-5 所示，所使用的训练集共包含 40 980 个词。

```
40 980
BEIJING 35106
China 34923
china 29201
google 17431
阿巴嘎旗 27572
阿坝 22335
阿坝藏族羌族自治州 28020
阿贝格 18239
阿贝拉格 36539
……
```

图 4-5　wordmap. txt 文件内容

● . others 文件存储的是运行 LDA 程序所设置的参数及生成该文件时的迭代次数。model－00400. others、model－00800. others 和 model－final. others 三个文件内容如图 4-6 所示。

model－00400. others 文件	model－00800. others 文件	model－final. others 文件
alpha=0. 500000	alpha=0. 500000	alpha=0. 500000
beta=0. 100000	beta=0. 100000	beta=0. 100000
ntopics=5	ntopics=5	ntopics=5
ndocs=4587	ndocs=4587	ndocs=4587
nwords=40980	nwords=40980	nwords=40980
liter=400	liter=800	liter=1000

图 4-6　三个 . others 文件内容

- .phi 文件存储参数 Φ 的值。图 4-7 是一个 5×40 980 的矩阵数据。

0.002961	0.000000	0.000000	0.002537	0.000067	0.000629	…
0.001349	0.000055	0.002831	0.000553	0.000000	0.001012	…
0.001459	0.000000	0.000000	0.000603	0.001801	0.002214	…
0.001416	0.002849	0.020533	0.002549	0.000144	0.000658	…
0.002351	0.000000	0.000000	0.001139	0.000068	0.000244	…

图 4-7　model−final. phi 文件内容

- .tassign 文件存储文档中每个词所属的主题。图 4-8 是 4 587 篇文档中每个词对应的主题编号结果。

```
0；3 1；3 2；3 3；3 4；3 5；3 6；0 7；0 8；3 9；3 10；3 11；3 12；3 13；3 …
642；0 5；0 1341；3 1342；0 1343；4 1344；0 1345；0 59；0 924；0 921；0 …
1914；2 1505；2 1915；2 7；2 1916；2 257；2 1917；2 12；2 1918；2 1916；2 …
2189；2 2190；2 2191；2 1343；2 2192；2 2189；2 59；4 2193；4 2194；0 …
2248；4 2249；4 2250；4 1462；4 1696；4 1398；4 2248；4 2251；4 …
…
```

图 4-8　model−final. tassign 文件内容

- .twords 文件存储每个主题下的权重较大的词及其概率。图 4-9 显示了 5 个主题中权重最大的前 10 个词。

Topic 0th		Topic 1th		Topic 2th		Topic 3th		Topic 4th	
书记	0.009834	中国	0.024888	公司	0.027992	改革	0.020533	中国	0.015195
案件	0.007816	市场	0.017213	银行	0.017581	发展	0.011047	美国	0.009599
法院	0.006674	经济	0.016866	金融	0.016007	问题	0.010677	俄罗斯	0.006102
工作	0.006616	增长	0.012857	投资	0.010107	工作	0.010113	乌克兰	0.005731
应当	0.005736	政策	0.009382	企业	0.009752	制度	0.009874	国家	0.005717
主任	0.005522	投资	0.007010	业务	0.008977	社会	0.009574	政府	0.004985
犯罪	0.005051	企业	0.006962	基金	0.008100	政府	0.009506	记者	0.004664
规定	0.004984	可能	0.006445	集团	0.007619	建设	0.008080	问题	0.004356
调查	0.004898	政府	0.006382	市场	0.007328	土地	0.007065	可以	0.004243
记者	0.004794	人民币	0.006215	互联网	0.007010	管理	0.006448	没有	0.004066

图 4-9　model−final. twords 文件内容

4.4　实践案例——用 LDA 实现话题检测

4.4.1　背景及数据

本案例的数据集为搜集到的中文各题材的新闻文本。新闻题材可分为政治、经济、文化、体育、科技等 10 个大类。每类新闻文本的数量为 200～500 条不等。每类新闻的内容示例如表 4-1 所示。数据集与代码下载地址为：http:// pan. baidu. com/s/1pLft4Av,密码：fqf5。

表 4-1   新闻类别和内容数据

新闻类别	内容
体育	……单独举办冬季奥运会的问题搁浅以后，1908 年伦敦奥运会首次将花样滑冰列入比赛项目，引起了人们极大的兴趣……
政治	……将于 5 月 4 日开始对我国进行正式友好访问。这是蒙古国国家最高领导人时隔 28 年首次访华，标志着中蒙关系的新发展……
艺术	……为弘扬这一传统的民族文化，挖掘宝贵的民间艺术遗产，安徽省文化部门将把继承和发展花鼓灯艺术作为重点工作来抓，在人力、物力、财力上给以重点扶持……
经济	……出席联合国贸易与发展会议无形贸易与贸易资金委员会在日内瓦举行的第 13 届 2 期会议的中国代表李志敏说，贸易与发展资金短缺及债务问题是一个全球性的问题……
交通	……
医药	……

4.4.2 数据预处理

一、中文分词

相比于英文文本，中文文本的处理要提前做好分词的工作。为了方便转为 Spark 里 RDD 的数据格式，还需要将原始新闻文档里的每篇新闻都转为一行字符串存储在同一个文件内。分词工作由于前文已经做了详细的说明，这里就不再赘述了。注意：我们只处理了四类新闻文本，分别为体育、政治、经济、艺术。每类题材分别有 200 篇新闻文档。

前期的数据预处理只需要做到这一步就行了，进一步的分词和特征提取工作会统一在 Spark 框架下完成。

二、Spark 下的数据处理和特征提取

由于整个话题模型的程序较长，我们分块来做分析。本小节介绍从文本导入到训练模型前的所有数据处理过程。大体上包括切词、去停用词、生成字典、单词计数四个步骤。具体的流程可见如下的代码：

```
/ * *
  * 加载文档,切分文本，生成单词字典,根据字典将文档内容生成基数向量
  * @return (corpus, vocabulary as array, total token count in corpus)
  * /
privatedef preprocess(
     sc: SparkContext,
     paths: Seq[String],
     vocabSize: Int,
```

```
            stopwordFile: String): (RDD[(Long, Vector)], Array[String], Long) = {
valsqlContext = SQLContext.getOrCreate(sc)
import sqlContext.implicits._
```
//从新闻文档中获取数据集
//每篇新闻是 text 文件中的一行
//如果输入文件由很多小文件组成,则在 spark 里会产生过多的 partition,这种情况会影响程序性能
//可以考虑使用 coalesce() 函数来产生较少的 partition
```
valdf = sc.textFile(paths.mkString(",")).toDF("docs")
valcustomizedStopWords: Array[String] = if (stopwordFile.isEmpty) {
      Array.empty[String]
    }else {
```
//可以提供停用词字典,将文档里的停用词去掉
```
valstopWordText = sc.textFile(stopwordFile).collect()
stopWordText.flatMap(_.stripMargin.split("\\s+"))
}
```
//切分词
```
valtokenizer = new RegexTokenizer()
      .setInputCol("docs")
      .setOutputCol("rawTokens")
```
//去停用词
```
valstopWordsRemover = new StopWordsRemover()
      .setInputCol("rawTokens")
      .setOutputCol("tokens")
stopWordsRemover.setStopWords(stopWordsRemover.getStopWords ++ customized-
StopWords)
```
//对切分后的词语进行计数
```
valcountVectorizer = new CountVectorizer()
      .setVocabSize(vocabSize)
      .setInputCol("tokens")
      .setOutputCol("features")
```
//将上述操作组成处理流水线,并输入文档数据
```
valpipeline = new Pipeline()
      .setStages(Array(tokenizer, stopWordsRemover, countVectorizer))
valmodel = pipeline.fit(df)
valdocuments = model.transform(df)
      .select("features")
      .map {case Row(features: Vector) =>features }
```

```
      .zipWithIndex()
      .map(_.swap)
   (documents, // svm 格式的新闻特征(词对应 index:计数)
model.stages(2).asInstanceOf[CountVectorizerModel].vocabulary,  // 词语字典
documents.map(_._2.numActives).sum().toLong) // total token count
   }
```

通过以上处理，便完成了数据预处理的第二步，每篇文档都变成了 svm 格式的特征向量。由于 LDA 将每篇文档当成词袋，预处理后的每个特征向量只包含一篇新闻里出现了哪些词，以及这些词出现的频率的信息。

4.4.3 话题检测

本小节介绍如何利用 Spark 中的 MLlib 所提供的 LDA 算法来寻找新闻文本中的话题分布。LDA 对长文本的聚类，发现文本主题有很好的效果。

首先对模型用到的一些主要参数进行说明，表 4-2 列出了一些默认设置，这些参数都是可以在运行程序时设置的。

表 4-2 主要参数及说明

参数	参数说明
k: Int = 20,	聚类主题的个数（所有文本共有 20 个话题类别）
maxIterations: Int = 10,	算法的最大迭代次数，实际模型训练中设置为 150
vocabSize: Int = 10000,	文本预处理中字典的大小——10 000 词
stopwordFile: String = " ",	停用词文件路径

示例代码：

```
privatedef run(params: Params) {
valconf = new SparkConf().setAppName(s"LDAExample with $ params")
valsc = new SparkContext(conf)
    Logger.getRootLogger.setLevel(Level.WARN)
//为 lda 模型加载文档数据,并做预处理操作
valpreprocessStart = System.nanoTime()
//文档预处理,显示一些预处理信息
val (corpus, vocabArray, actualNumTokens) =
      preprocess(sc, params.input, params.vocabSize, params.stopwordFile)
corpus.cache()
valactualCorpusSize = corpus.count()
valactualVocabSize = vocabArray.size
valpreprocessElapsed = (System.nanoTime() - preprocessStart) / 1e9
```

```
        println()
        println(s"Corpus summary:")
        println(s"\t Training set size: $ actualCorpusSize documents")//总文档数量
        println(s"\t Vocabulary size: $ actualVocabSize terms")//字典大小
        println(s"\t Training set size: $ actualNumTokens tokens")//token 数量(总的
词数)
        println(s"\t Preprocessing time: $ preprocessElapsed sec")
        println()
//训练 LDA
vallda = new LDA()
valoptimizer = params.algorithm.toLowerCase match {
case"em" =>new EMLDAOptimizer
// add (1.0 / actualCorpusSize) to MiniBatchFraction be more robust on tiny data-
sets.
case"online" =>new OnlineLDAOptimizer().setMiniBatchFraction(0.05 + 1.0 /
actualCorpusSize)
case _ =>thrownew IllegalArgumentException(
        s"Only em, online are supported but got $ {params.algorithm}.")
    }
//设置模型参数
lda.setOptimizer(optimizer)
      .setK(params.k)
      .setMaxIterations(params.maxIterations)
      .setDocConcentration(params.docConcentration)
      .setTopicConcentration(params.topicConcentration)
      .setCheckpointInterval(params.checkpointInterval)
if (params.checkpointDir.nonEmpty) {
sc.setCheckpointDir(params.checkpointDir.get)
    }
valstartTime = System.nanoTime()
valldaModel = lda.run(corpus)//训练模型
valelapsed = (System.nanoTime() - startTime) / 1e9
    println(s"Finished training LDA model.  Summary:")
    println(s"\t Training time: $ elapsed sec")
if (ldaModel.isInstanceOf[DistributedLDAModel]) {
valdistLDAModel = ldaModel.asInstanceOf[DistributedLDAModel]
valavgLogLikelihood = distLDAModel.logLikelihood / actualCorpusSize.toDouble
      println(s"\t Training data average log likelihood: $ avgLogLikelihood")
```

```
        println()
    }
//打印出模型训练后的文档主题,每个主题输出 10 个权重最大的话题词
valtopicIndices = ldaModel.describeTopics(maxTermsPerTopic = 10)
valtopics = topicIndices.map { case (terms, termWeights) =>
terms.zip(termWeights).map { case (term, weight) => (vocabArray(term.toInt),
weight) }
    }
    println(s" ${params.k} topics:")
topics.zipWithIndex.foreach { case (topic, i) =>
        println(s"TOPIC $ i")
topic.foreach { case (term, weight) =>
        println(s" $ term\t $ weight")
    }
        println()
    }
sc.stop()
    }
```

表 4-3 列示了训练输出的结果。

表 4-3　　　　　　　　四个主题及其权重最大的 10 个话题词

主题	话题词及权重
TOPIC 0	比赛　0.012 151 746 464 733 35 记者　0.007 694 822 662 701 985 艺术　0.006 714 533 957 549 797 新华社　0.006 597 834 298 608 928 队　0.006 011 361 899 085 723 5 月　0.005 931 889 153 712 177 全国　0.005 837 071 078 126 553 说　0.005 428 061 945 145 228 世界　0.005 290 712 306 381 383 亚运会　0.004 802 972 854 814 473 5
TOPIC 1	文化　0.020 343 510 009 867 557 艺术　0.012 333 038 701 362 969 演出　0.010 420 285 572 621 03 创作　0.009 659 907 350 050 168 活动　0.007 835 079 544 096 75 群众　0.007 757 288 556 511 756 文艺　0.007 198 030 889 231 706 工作　0.006 886 243 086 836 23 作品　0.006 519 659 441 768 877 获　0.006 157 033 456 654 974

续前表

主题	话题词及权重
TOPIC 2	5 月　　　0.016 369 272 094 711 607 说　　　　0.016 033 829 492 035 04 新华社　　0.013 159 821 508 030 956 合作　　　0.012 142 182 257 887 518 中国　　　0.010 277 694 306 963 36 国家　　　0.007 788 837 674 291 497 访问　　　0.007 727 794 128 577 429 总统　　　0.007 401 238 454 306 449 主席　　　0.006 811 916 523 737 868 北京　　　0.006 463 713 187 047 687
TOPIC 3	经济　　　0.025 978 178 922 004 384 中国　　　0.021 607 973 611 668 756 发展　　　0.012 356 729 464 052 817 增长　　　0.009 492 718 956 005 185 企业　　　0.009 438 091 456 181 772 市场　　　0.007 065 936 380 815 343 投资　　　0.006 943 696 672 410 225 社会　　　0.006 470 152 780 580 668 5 国家　　　0.005 850 189 614 964 759 我国　　　0.005 752 810 573 990 834

就输出的结果来看，大致上可以看出 topic0 是关于体育的主题，topic1、topic2、topic3 分别对应文化、政治、经济新闻类别。表 4-3 中话题由一些词分布组成，这里列出的词是每类话题中所占分布比例最大的前 10 个词。例如 topic3 中，占比较大的是中国、经济、发展等词语。说明我们提供的中文的经济类新闻文档很多都在描述与中国经济和经济发展相关的内容。

这里我们输入的文本是已知的四类新闻素材——经济、体育、文化、政治，所以在训练之前设置的话题数量是 4。而话题数量这个超参数在实际的问题上是无法事先知道的，所以在实际使用的过程中还需要搜索合理的话题数。

Spark1.6+版本还可以给每篇文档标记上对应的主题，这样也就对批量的文本数据做了相应的聚类操作，同一类别的文章在 LDA 模型的框架下由同一个话题生成。LDA 训练好的模型也可以在训练结束后进行保存。

习题

1. 什么叫描述建模？什么叫聚类分析？
2. 常用的文本聚类分析方法有哪些？
3. k-Means 文本聚类方法的步骤主要是什么？它有什么优缺点？
4. 请描述计算族间的距离的四种方法。
5. 请描述 GMM 和 k-Means 方法的区别与联系。
6. 什么是话题？它的表现形式有哪些？
7. 请描述用 PLSA 方法和 LDA 方法进行话题检测的思路。

参考文献

［1］陈安，等. 数据挖掘技术及应用. 北京：科学出版社，2006.

［2］程显毅，朱倩. 文本挖掘原理. 北京：科学出版社，2010.

［3］王珊，等. 数据仓库与数据分析教程. 北京：高等教育出版社，2012.

［4］Feldman R，Dagan I. Knowledge discovery in textual databases (KDT) //International conference on knowledge discovery and data mining. AAAI Press，1995：112-117.

［5］Feldman R，Sanger J. The text mining handbook. Cambridge university press，2007.

［6］Han J W，Kamber M. Data mining：concepts and techniques. Data mining concepts models methods & algorithms second edition，2011，5（4）：1-18.

［7］Kao A，Poteet S R. Natural language processing and text mining. Springer，2007.

［8］Zhai C X，Massung S，Text data management and analysis：a practical introduction to information retrieval and text mining. Association for computing machinery and morgan & claypool，2016.

第5章 情感分析和观点挖掘

5.1 概 述

随着博客、论坛、微博、微信等新型社交媒体以及亚马逊、京东、天猫等电子商务平台的兴起，越来越多的用户在网络上发布并传播的信息量呈爆炸式增长。这些巨量文本中有很大一部分表达了用户对于某个实体或事物的情感倾向和观点，例如支持、反对、喜欢、讨厌等。无论对个人还是组织来说，这都是一笔宝贵的财富，需要对其进行情感分析或观点挖掘，以辅助决策。

5.1.1 什么是情感分析？

情感分析是随互联网发展而产生的，早期主要用于对网上销售商品的用户评语的分析，以便判断用户对其所购商品是"喜欢"还是"不喜欢"。后期随着推特（Twitter）、微博等自媒体的流行，情感分析技术更多地用来识别话题发起者、参与者的情感趋向是"喜"还是"悲"，从而判断或挖掘话题中的价值，由此分析相关舆情。

到底什么是情感分析呢？情感分析也叫观点挖掘，是指通过文本来挖掘人们对于产品、服务、组织、个人、事件等的观点、情感倾向、态度等。类似的数据挖掘任务有时候也称作观点抽取、情感挖掘、主观性分析、效果分析、情绪分析、评论挖掘等。现在，大家基本上已达成共识，将其统称为情感分析或者观点挖掘。在实务界，情感分析用的多一些；而在学术界，情感分析和观点挖掘这两个概念都在频繁使用。本书中，我们不加以区分。为了描述方便，本书将更多地使用观点这个词来代表人们对事物的各种主观感受和看法。

5.1.2 情感分析有哪些应用?

　　情感分析的应用十分广泛。几乎在所有的活动中,人们决策之前,都希望能够知晓多数人的意见和看法。在互联网出现之前,当希望听取他人意见的时候,人们通常采用咨询亲友等方式;当希望听取公众意见的时候,组织或者企业常常采用发放调查问卷的方式。时过境迁,现在人们可以求助于各种社交媒体。例如,某人如果想在网上买一件商品,他可以先查看其他用户对该商品的评价,通过对比不同用户对不同商品的评价,最后决定买或不买;要买的话,买哪个牌子,等等。商业公司可以根据网民对其产品、服务或其他相关的新闻的评价,通过情感极性分析,发现网民的主要情绪,从而采取相应的产品改进、服务提升、公共策略、舆论引导等措施。虽然听上去不错,这件事情做起来并不容易。因为网络上评论信息多且杂,一般用户很难在短时间内找到自己所需要的信息。这也正是自动化的观点挖掘技术出现的最主要的动因。

5.1.3 情感分析的研究领域

　　情感分析是一个多学科交叉的研究领域,涉及自然语言处理、信息检索、机器学习、人工智能等。自 20 世纪 90 年代,国外开始情感分析的研究,到 21 世纪初,情感分析方面的研究开始增多,受到普遍关注并迅速发展起来。在该领域,国外研究最多的是对英语的观点挖掘,而对中文的观点挖掘由于语言障碍且国内相关领域的研究起步较晚,所做的研究工作还较少。

5.2 问题定义

　　如前所述,有关情感分析的研究在进入 21 世纪后才逐渐多了起来。部分原因是在这之前,以数据形式存在的带有情感倾向的文本数据较少。自 2000 年以后,情感分析成为自然语言处理、数据挖掘、信息检索等领域炙手可热的研究方向。不但计算机领域的学者在研究情感分析,管理科学领域的学者也非常感兴趣。

5.2.1 情感分析的粒度

　　人们对情感分析的研究,通常基于三个不同的粒度来进行,分别是文档级、句子级、实体(方面)级。
　　一、文档级
　　文档级情感分析的任务是以文档为单位进行分类。它将整个文档看作一个整体进行情感分类,并判断该文档表达的是正面的、中立的还是负面的情感。例如,给定一个产品评论,判断它整体上表达了对产品的正面的还是负面的看法。这个粒度的情感分析假设每个文档只对单个实体发表评论，因此，它不适用于评估或比较多个实体。

二、句子级

句子级情感分析的任务是以句子为单位进行分类，判断一个句子所表达的情感是正面的、中立的还是负面的。句子级情感分析和句子的主客观判别有非常大的联系。句子的主客观判别的目的是区分一个句子是主观句还是客观句。客观句表达事实，如"这个显示器是 15 英寸的"，而主观句则表达观点或者看法，如"我特别喜欢吃中餐"。但是，并非只有主观句才带有情感色彩，客观句里面有时也隐藏着情感。如"上个月刚买的电视机，图像就不清晰了"，这句客观句实际上隐含着对电视机显示器的不满。

三、实体（方面）级

文档级和句子级情感分析只是笼统地给出了人们喜欢或者不喜欢某物的结果，但并不知道喜欢的到底是哪些方面，不喜欢的又是哪些方面。实体级或方面级的情感分析早期也叫作特征级情感分析，它首先识别出观点的目标（通常是一个实体），然后将其分成几个方面，挖掘出人们在不同方面对该实体的情感喜好。比如，"尽管这款手机很贵，我还是很喜欢"，这个句子整体上表示对这款手机持肯定意见，但如果细分的话，实际上表达了喜欢这款手机，但是不喜欢它的价格。在许多应用中，观点通常描述的是一个实体，或者是实体的几个不同方面。因此，实体（方面）级情感分析的目的是针对一个实体（或者该实体的几个方面）判断人们的情感喜好。例如，"苹果手机通话质量好，但是电池寿命短"，就是从两个方面（通话质量和电池寿命）来对苹果手机（实体）进行评价。对苹果手机通话质量的看法是正面的，对其电池寿命的看法却是负面的。基于这个粒度的情感分析，可以生成一个关于实体的结构化的摘要，从而将非结构化文本数据转换为结构化数据，用于各种定性和定量分析。

另外，人们常说的还有两种类型的情感分析，一种称为普通观点挖掘，另一种称为比较观点挖掘。普通观点挖掘只对某个实体或者实体的某个方面表达喜好，如"A 餐馆的牛排很好吃"，表示对 A 餐馆牛排的正面意见。比较观点挖掘则针对多个实体的共同方面进行比较分析，如"A 餐馆的牛排比 B 餐馆的牛排好吃"，比较了 A 餐馆的牛排和 B 餐馆的牛排，并表达了对 A 餐馆牛排的偏好。

5.2.2　观点的定义

很难给观点下一个精确的定义。一般来说，一个观点可以从以下 5 个方面进行表述：

（1）观点的目标实体，目标实体说明该观点是关于什么的，可以是某个人、某个产品、某项政策等，也可以是另外的人所发表的观点。

（2）观点目标实体的某个方面，即针对某个实体的某个方面发表看法。当把实体作为一个整体而不针对某个具体的方面发表看法时，可以用一个特殊词"ALL"来代替，"ALL"可以看作一个特殊的方面。

（3）观点的情感倾向，主要有正面、负面、中立等，或以不同的评分来表示，如大多数网络评论使用 1～5 颗星来表示喜欢的程度。

（4）观点的持有者，可以是个人，也可以是群体，如某委员会、某国人民等。

（5）观点的上下文，主要指观点提出时的背景信息，简单的如时间或者地点，复杂的如某个正在讨论的话题的背景信息等。

此定义提供了将非结构化文本转换为结构化数据的一个框架。每个观点可以用一个五元组来表示，即$<E_i, A_{ij}, S_{ijkl}, H_k, C_l>$。其中，$E_i$是观点目标实体的名称；$A_{ij}$是$E_i$的一个方面；$S_{ijkl}$是该观点对实体$E_i$在$A_{ij}$方面的情感倾向；$H_k$是观点持有者，表明观点是由$H_k$表达的；而$C_l$是提出观点的上下文。在这里，$E_i$和$A_{ij}$一起表示观点的目标。这个五元组可以看作一个数据库模式，基于此，提取的观点信息可以存放在数据库表中，然后使用数据库管理系统或者各种联机分析处理工具对其进行定性、定量和趋势分析。

5.2.3　情感分析的任务

根据上面给出的观点的定义，情感分析的目标是：给定一个文本文档d，找出其中所有的观点五元组$<E_i, A_{ij}, S_{ijkl}, H_k, C_l>$。与之相关联，情感分析的任务则分别对应观点五元组中各个组件的抽取和识别。具体如下：

任务1：观点目标实体的抽取

观点目标实体的抽取也就是要从文档d中抽取出所有的命名实体E_i，类似于信息抽取中的命名实体识别技术。命名实体识别的目标是从文本中识别出命名实体并将其归类为预定义的类别。目前主流的命名实体识别算法都是基于语言特征的，它们中的大部分将命名实体识别转化为一个序列标记的问题，然后运用各种机器学习算法来联合确定各个词组的命名实体标签，使得预定义的评分函数达到最大化。其中用到的机器学习算法包括支持向量机、最大信息熵模型、隐马尔科夫模型和条件随机场等。所利用的学习特征基本上都是基于语言信息的，比如大小写、数字信息、分隔符、POS标签等。

任务2：观点目标方面的抽取

观点目标方面的抽取也就是要从文档d中抽取出观点目标实体E_i的各个方面，类似于目标实体的抽取。例如，"这款手机的屏幕很大、通话质量很好、照片也不错，就是太贵。"在这个评论中，可以很明显地看出屏幕、通话质量、照片等名词是手机的几个方面。除此之外，还包含了对"价格"方面的评论，"价格"隐含在"太贵"这个形容词短语中。因此，在对观点目标的各个方面进行抽取的过程中，除了抽取显式的方面，也要把隐式的方面抽取出来。有些隐式的方面在文本中表达得非常隐蔽，比如，"这款手机很难放进口袋里"意味着手机尺寸有点大。

任务3：观点持有者的抽取

观点持有者的抽取也就是要从文档d中抽取出实体H_k并将其归类到预定义的类别。类似于任务1和任务2。

任务4：观点上下文抽取

观点上下文抽取也就是要从文档d中抽取出观点的上下文C_l。类似于任务1和任务2。

任务5：观点情感倾向分析

观点情感倾向分析即确定文档d中所表达的针对实体E_i的方面A_{ij}的观点是正面的、负面的或中性的，或分配一个评分来代表所表达的情感的等级程度。

基于观点五元组框架的情感分析（或观点挖掘）往往被称为基于方面的或基于特征的

情感分析（或观点挖掘）。下面来看一个具体的从微博中抽取观点的例子。

　　　发帖人：山青水秀

　　　发帖时间：2017 年 4 月 8 日

　　　发帖内容：（1）我们全家刚刚度假回来，我们住在一个叫"海滨阳光"的宾馆里。（2）孩子们特别开心，因为到海滩距离很近，一大早就跑去捡贝壳。（3）我觉得宾馆整体还不错，环境好，设施很新。（4）可我先生觉得宾馆的服务很差，离机场也有点远。

　　针对上述评论，任务 1 应该将实体"海滨阳光"提取出来。任务 2 应该将宾馆的几个方面提取出来，分别是"到海滩距离""环境""设施""服务""到机场距离"。任务 3 应分别从句子（2）（3）（4）中找到观点的持有者。句子（2）中观点的持有者是作者的孩子们，句子（3）中观点的持有者是作者本人（即山青水秀），句子（4）中观点的持有者是作者的先生。任务 4 应该抽取出该微博发布的时间 2017 年 4 月 8 日。任务 5 可以发现句子（2）对宾馆离海的距离给出了肯定的评价，句子（3）对宾馆的环境和设施也给出了正面的评价，而句子（4）对宾馆的服务以及到机场的距离给出了负面的评价。

　　综上，该评论可以得到如下 6 个观点五元组：

（海滨阳光，距海距离，正面，山青水秀的孩子们，2017 年 4 月 8 日）

（海滨阳光，整体，正面，山青水秀，2017 年 4 月 8 日）

（海滨阳光，环境，正面，山青水秀，2017 年 4 月 8 日）

（海滨阳光，设施，正面，山青水秀，2017 年 4 月 8 日）

（海滨阳光，服务，负面，山青水秀的先生，2017 年 4 月 8 日）

（海滨阳光，距机场距离，负面，山青水秀的先生，2017 年 4 月 8 日）

　　可以看出，情感分析的 5 个任务涉及两大类核心技术，分别是命名实体识别（任务 1～4）和情感倾向分析（任务 5）。下面我们重点对情感倾向分析技术进行详细介绍。

5.3　文档级情感分析

　　如前所述，文档级情感分析的任务是以文档为单位进行分析。它将整个文档看作一个整体进行情感分析，判断该文档表达的是正面的、中立的还是负面的情感，或者对它所表达的喜好程度给出评分。例如，给定一个产品评论，判断它整体上表达了对产品的正面的还是负面的看法。这个粒度的情感分析假设每个文档只对单个实体发表评论，因此，它不适用于评估或比较多个实体。

5.3.1　问题定义

　　给定一个针对某实体 e 进行评论的文档 d，识别出 d 所表达的针对 e 的情感 s。换句话说，希望根据文档 d 来确定如下观点五元组 $\langle \_, \text{ALL}, s, \_, \_ \rangle$。其中的 ALL 指所有方面，表示将实体 e 看作一个整体进行评论。该五元组中的三个下划线分别代表实体 e、观点持有者 h 和观点上下文 c。之所以用下划线来代替，表示这里它们要么是已知的，要么是无关紧要的。

根据观点五元组 $\langle \_, \text{ALL}, s, \_, \_ \rangle$ 中情感 s 的取值，可以将文档级情感分析问题分别影射为分类问题或者回归问题。如果 s 的取值是离散型的，如正面的、负面的等，则属于分类问题。如果 s 的取值是数值型的或者序数型的（如从 1 到 5），则属于回归问题。

这里再强调一下，文档级情感分析假定整篇文档只对一个实体发表了看法，而且发表看法的人只有一个，也就是观点持有者只有一个。如果文档针对多个实体发表看法，如对实体 A 的看法是正面的，而对实体 B 的看法是负面的，在这种情况下，对整个文档做统一的情感判定是无意义的。同样，如果有多个人在同一篇文档里发表了看法，也无法对其进行整体的情感判断。因为不同人发表的看法情感可能不同。

5.3.2 有监督的情感分析

文档级情感分析通常被看作一个二元分类问题：正面的或负面的。分析用到的训练集和测试集通常都是产品评论。由于在线评论通常会采用 5 级评分法（从 1 到 5），因此一种最简单的方法是根据评分来进行情感判别。比如，4～5 分的评论可看作具有正面的情感，而 1～2 分的评论可看作具有负面的情感。在文档这个级别，为简单起见，人们通常不考虑中立这个类别。实际上考虑中立后，将二元分类问题变成三元分类问题也是可以的。比如，可以将所有的 3 分的评论看作中立的。

文档级情感分析本质上是一个文本分类问题。因此，前面讲过的文本分类方法如朴素贝叶斯、决策树等都可以使用。不同的是，普通的文本分类通常将文档分成不同的话题，如运动、政治、科学、娱乐等，在分类的过程中，与话题相关的词非常重要。而在情感分类中，表达正面或负面看法的情感词更重要，如好的、坏的、完美的、优秀的、最差的等。

既然说文档级情感分析的本质是文本分类问题，则现有的任何有监督的学习方法都可以使用。因此，和其他有监督的学习问题一样，特征提取工作是最重要的。虽说传统的文本分类所使用的特征同样也可以应用于情感分类，但分类效果会比较差。情感分类需要提取更多更高级的特征，这些特征应该更适合情感分类。例如，可以使用如下的一些特征来进行情感分类：

（1）词及其频率：词可以是单个词或者多个词组成的短语，频率指这些词或短语出现的频率计数。这些特征在传统的基于话题的文本分类中也经常使用。在某些情况下，词或短语的位置可以作为特征，也可以使用 TF-IDF 作为特征。和传统的文本分类类似，这些特征对情感分类非常有效。

（2）词性：每个词的词性（part-of-speech，POS）也可以作为重要的特征。具有不同词性的词作为特征其重要程度也不同。例如，形容词通常包含情感更多一点，被认为是最重要的情感特征。也可以使用所有的词性标签及短语作为特征。常用的词性标签列表如表5-1 所示：

表 5-1 　　　　　　　　　　　　　　　　词性标签列表

标签	描述	标签	描述
CC	并列连接词	PRP＄	所有格代词
CD	基数	RB	副词
DT	限定词	RBR	副词比较级
EX	存在句	RBS	副词最高级
FW	外来词	RP	小品词
IN	介词或从属连词	SYM	符号
JJ	形容词	TO	介词或不定式标记
JJR	形容词比较级	UH	感叹词
JJS	形容词最高级	VB	动词原形
LS	列表标识	VBD	动词过去式
MD	情态助动词	VBG	动名词或现在分词
NN	单数名词	VBN	过去分词
NNS	复数名词	VBP	动词非第三人称单数
NNP	单数专有名词	VBZ	动词第三人称单数
NNPS	复数专有名词	WDT	WH－限定词
PDT	前位限定词	WP	WH－代词
POS	所有格标记	WP＄	WH－所有格代词
PRP	人称代词	WRB	WH－副词

（3）情感词和情感短语：情感词是指那些带有正面或负面情感的单词。例如，好的、美妙的、惊人的等，都是正面的情感词；而坏的、贫穷的、可怕的等，则都是负面的情感词。大多数情感词是形容词和副词，但部分名词（如，垃圾）和动词（如，恨）也可以用来表达情感。除了单个的词之外，有些短语也可以用来表达正面或负面的情感。

5.3.3　无监督的情感分析

通常来说，情感词是情感分析中最重要的因素，所以利用这些情感词或者情感短语对无监督的情感分析有极大帮助。一种方法是基于某些固定的句法格式对文本进行观点挖掘。人们总结出来的一些句法格式如表 5-2 所示，它们都是基于表 5-1 中的词性标签组成的。具体的情感分析算法可分为以下三步：

表 5-2 　　　　　　　　　　提取出两个连续单词的词性标签模式

	第一个单词词性	第二个单词词性	第三个单词词性（不会被提取）
1	JJ	NN 或者 NNS	任意词性
2	RB，RBR 或者 RBS	JJ	不是 NN 或者 NNS
3	JJ	JJ	不是 NN 或者 NNS
4	NN 或者 NNS	JJ	不是 NN 或者 NNS
5	RB，RBR 或者 RBS	VB，VBD，VBN 或者 VBG	任意词性

首先，如果两个连续的单词的词性标签符合表 5-2 中给出的某个模式，那么就可以将这两个连续的单词提取出来。例如，表 5-2 中的第 1 行表示如果连续的三个单词中第

一个单词是形容词，第二个单词是名词，且第三个是任意词性（参考作用，不会被提取）不是名词，那么前两个单词会被同时提取出来。比如句子"今天是个好天气"中的"好天气"就会被提取出来，因为它满足表5-2中的模式1。之所以这样构建模式，是因为形容词、副词及其比较级和最高级通常都会表达某种观点和情感。并且因为名词和动词会构成不同的上下文内容，这些形容词和副词会依据不同的名词和动词表达不同的情感。例如，形容词"超级"，出现在短语"超级演员"中，可能表示为积极情感；但是如果出现在短语"超级骗子"中，则可能表示一种消极情感。

然后，对提取出的短语，采用点互信息（pointwise mutual information，PMI）的方法对所提取的短语进行情感倾向估计：

$$PMI(term_1, term_2) = \log_2 \frac{P(term_1 \wedge term_2)}{P(term_1)P(term_2)}$$

点互信息的方法用于衡量两个词项之间的统计相关性程度。其中 $P(term_1 \wedge term_2)$ 表示词1和词2同时出现的概率，$P(term_1)P(term_2)$ 表示词1与词2各自单独出现的概率的乘积，如果词1与词2相互独立，则有 $P(term_1 \wedge term_2) = P(term_1)P(term_2)$。具体来说，所提取的短语的感情倾向SO是基于它与正向情感词"好的"和负向情感词"坏的"的相关性计算，即

$$SO(短语) = PMI(短语, "好的") - PMI(短语, "坏的")$$

其中词的具体概率是通过在搜索引擎中对这些短语或词进行查询并且记录命中数，用命中数代替的。命中数是指，对于每个查询，搜索引擎都会返回查询的相关文档，命中数就是返回的相关文档的数量。因此，通过对要计算相关性的两个词或短语进行单独查询和同时查询，就能够计算出第一个等式中的概率。

最后，对于一个给定的评论文档，按第一步的方法提取出文档中所有的短语，计算它们情感倾向SO的平均值，如果平均值倾向于正向情感，则此评论文档被视为表示正向积极情感，否则被视为表示负向消极情感。

另一种无监督的情感分类方法是基于词典模型的一种方法。这种方法使用了一个词典，该词典中记录了情感词和短语，以及与它们相关的情感倾向等信息，这些信息被当作计算每一个文档的情感得分的基础。这种方法最初是用于句子级和方面级情感分析的。

5.4　句子级情感分析

如上一节讨论的，文档级情感分析的粒度对大多数应用来说可能太粗。现在我们以句子为单位来考虑句子级别的情感分析，即对每个句子所表达的情感进行分析。但是，句子级情感分析和文档级情感分析之间没有根本区别，因为句子可以被看作短文档。研究人员经常对句子分析做出的一个假设是：一句话通常只包含一条意见（尽管很多时候并非如此）。而现实中一个文档通常包含多条意见。

句子级情感分析可以看成一个三元分类问题或者二元分类问题。如果将其看作二元分

类问题，则分类之前首先需要判断句子是否包含观点，然后再将包含观点的句子分成正面句或者负面句。判断一个句子是否包含观点通常被认为是主观性分类问题。一般认为客观的句子不包含情感或观点，然而正如之前讨论的，事实上客观的句子也有可能隐含着观点。例如"电视昨天坏了"，这个句子虽然只是一个客观的描述，但是隐含着关于电视的负面的情感。

5.4.1　主观性分类

主观性分类的主要任务是将句子分为客观句或主观句。客观句通常包含一些事实信息，而主观句则通常表达了个人的观点和意见。事实上，主观句可以表示很多类型的信息，例如观点、情感、怀疑、判断、评估等。早期的研究将句子主观性分类作为单一的问题来研究，主要用于情感分类。后来将主观性分类作为情感分类的第一步，用来过滤没有表达出情感的客观句。

很多主观性分类的方法基于有监督学习。例如，可以使用朴素贝叶斯方法进行主观性分类，先抽取一些二元特征（例如在句子中是否出现一些特定名词、形容词、数字等），再建立分类器协助判断句子的主客观性。这种方法的关键在于如何选取特征和如何构建分类器。

还有一些方法着重从一些特殊的特征角度考察句子的主客观性，如从标点符号的角度、从人称代词的角度、从数字的角度等。也有一些方法采用基于图的分类法完成句子的主观性分类。

5.4.2　句子情感分类

如果一个句子已经被确定为主观句，则需要进一步确定它的情感倾向。对此，目前主要有两种方法：基于情感词典的方法和基于机器学习的方法。前者主要是依靠一些已有的情感词典或领域词典，以及主观文本中带有情感极性的短语来判断句子的情感；后者主要是使用机器学习的方法，通过选取有效的特征来完成分类任务。

在基于情感词典的方法中，首先分析句子中的情感词或短语的情感倾向，然后进行加权求和。方法如下：

$$情感极性＝\begin{cases}正向（正面情感词权值＞负面情感词权值）\\中立（正面情感词权值＝负面情感词权值）\\负向（正面情感词权值＜负面情感词权值）\end{cases}$$

其中，正负面情感词的确定从人工标注的情感词典中确定。可以看出，基于情感词典的方法是一种无监督的方法，情感分类器的构建无须使用任何标注文本，其难点在于如何抽取情感词或短语以及如何判断它们的情感倾向。相比基于机器学习的方法，基于情感词典的方法比较简单且符合直觉。

基于机器学习的方法将情感倾向分析看作一个有监督的分类问题。这类方法使用情感词、表情符号、标点符号等多种特征进行分类，例如可以使用如表 5 - 3 中的特征进行分类。

表 5 - 3   可用于分类标准的特征

序号	特征描述	序号	特征描述
1	正向情感词个数	5	特殊标点符号是否出现（0或1）
2	负向情感词个数	6	程度副词个数
3	正向表情符号个数	7	否定词个数
4	负向表情符号个数	8	连词个数

基于机器学习方法的研究重点在于如何发现有效的特征，以及如何进行特征选择和特征融合。

5.4.3　处理特殊句

很多现有的对句子级的主观性分类和情感分析方法主要适用于普通句，但实际应用中存在很多特殊句，如条件句、疑问句等。由于不同类型的句子通过不同的方法表达情感，所以不存在一个可以适用于所有类型的句子的情感分析方法。

条件句指包含了一些假定情形的句子。这样的句子通常包含两个子句：条件子句和结果子句。子句的关系对完整的句子表示积极或消极的观点有很大的影响，无法简单地仅仅根据情感词判断出句子的情感。例如，"如果你买的甲品牌的手机不好，那么就买乙品牌的吧。"这句话没有明确地表达出对甲品牌手机的特定情感，但隐含着对乙品牌手机积极的评价。因此将对非条件句的情感分析方法用于条件句并不适合。为了解决这个问题，可以使用一些语言特征进行有监督学习。这些语言特征包括情感词以及它们的位置、情感词的词性标签、时态、条件连接词等。

其他类型的特殊句还有疑问句，例如，"有没有人能告诉我在哪里可以买到一个好的甲品牌的手机?"很明显，讲这句话的人没有明确地表示出对甲品牌手机的积极或消极的情感。然而"谁能告诉我如何修好这个讨厌的甲品牌手机"这句话，就明确地表示出了讲话人对甲品牌手机的消极的情感。因此如果要更精确地进行情感分析，需要处理更多不同类型的句子。

5.4.4　处理讽刺句

讽刺是一种复杂的语言行为，表达的含义通常与文字表面所表述的含义相反。讽刺已经在语言学、心理学以及感知科学领域被研究过。在情感分析中，它意味着一个评论者虽然表面给出了积极评价但实际上却表达了他的消极态度。根据已有的经验，在评论一个商品或服务时很少出现讽刺这种手法，但在网上的政治讨论和评论中这种手法非常常见。

为了识别讽刺可以使用类似于半监督学习的方法。通常来讲，讽刺性的句子经常与其他讽刺性的句子一起出现在文本中，因此可以使用一组事先标记好的句子作为种子，然后通过网络搜索自动扩展种子集，从而将其他的讽刺句找出来。

5.5　方面级情感分析

前面提到，文档级和句子级情感分析只是笼统地给出人们喜欢或者不喜欢某实体的结果，但并不知道喜欢的到底是哪些方面，不喜欢的又是哪些方面。方面级情感分析挖掘出人们在不同方面对某实体的情感喜好。比如有两个关于同一家旅馆的评论，每个评论者都打了 5 星。如果仅仅观察整体评分，并不能清晰地知道旅馆获得高分是因为它的地理位置优越还是它的服务质量好，同时也不容易发现评论者为什么喜欢这家旅馆。方面级情感分析要做的就是把这个整体评分分解到不同的方面，如价格、空间、地理位置、服务等。如果可以将整体评分分解成对不同方面的评分，就可以对评分者的评论有更详尽的理解。

在很多情况下，除了需要知道评论者对旅馆不同方面的评分外，还希望知道各个方面所占的权重。比如，一些评论者可能更关心价格而不是服务，另外一些评论者可能更关心地理位置而不是价格。如果将每个用户关心的方面以及每个方面的权重相结合，则能更详尽地了解用户整体的观点。下面将要介绍的方面评分分析方法就是用来做这件事的。

5.5.1　方面评分分析方法

方面评分分析方法的目标是使用用户的评论和整体评分来生成不同方面的评分及其权重。更确切地说，是使用一组相关主题的评论文本和整体评分生成以下三个结果：第一，评论主要针对的是哪些方面；第二，每个方面的评分是多少；第三，每个评论者对每个方面赋予的权重是多少。这些结果可以应用到很多地方，比如，基于方面的摘要可以生成某个实体，也可以分析评论者的偏好等，而这些信息可以用于个性化的产品推荐。

下面介绍 LARA 方法是如何解决这个问题的。该方法分为如下两步：

第一步，将评论文本及其整体评分作为输入得到不同的方面。先将评论文本分割为若干部分，使每一部分谈论的内容大致类似。再从评论中选出那些谈论地理位置的关键词、谈论房间情况的关键词等，并得到每个部分中每个关键词的频率计数，即使用地理位置、空间、价格等作为种子检索每个部分的方面标签，获得我们需要的计数。接着在每个部分中进一步地挖掘与种子关键词相关的词，从而将文本分为讨论不同方面的几个部分。

第二步，使用在不同方面中的关键词和它们的频率计数来生成整体的评分。首先，使用在每个方面中的关键词的权重预测对应方面的评分。例如，在涉及地理位置的那些关键词中，如果发现"惊喜"这个词被提及很多次，那么这个词将会有很高的权重。这个高权重提高了地理位置的评分。如果"远"这个词也被提及好多次，那么地理位置方面的评分将会降低。每个方面的评分假设等于词频率的加权组合，其中权重是词的情感权重。其次，假设整体评分等于不同方面评分的加权组合。由于这个方法假定整体的评分只是简单地将各个方面的评分加权平均，从而可以通过观察到的关键词的频率计数来预测整体的评分。这是一个典型的生成模型的实例，其中各个方面的评分及其权重都是隐变量。最后，在给定的关键词下为整体评分构建生成概率，并通过调整参数使生成给定文本的整体评分的概率达到最大。

5.5.2 方面评分分析应用

表5-4是通过分析用户的评分行为获得的一些有趣结果。图中显示的是不同组的评论者赋予酒店不同方面的平均权重。左边是喜欢昂贵的酒店的评论者给出的权重。他们给价格昂贵的酒店打5星，并且在服务上赋予很大的权重。这就表明这些人喜欢昂贵酒店是因为看重这些酒店周到的服务，这并不奇怪。同时也可以从另一方面检验根据模型推断出的权重是否合理。

右边的5星评价属于那些喜欢便宜酒店的评论者。和预期一样，他们给酒店价格赋予很高的权重。对于那些更便宜的酒店，他们倾向于在房间的整洁程度方面赋予较大的权重。

表5-4 评论者赋予酒店各方面的平均权重

项目	昂贵的酒店		便宜的酒店	
	5星	3星	5星	3星
价格	0.134	0.148	0.171	0.093
房间	0.098	0.162	0.126	0.121
位置	0.171	0.074	0.161	0.082
整洁	0.081	0.163	0.116	0.294
服务	0.251	0.101	0.101	0.049

这个例子展示了使用方面评分分析模型可以推断出一些非常有用的结果，这些结果只靠人是无法得到的，即使阅读了所有的评论也无法得出同样的结果。在这个例子中，文本挖掘算法可以实现在数据中发现有趣模式这类超越人类能力的功能。这说明通过文本挖掘，我们可以更好地理解和服务用户。

5.6 存在的问题和挑战

经过多年的发展，文本情感分析方面的研究取得了长足的进步，但同时也涌现出了新的问题和挑战，主要包括以下方面：

一、领域依赖

无论是采用基于机器学习的方法还是无监督的基于情感词典的方法，文本情感分析都存在领域依赖问题。在基于机器学习的方法进行文本情感极性分类时，一般都是基于有监督的方法，即在有标注的数据上完成模型的训练。虽然该模型对该领域的文本数据非常有效，但若将其应用到其他领域，会使得分类模型的性能严重下降。例如"轻""薄"两个特征词在手机产品的评论中，其所表达的情感倾向是正向的，而将其放在某些家具产品中，其所表达的情感倾向则截然相反。相应地，在无监督的基于情感词典的情感倾向分析方法中，更是要针对不同的领域建立不同的领域词典。因此，如何解决领域依赖，是一个非常具有挑战性的问题。

二、情感语义理解

由于自然语言情感表达的复杂性，要使得计算机能够精确理解文本中的情感语义，就必须借助自然语言理解技术。因此，结合语言学知识的情感分析是一个比较热门的研究方向。另外，研究发现上下文对文本的情感倾向有较大的影响，因此，基于上下文的情感分析和观点挖掘也是一个重要的研究方向。

三、特征提取

人们在使用语言表达同一观点时，会有多种多样的表达方式（比如直叙平铺、反话讽刺），会用到各种各样的形容词。然而在现有的有监督学习方法中，仅使用基于词袋的方式对原始文本进行特征提取，能达到的精度是有限的。如何有效地抽取能够表达语句的作者情感的特征，还是一个值得研究的课题。

四、样本标注

虽然针对产品评论的情感分析，可通过用户对该产品的打分对数据进行标注。如1～2分（星）代表负面倾向，3分（星）代表中立倾向，4～5分（星）代表正面倾向。但是绝大多数的情感分析领域，有监督的机器学习情感分析方法，无法获得在训练阶段需要用到的精准标注样本。如果人工进行标注，本来就耗时耗力，再加上领域依赖问题，无疑更加困难；且个体差异性导致的情感认知的不同也会影响到标注的准确性。如果采用无监督的情感分类算法，由于现有的无监督情感分类算法其准确率和召回率均不是非常精确，仍会造成一定的误判。

5.7　实践案例——发债企业负面新闻识别系统

本案例基于句子结构以及情感词典对新闻标题进行情感识别，并结合支持向量机SVM算法，实现了债券新闻文本正负面自动分类。

5.7.1　系统开发运行环境

操作系统：Window 7
Java 语言 JDK 版本：1.7
硬件环境：CUP2.3GHZ，内存4GB，硬盘500GB
数据库版本：oracle10g
IDE 工具：Eclipse Standard/SDK 4.4

5.7.2　系统相关数据准备

发债企业负面新闻识别系统首先要解决的问题是新闻文本训练集与测试集的采集与处理。本案例所使用的新闻文本训练集与测试集均是通过开源 HtmlParser 爬虫程序采集自新浪财经频道债券新闻以及和讯网的财经频道新闻，采集完成后，通过人工方式对训练集与测试集按照统一的标准进行正负面标记处理。训练集与测试集中每类新闻文本数量约2 000篇，文本总量约8 000篇，分类器最终分类新闻总量约15万篇。

5.7.3 新闻文本内容的预处理

一、删除无关主题句

新闻标题作为新闻的眼睛，必须做到新颖、传神、醒目、引人入胜。相关资料表明新闻标题具有如下通用特点：一是准确性，包括准确概括、反映新闻事实，准确评价新闻事实，准确运用语言。二是鲜明性，即新闻标题需通过对新闻事实的选择、揭示和评价，表现出对事实的明确态度立场，也包括态度、立场的正确性。例如，肯定的态度，包括歌颂、赞扬、支持、同情等；否定的态度，包括怒斥、揭露、嘲笑、讥讽等；中立的态度，即既不肯定也不否定的态度。三是凝练性，也就是要简洁明了地传达出消息的内涵，新闻标题要用点睛之笔，剔浮词、去空话，以最少的文字传达最准确的信息。

由此可见，新闻标题一定是新闻的关键句。本案例用新闻标题作为标准过滤掉新闻内容中与标题相似度不高的句子，减少句子的总量，从而加快程序整体处理速度，理论上也可以提高分类的准确性。

让计算机来判断句子的相似度，需将现实问题抽象为数学问题，然后利用距离理论来判断。相关的距离理论包括欧氏距离、海明距离、余弦定理等。本案例使用余弦定理，即将新闻标题及待比较句子向量化，分别表示为向量T和向量S，通过计算向量T与向量S之间的余弦值来判断是否相似。夹角余弦值越大，则表示两个向量T与S的夹角越小，也就是表示新闻标题与待比较句子相似性越大；夹角余弦值越小，表示两个向量T与S夹角越大，也就是表示新闻标题与待比较句子相似性越小；当两个向量T与S方向重合时，夹角余弦值最大为1，也就是表示新闻标题与待比较句子完全相同。当两个向量的方向相反时，夹角余弦值最小为-1，即表示新闻标题与待比较句子没有任何相似性。

在此处选择向量模型时，没有选择以词为向量。因为判断新闻标题与新闻内容句子相似性的目的，本来就是为后续分词加速打基础，如果此处先将新闻标题与句子分词后再比较，则无现实指导意义，所以此处选择以字为向量进行计算，即以每个字在标题与句子中出现的次数作为此字向量的值。新闻标题T中出现的字为Tw_1，Tw_2，Tw_3，Tw_4，…，Tw_n；它们在新闻标题中的个数为Tn_1，Tn_2，Tn_3，…，Tn_m；待比较句子S中出现的字为Sw_1，Sw_2，Sw_3，Sw_4，…，Sw_n；它们在章节中的个数为Sn_1，Sn_2，Sn_3，…，Sn_m；其中，Tw_1和Sw_1表示两个句子中的同一个字，Tn_1和Sn_1是它们分别对应的个数，根据夹角余弦计算向量T与S的相似度：

$$\cos\theta = \frac{\sum_{k=1}^{n} Tn_k Sn_k}{\sqrt{\sum_{k=1}^{n} Tn_k^2}\sqrt{\sum_{k=1}^{n} Sn_k^2}}$$

此处需要定义一个阈值，即夹角余弦值为多大时，是相似与不相似的界线。本案例中，经多次实验选择 0.15 作为阈值，大于等于 0.15 的句子，作为与新闻主题相关的句子予以保留，对小于 0.15 的句子进行删除操作，处理后的训练文本集大小减少了 14.4%，分词速度提高了 30%，准确度提高 0.2%。当阈值选择越高，处理后的训练文本集大小减少越多，分词速度提高会越快，但准确度反而有下降的趋势。上述数据为针对本案例训练语料反复实验的最佳实践数据。

此处相似度预处理程序的设计，起初只是为了减少与新闻主题无关句的数量，但执行后发现了其更多的价值所在。它还可以删除网页爬虫程序未过滤干净的噪声数据，这些数据在大量的训练样本中均有出现，如不删除，在后续的特征提取时，诸如"新浪财经""正文"等词会成为高频特征词。事实上，这些高频特征词的出现，对后续文本分类有害无益。

二、分词

本案例初期主要使用 NLPIR 分词系统进行实验，使用 NLPIR 分词系统内部算法进行分词有时结果会不尽如人意，例如，输入文本"东北特钢 2015 年度第一期超短期融资券 15 东特钢 SCP001 违约"后，在不加载用户词典的前提下，系统分词结果如下：

东北　特钢　2015　年度　第一　期　超　短期　融资券　15　东　特钢　CP001　违约

事实上，"东北特钢"是债券发行人"东北特殊钢集团有限责任公司"的简称，理应被分为 1 个词"东北特钢"，而不应被切分为 2 个词，而"超短期融资券"则是直接融资中债券的一种类别，不应该被切分为 3 个词，而"15 东特钢 SCP001"是此发行人发行债券的确切的债券名称，理论上应该被切分为 1 个词。

所以本案例后续除了使用 NLPIR 固有的分词功能外，还补充使用了债券新闻类别、债券发行人简称、债券新闻专用词词典，从而使基于统计的分词方法与基于词典的机械分词方法相结合，取长补短，同时实现了分词效率高与分词性能优的特点。改进后的分词程序在对例如"山水水泥为首个超短期融资券违约"的新闻标题进行分词时，系统分词结果显示为："山水水泥/n 为/p 首/m 个/q 超短期融资券/n 违约/vn 。/wj"，分词结果较实验初期更为理想。

三、去除停用词

经分词程序处理后的文本句子变成了词＋空格＋词的表现形式。接下来需要去掉那些出现频率很高但并无实际意义的词。这些词在训练集的每类文档中都属高频词，而非某一类别所特有，也就是说其类别区分能力较弱，例如"报道"在新闻文本中就属于这样的词。除此之外，还有许多语气助词、副词、连词等虚词，如"的""地""得""着""了""过"等虚词其本身无实际意义，必须和别的动词、名词、形容词等携带更多语义的实词共同作用才有意义，这类属于噪声数据的词，其类别区分能力一样很弱。

去除停用词的通常方法是构建停用词词典，将分词时或分词后的文本词集，循环地与停用词词典匹配比较，如果某一词出现在停用词词典中，则将此词从文本中删除，如果不存在，则将此词保留于文本中。本案例采用的停用词词典为从网上下载的哈工大停用词词典，并在此基础上进行了手工修改，补充了一些与本案例相关的停用词。运行去除停用词的程序后，文本中与停用词词典相匹配的词，均已经删除。

四、特征选择和权重计算

本案例训练集分为负面新闻与非负面新闻两类，共计 3 888 篇文本，经分词及去除停用词后，文本向量空间模型中特征词数量共有 56 463 个。很明显，文本在存储向量空间内的维度数量过于庞大，使得处理这样高维矩阵的计算复杂度太大，一般的机器学习算法很难对其进行处理，因而需减少这些原始特征词维数，以方便后续高效率的计算。前面提到，常用的减少维度的方法有两种，一种是特征选择，一种是特征重构。本案例使用特征选择法，减少向量空间的维度数量。

本案例用卡方检验法进行特征词集的选择，最终在样本数据集上通过 CHI 计算得到的前 40 个词为："主、亏损、有限公司、直播、公司、函、重大、立案、人、牌、存在、未、问题、看、公告、债券、信息、证监会、行为、称、违反、盘、股、收到、股票、规定、事项、涉嫌、一对一、线、披露、违法、股份、极、指导、速、调查、违规、相关、停"。以上述词作为特征词，进行分类训练与测试，测试正确率为 63%，经反复实验，最终选择"亏损、违反、披露、调查、违规、重大、规定、涉嫌"等 8 个特征词作为最终特征词进行分类训练与测试，测试正确率达到 71.02%。

最后，本案例采用 TF-IDF 权重策略作为权重的计算方法。

5.7.4 负面新闻识别

本案例除使用 SVM 分类算法外，还结合使用新闻标题的情感识别对文本进行正负面分类，并将此两种分类结果进行比较，如果分类结果一致，则认为其分类有效，如果两种分类结果不同，则需人工参与识别，并将人工识别的结果反馈到训练集、情感分词、情感分词分类算法、SVM 分类算法，以使系统具备"自学习"功能。

一、用 LIBSVM 实现分类功能

LIBSVM 是目前较为成熟的 SVM 算法实现软件工具包，由台湾大学林智仁博士等人开发设计，读者可登录网址：http://www.csie.ntu.edu.tw/~cjlin/免费下载，此软件工具包因获取容易、免费、简单、通用、高效等特点深受海内外学者喜爱，已成为全球学术界和实务界学习、研究实现 SVM 算法的首选工具。该软件工具包为 C++语言的开源工具，同时为多种语言（Java、Python、R、Perl、LabVIEW、Ruby、MATLAB 以及 C♯）提供接口，研究者也可以根据自己的需要对算法进行改进与扩展，以方便其在各类操作系统平台下使用。

前文已提及对于本案例训练文本集与测试文本集都需通过向量空间模型进行表示，在此模型中，上述训练集与测试集中每个文本均可看成由特征词组成的序列。本案例特征选择模块因原始特征词数量较多，已通过卡方检验方法进行特征选择，即最终确定由"亏损、违约"等 12 个特征词表示文本，也就是由 12 个特征词组成了一个 12 维欧式空间，每个文本被形式化为 12 维空间中的一个点，以向量（$w_{亏损}$，$w_{违约}$，…，w_i，…）的形式表示，其中 w_i 为向量在特征词 t_i 轴上对应的坐标值，即特征词 t_i 在文档中的权重，权重通过 TF-IDF 策略计算得到。

通过 LIBSVM 工具包实现分类，需先对本案例中的训练文本集与测试文本集分别进行训练和测试，训练和测试阶段需输入 LIBSVM 工具包所要求的每个文本，数据格式如

图 5-1 所示。

```
［label1］［index1］：［value1］［index2］：［value2］…
［label2］［index1］：［value1］［index2］：［value2］…
［label1］［index1］：［value1］［index2］：［value2］…
［label2］［index1］：［value1］［index2］：［value2］…
```

图 5-1　LIBSVM 工具所需数据格式

其中［label］表示类别，本案例中将负面新闻类别格式化为 1，正面新闻类别格式化为 2，［index］表示特征词，本课题中最终选定的 12 个特征词，将分别数字化为 1～12，［value］即特征词对应的权重，本案例相关文本数据部分表示如图 5-2 所示。

```
2 4：0.07965529397400394 11：0.631170856291273 6：0.060187059341626825
2 4：0.07965529397400394 11：0.3155854281456365 6：0.2407482373665073
2 1：0.3740825578706451 9：0.16764703037099238 6：0.16049882491100487
2 4：0.07080470575467016 9：0.44705874765597964 8：0.10326876952381028 6：0.16049882491100487
1 2：0.04664005402780015 4：0.0265517646580013 3：0.1428229982013722 9：0.041911757592748095
1 1：0.5486544182102794 4：0.0424828234528021 3：0.0457031354244391 8：0.12392252342857235
1 8：0.5310965289795958 11：0.24044604049191348 10：0.12847512683061652
1 1：0.7481651157412902
1 2：0.5596806483336019 4：0.31862117589601574
1 1：0.46040930199464014 2：0.08610471512824644 6：0.1481527614563122
```

图 5-2　LIBSVM 工具包所需的文本数据

归一化是数据处理过程中常用的方法，归一化可使数值的绝对值关系转变成相对值的关系，即将不同尺度的评判标准统一为唯一的标准尺度，以方便数据间的比较和统一化的计算，如图 5-2 所示的文本中各原始权值数据的范围可能过大或过小，LIBSVM 工具包提供归一化工具 svm-scale，可对原始数据进行归一化处理，即对数据进行重新缩放（scale），使各数值调整到适当范围，利用此工具处理后，上述文本结果显示如图 5-3 所示。

实验证明，数据归一化处理，的确提高了训练与测试的速度，同时也提高了正确率。本案例中，归一化后的处理速度提高了 10%，正确率由原来的 71.06% 提高到 71.50%。

二、用情感词实现分类功能

前文在删除新闻文本中的无关主题句时已对新闻标题的特点进行过总结，即理论上新闻标题应具有语言准确性、态度鲜明性、立场正确性、用词凝练性等特点，这也应该是在实际中对新闻标题的要求。虽然在当前海量信息的时代，为博眼球，不排除一些与上述特点与要求不符的"标题党"，但更多的新闻标题还是遵循以上特点与要求。本案例根据新闻标题特点，采用情感分析技术对新闻标题进行正负面分类，以此作为 LIBSVM 工具包分类结果的补充，提高系统整体分类正确率。

本案例通过对新闻标题中情感词正负面识别，结合否定词汇，实现了对新闻标题正负面识别分类。在进行新闻标题正负面识别之前，首先需为系统准备好否定词词典、正面词（褒义词）词典、负面词（贬义词）词典。

1. 否定词、情感词词典

中文的否定词数量比英文多，总结起来大约有三类。第一类为传统意义上的"不"

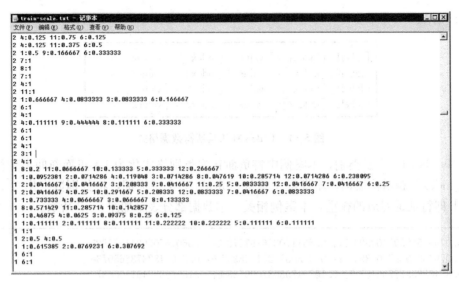

图 5 - 3　LIBSVM 工具包对文本数据进行归一化处理

"没""否"等词；第二类本身为动词，但当这类词与表达情感的词组合在一起，便有了否定情感词的意义，例如"防止""拒绝"等词；第三类的词数量较少，比如"止""反"，这类词在诸如句子"价格止跌回升""反败为胜"中的确有否定之意，但该词更多地表达非否定意思，比如在"截至目前……""与之方向相反……"等句子中并无否定之义。在本案例中，制定否定词词典时参照了中文应用中否定词应用广泛、占比较多、表意合理的原则，最后否定词词典包括了"不、没、无、非、莫、弗、毋、勿、未、否、别、无、休、忌、禁止、防止、难以、忘记、忽视、放弃、打消、拒绝、杜绝"等 23 个词。

关于中文情感词，学术界已经有较为成熟的正负面情感词典，比较有名的包括：(1) 台湾大学 NTUSD 简体中文情感极性词典，由两个文本构成，其中 ntusd-negative. txt 文件中有 8 276 个负面词，ntusd-positive. txt 中有 2 810 个正面词。(2) 北京理工大学张华平博士教研室整理和标注的中文情感词汇本体库，情感词汇全部存于文件名为 senti-ment _ lib. txt 的文本文件中，文本中对每个情感词进行了标注，标识符号描述了每个情感词的情感类别、情感强度及极性，在正负面两大类的基础上又划分为 7 个中类、21 个小类，其中情感词及短语共计 27 466 个。本案例只对债券新闻进行正负面分类识别，属于粗粒度划分，其情感分类无须细化到乐、悲、恐、惊、怒、嫉等粒度，所以只借用其正负面的大类划分。(3) 内地知名、应用广泛的知网 Hownet 情感分析词典（HowNet senti-ment)，包括中文正面情感词语 836 个，正面评价词语 3 730 个，负面情感词语 1 254 个，负面评价词语 3 116 个，并将上述 4 个子类合并为正面与负面词典。

本案例对上述三个词典进行了汇总、合并、排重，形成了汇报词典，经实验对汇总词典进行了补充与调整，补充了例如"跌停""停牌"等词，这些词只有在债券新闻中才可能出现，在别的语料中几乎难得一见。补充了例如"连阴""蒸发""红灯"等在其他语料中并不是情感词的词。本案例新增负面词汇如下所示：

案件　暗箱　暴发　爆料　被传　被罚　被否　被关注　被曝　被问询　被压后
丙类户　病急　补血　不畅　不改　不可承受　不确定性　踩雷　偿债　成疑　承

压　持续发酵　持续下滑　抽贷　抽血　存疑　大跌　大跌蒸发　代偿　待完善　刀口舐血　倒挂　低于预期　调低　调降　跌多涨少　跌幅　跌势　跌停　冻结　兜底　渎职　赌局　兑付危机　兑付压力　发函　罚　罚没款　非法　非法获利　风险　风险提示　风险预警　封杀　负面　负增长　告吹　公开谴责　勾结　股灾　关联关系　关注　关注函　观望　龟速　豪赌　黑名单　红灯　滑铁卢　还需完善　还债　祸及　祸起　稽查　减持　减值　降级　叫停　戒勉谈话　诚勉谈话　经济下滑　经济下行　警告　警示函　警惕　救赎　举报　巨亏　绝境　空壳　恐慌　亏局　离职　立案　立案调查　利益输送　连阴　两难　领跌　流标　笼罩　漏查　屡禁不止　乱象　慢牛　蔓延　梦断　梦碎　免职　内斗　内幕交易　难度　难改　难觅　抛售潮　泡沫　偏紧　骗　骗税　频频　平淡　评级下调　破产　曝光　蹊跷　起波澜　弃　牵涉　钱权交易　潜规则　欠款　强制退市　侵权　侵吞　侵占　清偿　清淡　祛病　趋紧　权力寻租　权色交易　仍需完善　尚待完善　尚未完善　深陷　审查　审核　审视　生死　失联　失职　受贿　受贿案　受损　输血　甩卖　双规　私利　损害　缩水　索赔　贪污　贪脏　套牢　套利机会　停牌　通报　通报批评　通缩　通胀　痛批　推迟　退潮　退市　微跌　违法　违规　违纪　违约　维权　问询函　无力回天　吸血　下挫　下调　下跌　下滑　下行　陷　效仿　信披　信任危机　信息披露　信用风险　刑拘　行贿　续跌　徇私舞弊　严惩　殃及　野性不改　一退到底　依然　疑点　疑似　以新还旧　硬刹车　预警　遇冷　灾区　遭　遭问询　造假　责令改正　责令整改　炸弹　蒸发　政策风险　制约　致命伤　终止上市　重灾区　骤降　转移资产　资不抵债　资产流失　资金缺口　自律处分　走弱　最多亏损　最高亏损

同时删除了在其他语料中属于负面，但在本案例中不属于负面的词，主要包括："首当其冲、火爆、批、单、大、下、破、火、重、强、机械、逼近、剔除、说、拟、牛"等词。

增加了"到位、调高、调升、放开、开门红、利好、飘红、确定、热捧、上调、上行、上扬、收入、首当其冲、受宠、增持、走强"等多个正面词。

删除了例如"消息、平淡、清偿、蹊跷、业绩、清淡、钢铁、抛售、主体、大、成、基、中、要、高管、新、信用、和、亮、净、向、高、重大、机会、想、企、铁、关注、管、专家、称、宽、对、嘉、约、尚"等原来的正面词。这是因为它们与本案例相关性不强，甚至有时会起相反的作用。

本案例最终使用的情感词语汇库，其中含有 21 552 个负面词语、16 387 个正面词语。使用的否定词 23 个。

2. 否定词、情感词词典权重

为使情感词能将新闻标题句子进行数学运算，还需对否定词与情感词进行权重设置。考虑到本案例情感粒度，否定词的权重统一赋值为－1，正面情感词权重统一赋值为＋2，负面情感词权重统一赋值为－2。

三、情感分析分类算法

根据新闻标题的特点和要求，新闻标题中句法和句义结构主要分两种：一种为单一主谓结构形式的标题，即在新闻标题中仅有一个主谓结构，例如，新闻标题"公募债券或现首单本金违约""7 月 14 日晚间上市公司利好消息一览"。第二种为多子句结构形式，也就是新闻标题由多个主谓结构共同组成，二者之间有时为并列关系，有时为递进关系。两个句子以逗号、空格等较为明显的符号分隔，例如，"力推债市开放 防止风险在银行间集中"，此句中的并列谓语分别为"力推""防止"。

对于以上两种形式的新闻标题句，其分类算法分别描述如下：

（1）对于单一主谓结构形式的新闻标题句子，分析情感词与否定词在句子中的位置。据此判断新闻标题句子正负面情感权值的算法描述如下：

1）新闻标题不含正面词与负面词，正负面情感权值为 0，标题分类为中性。

2）新闻标题含一个或多个正面词、负面词，整句正负面情感权值为所包含正负面词权值累加之和，根据权值分类。样例如表 5-5 所示。

表 5-5

新闻标题句	否定词与情感词	权值
7 月 14 日晚间上市公司利好消息一览	利好（2）	2
公募债券或现首单本金违约	违约（－2）	－2
中科曙光并购基金遭问询	遭（－2）	－2
上市公司违规行为屡禁不止	违规（－2）＋屡禁不止（－2）	－4

3）新闻标题含有否定词并接正负面词时，句子正负面情感权值为否定词权值－1×正负面词权值。如当否定词修饰正面词时，权值为－1×2＝－2，标题分类为负面类；反之，标题分类为正面类。样例如表 5-6 所示。

表 5-6

新闻标题句	否定词与情感词	权值
市场下跌股基很受伤	下跌（－2）＋受伤（－2）	－4
加息预期打消投资热情	打消（－1）×热情（2）	－2
国债销售未现火爆场面	未（－1）×火爆（2）	－2

4）新闻标题否定词与正负面词的形式为多个否定词修饰正负面词时，整句正负面情感权值为否定词权值－1 累积乘积，即需要考虑双重（偶数个）否定为肯定的情况，当多重否定词数为偶数时，标题分类由多重否定词后的正负面词情感极性决定；当多重否定词数为奇数时，标题分类由多重否定词后的正负面词情感取反决定。样例如表 5-7 所示。

表 5-7

新闻标题句	否定词与情感词	权值
中央政策令互联网创业者无不鼓舞	无（－1）×不（－1）×鼓舞（2）	2

5）新闻标题含有多个否定词＋正负面词，其上下文中还存在其他多个正负词时，整句正负面情感权值相当于上述第 3 种情况与第 4 种情况计算情感权值之和。

总之，对于单一主谓结构形式的新闻标题句子，其情感权值计算公式为：

$$W_{title} = \sum_{s=1}^{n} \prod_{j=1}^{m} w_j \cdot w_s$$

式中，w_j 为否定词权重；m 为情感词 w_s 前多重否定词的数量；n 为句中情感词 w_s 的数量。

（2）当新闻标题句子为多子句结构时，分别分析情感词与否定词在每个子句中的位置，根据以上单句结构算法，分别计算每个子句所属正负面分类。另外，多个子句中，当存在正负面分类为负面的分类时，新闻标题句子整体归为负面类。样例如表 5-8 所示。

表 5-8

多子句结构新闻标题句	分析各子句	否定词与情感词	子句权值	标题分类
力推债市开放　防止风险在银行间集中	力推债市开放	力推（2）＋开放（2）	4	正
	防止风险在银行间集中	防止（-1）×风险（-2）	2	
债市提前入秋　九月难以乐观	债市提前入秋	无	0	负
	九月难以乐观	难以（-1）×乐观（2）	-2	
超日否认申请破产保护机构质疑超日债评级	超日否认申请破产保护	否认（-1）×破产（-2）	2	负
	机构质疑超日债评级	质疑（-2）	-2	

总之，当新闻标题句子为多子句结构形式时，其情感权值计算公式为：

$$W_{title}=W_1\cap W_2\cdots\cap W_i\cdots\cap W_n$$

式中，W_i 为每个子句分类的逻辑值表示，即当子句属负面类时，其值为 false；当子句属正面类时，其值为 true。

对于人工分类的新闻文本训练样本集标题，进行以上情感分析算法测试，测试结果的正确率可达到 82.3%。所以此情感分析算法可作为本案例基于统计学习分类算法的有力补充。

习题

1. 什么叫情感分析？其与观点挖掘是什么关系？
2. 观点的定义是什么？
3. 情感分析的任务包括哪些方面？
4. 情感分析有什么作用？请举例说明。
5. 情感分析的研究领域有哪些？
6. 请解释什么是情感分析的粒度。
7. 文档级情感分析通常有哪些方法？
8. 什么是句子的主观性分类？请举例说明。
9. 句子情感分类常用的方法有哪些？

第6章 社交网络及其统计特性

6.1 社交网络简介

随着人类社会的快速发展，人与人之间的交往越来越频繁、复杂，这些人际关系构成了现实社会中的社交网络（social networks），个体（某个人或组织）即为网络中的节点（node 或 vertex），而个体与个体之间发生的联系即构成网络中的连边（edge 或 link）。

虽然"社交网络"这个词的提出是在互联网时代，且对社交网络的研究真正兴起也是随着互联网的快速发展而出现的，但是严格地讲社交网络并不只包含所谓的"在线"形式。在线社交网络毫无疑问是互联网发展的产物，是个体之间借助因特网等网络形式的社交；而其实在人类产生之初，随着人们在现实中的接触，人际关系网就产生了，只是那时人与人之间的交往稍显稀少，相应地社交网络的规模也较小，节点个数也较少。

6.1.1 六度分离理论

早在 1967 年，哈佛大学的心理学教授米尔格兰姆（Stanley Milgram）创立的六度分离理论被认为是社交网络的理论基础。他首先选定了两个目标对象，一个是美国马萨诸塞州沙朗的一位神学院研究生的妻子，另一位是波士顿的一个证券经纪人，然后他在遥远的内布拉斯加州和堪萨斯州招募到一批志愿者，为他们提供了目标收件人的大概位置和职

业，并只允许寄件人将包裹直接寄给他知道名字的人，目标是通过尽可能少的熟人使目标收件人收到这些包裹。因此，在传递链中的每个环节都要求寄件人努力地思考他们认识的人中谁最可能"接近"目标人，无论是从地理位置、个人关系还是从职业的角度进行判断都可以。同时，每个环节的参与者都被要求在包裹中记录自身的详细资料，这样实验设计者就可以追踪包裹的传递情况并得到传递链的人口统计学特征。实验结果表明跨越宽广的地理和社会环境收到这样一封信仅仅需要 5 个中间人，即从一个志愿者到其目标对象的平均距离只是 6。

这就是著名的六度分离试验，它显示出人际交往中的一些潜在特性：虽然人们并无法掌握所有个体的人际交往的情况，但是却能够通过少许信息得到人与人之间的短路径，这也是后来在复杂网络研究领域被广泛研究的著名的"小世界现象"的起源；另外，六度分离试验也暗示着社交网络具有良好的导航性。

6.1.2　在线社交网络

随着"大数据"概念的提出，在线社交网络是现在社交网络研究的重点。互联网的快速发展使得人们生活的各个方面都离不开电子网络，产生了超大规模且非常复杂的网络数据，人们之间的交往似乎也更大程度地转战到在线网络，如推特、脸书、领英（Linked-In）、新浪微博、腾讯微信，以及在中国高校学生中风靡一时的校内网等，甚至目前一些大型的购物网络也可以看作社交网络来研究。简而言之，有人类行为的网络都可以作为社交网络。在目前网络如此快速发展的时代下，可以说人类的每一个活动基本上都是在社交网络环境下完成的。

6.1.3　社交网络举例

社交网络按照其功能属性，大致可以分为如下类别：交友网络、博客网络、媒体分享网络、即时通信网络等。除了上述网络以外，某些 BBS（如天涯社区）和协同编辑站点（如百度百科）等也增加了关注或好友功能，这些站点上的用户之间也可组成社交网络。另外，对于一些虚拟社会，如文学作品中人物之间的关系，同样可以给出相应的社交网络形式。图 6-1 为一篇博客里给出的由美国著名小说家乔治·马丁（George Martin）所著的对当代奇幻文学影响深远的里程碑式的作品《冰与火之歌》（*A Song of Ice and Fire*）中的人物之间的关系网，其中既有书中所有人物的关系总览，又有局部放大显示，每一个圆点均代表一个角色，圆与圆之间的连线代表两位角色相识，角色圆圈的大小代表这名角色认识角色数量的多少，像艾莉亚（Arya）这样的主角认识很多人，自然圆圈就较大。综上，只要是有人类活动的领域，就会有人际交往，从而存在着社交网络。

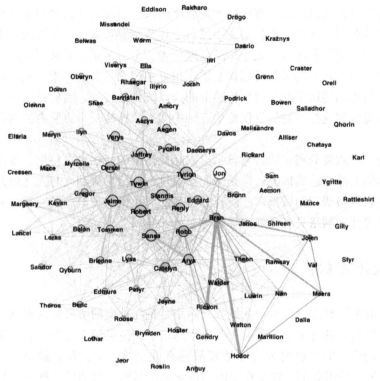

图 6 - 1 《冰与火之歌》人物关系图

资料来源：http://www.lqqit.con/archives/627665.html.

6.2 相关基本概念

6.2.1 节点和边

节点，指所研究的问题中涉及的个体（个人或组织）。六度分离试验中根据人们之间的通信情况建立的社交网络（社交网络1）中，节点为接信和发信的个人；如果所研究问题是 CBA 联赛中各球队之间的比赛情况（社交网络2），节点应为各个参赛球队而非球员个人。

边，指个体与个体之间的联系。上述社交网络1中，如果人与人在该试验中发生通信交往，则相应的节点之间连边，否则不连边；上述社交网络2中，如果两支球队在本赛季有比赛，则相应节点之间连边，否则不连边。社交网络中两节点之间存在连边则二者为邻居节点。

一个具体的社交网络可抽象为一个由点集 V 和边集 E 组成的图 $G=(V, E)$。节点数记为 $N=|V|$，边数记为 $M=|E|$。E 中每条边都有 V 中一对点与之相对应。社交网络与一般的复杂网络一样，存在着无向网络（undirected network，网络中的边不带方向）、

有向网络（directed network，网络中的边带方向，以箭头表示，信息来往只能沿箭头方向发出）、加权网络（weighted network，给连接提供权重的网络）、无权网络（unweighted network）等。无向社交网络不考虑联系的方向性，而有向社交网络则考虑个体之间联系发生的方向性，如在上述社交网络 1 中，如只考虑个体之间是否存在邮件联系，有则两节点连边，没有则不连边，构成的是一个无向社交网络。而如果在考虑个体间的邮件往来时，个体 1 向个体 2 发出过邮件，则在相应社交网络中连接一条从个体 1 指向个体 2 的有向边，这种考虑连接方向性的社交网络则为有向社交网络。无权网络只考虑节点间的相互作用存在与否，是对系统相互作用结构的本质刻画。然而在实际系统中，个体间的相互作用强度具有很大差异性，且这种差异会在很大程度上影响系统的性质和行为，因此需要引入边的权重来刻画相互作用强度的差异性及其导致的网络性质的差别，如在研究个体之间邮件往来的问题中，可以以某段时间内个体之间邮件往来的次数作为二者连边的边权来反映相应个体之间联系的紧密性。边权的赋予方法一般有两种：一般边权（edge-weights），即在边上用数字标明权重，如两个个体之间的熟识程度，可用 0～1 的数字标示，也可用相关系数之类；再如交通网络中，边表示实际存在的路段，边权可以是传输消耗等；重边（multi-edges），两个节点之间可能不止一条边，即用边的个数来表示权重，如博客引用网，节点为各个博客，在某段时间内，一个博客引用了另外一个博客的内容一次，则两个节点之间连一条边，若引用了两次，则两个节点间连两条边，以此类推。连接被赋予权重之后，为刻画系统性质提供了一个新的维度，所以加权社交网络也是社交网络研究的一个重要领域。另外，在边权定义的基础上同样出现了点权重的延伸定义，无向加权社交网络中节点 i 的权重 w_i 一般可定义为所有连接到节点 i 的边的权重之和。

6.2.2　邻接矩阵

对于无权无向社交网络，可以用邻接矩阵（adjacency matrix）来表示网络的连接情况，即 $A = \{a_{ij}\}_{N \times N}$，这里如果节点 i，j 有边相连 a_{ij} 取 1，反之取 0。由于无向网络的边 $(i，j)$ 与边 $(j，i)$ 等同，则无向社交网络的邻接矩阵为 0、1 元素构成的对称矩阵；有向社交网络的邻接矩阵一般为 0、1 元素构成的非对称矩阵；无权社交网络的连接情况用邻接矩阵来表示，有权社交网络一般用权重矩阵来同时反映网络的连接情况及边的加权情况。

6.2.3　节点的度

一、度

度（degree）是单独节点的属性中简单但重要的概念，节点 i 的度 k_i 定义为网络中与该节点连接的其他节点的数目。一般有向社交网络中节点的度分为出度（out-degree）和入度（in-degree）。节点的出度是指从该节点指向网络中其他节点的边的数目，节点的入度是指从网络中其他节点指向该节点的边的数目。直观地看，一个节点的度越大就意味着这个节点在某种意义上越重要。

二、平均度

网络中所有节点 i 的度 k_i 的平均值称为该社交网络的（节点）平均度（average degree），一般记为 $<k>$。

三、度分布

网络中节点的度分布（degree distribution）情况可用分布函数 $P(k)$ 来描述。$P(k)$ 表示的是一个随机选定的节点的度恰好为 k 的概率。

四、度相关性

可定义 $P(k'|k) = \dfrac{<k>P(k,k')}{kP(k)}$ 表示度为 k 的节点与度为 k' 的节点邻接的条件概率，其中 $P(k,k')$ 表示度为 k 的节点与度为 k' 的节点邻接的综合概率，也就是同时发生的概率，进一步可定义 $k_{nn}(k) = \sum\limits_{k'} k'P(k'|k)$ 为度是 k 的节点的邻居节点平均度，则若网络的 $k_{nn}(k)-k$ 曲线的斜率大于零，则称为度正相关，说明平均来看，度大的节点是趋向于和同类即度大的节点相连接的；反过来，如果曲线的斜率小于零，则称该社交网络为度负相关，这就说明平均来看，度大的节点趋向于和异类即度小的节点相连接；最后，如果斜率等于零，则不存在度相关性（degree correlation），说明该社交网络中边的连接基本上是完全随机的状态，没有度的相关性概念。

6.2.4 网络直径

一、节点之间的路径

由一个节点出发，沿网络中的连边达到另外一个节点所经过的节点串，即为该两个节点之间的一条路径（path，注：有向图中只能按有向边的方向走）。不同节点之间的路径一般研究节点串中各节点互不相同的路径，即基本路径。

二、节点之间的距离

任何两个节点 i 和 j 之间的距离（distance）l_{ij} 定义为从节点 i 出发到达节点 j 所要经过的连边的最少数目，即两节点之间所有路径中的最短路径的长度。

三、网络的直径

网络的直径（diameter）即网络中任意两个节点之间距离的最大值，即 $D = \max\limits_{i,j}\{l_{ij}\}$。

四、网络的平均路径长度

网络的平均路径长度（average path length）即网络中所有节点对之间距离的平均值，即 $L = \dfrac{2}{N(N-1)}\sum\limits_{i=1}^{N-1}\sum\limits_{j=i+1}^{N} l_{ij}$，其中 N 为网络节点数。网络的平均路径长度 L 又称为特征路径长度（characteristic path length）。平均路径长度 L 和直径 D 主要用来衡量社交网络的信息传输效率。

6.2.5 连通分支

一个连通分支（connected component，CC）是网络中的一个子图。在无向社交网络中，子图中任意两个节点之间都有包含于该子图的路径。在有向社交网络中连通分支分为两种，一是弱联通分支（weak connected component），即任意两个节点之间都有包含于该子图的无向路径；强联通分支（strong connected component），即任意两个节点之间都有包含于该子图的有向路径。与之相关的另外一个非常重要的概念是网络的巨大连通分支（giant connected component，GCC），即规模达到 $O(N)$ 的连通分支，其中，N 为整个社交网络的节点个数，即网络规模。

6.2.6 聚类系数

一般地，假设网络中的一个节点 i 有 k_i 条边将它和其他节点相连，这 k_i 个节点即为节点 i 的邻居。显然，在这 k_i 个节点之间最多可能有 $k_i(k_i-1)/2$ 条边，而这 k_i 个节点之间实际存在的边数 E_i 和总的可能的边数 $k_i(k_i-1)/2$ 之比就定义为节点 i 的聚类系数 C_i，即 $C_i=2E_i/k_i(k_i-1)$。从几何特点看，此式的一个等价定义为：

$$C_i=\frac{\text{与节点 } i \text{ 相连的三角形的数目}}{\text{与节点 } i \text{ 相连的三元组的数目}}$$

式中，与节点 i 相连的三元组为包括节点 i 的三个节点，并且至少存在从节点 i 到其他两个节点的两条边，如图 6-2 所示：

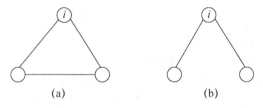

图 6-2 以节点 i 为顶点之一的三元组的两种可能形式

整个网络的聚类系数（network clustering）C 就是所有节点 i 的聚类系数的平均值。很明显，$0 \leqslant C \leqslant 1$。

6.3 常见统计特性

一、无标度度分布

无标度度分布（scale-free degree distribution）也称幂律度分布（power-low distribution）或重尾分布（heavy-tail distribution）。大多数现实网络是开放的，即可以通过不断地增加新节点到系统中而构成动态网络。因此，网络中的节点数 N 自始至终是增加的。例如，演员网络（一种典型的社交网络：节点为研究范围内的演员个体，若两个个体在某部作品中有过共同出演的经历，则两节点连边，构成反映演员之间合作关系的社交网络）通过添加新演员到系统中而增长；万维网增添的新网页随时间推移呈指数增长；研究论文引文网通过新论文的出版而增长。因此，这些系统的一个共同特性是通过添加新节点，并把它连接到系统中已存在的节点上而使网络不断地增长。另外，大多数实际网络也显示出择优连接的特性。例如，新演员最有可能作为配角与许多已确认的著名演员一起演出；新建的网页最有可能与知名的已具有高连通度的流行网页链接；新稿件引用著名的且已被大量引用的论文，比引用那些被引用较少因此不太著名的论文的可能性大得多。这些事例表明新节点连接到已存在的节点上的概率并不是一样的，而是表现为以较大的概率连接到已经具有大量连接边的节点上。由于人个体意识的存在，择优连接的网络特性在社交网络中表现得尤为明显。因此，此类网络的度分布不再像随机网络那样服从泊松分布，而是服从幂律（power-law）分布：$P(k) \sim k^{-\gamma}$。由于这类网络节点的连接度没有明显的特征长度，因此具有幂律度分布的网络称为无标度网络。为了解释幂律分布的产生机理，读者可参考由 Barabasi 和 Albert 在 1999 年提出的一个被称为 BA 模型的无标度网络模型。

近年来，大量的实证研究表明，许多大规模真实网络（如万维网、因特网以及新陈代谢网络等）的度分布都是呈幂律分布的。在这样的网络中，大部分节点的度都很小，但也有一小部分节点具有很大的度，没有一个特征标度。

二、高聚类

研究发现绝大多数现实网络具有较高的聚类系数。聚类系数是大部分复杂网络的一个重要的统计拓扑参数，它反映了局部节点的一种密集程度。高聚类（high network clustering）的网络对网络动力学的影响是巨大的，高聚类系数可能会导致扩散的遍历性破缺，或者是某些量子相变现象，例如，Anderson 局域化现象也可以由网络拓扑诱导，这里面一个关键性因素就是聚类系数。

三、小直径（small network diameter）

在复杂网络研究领域，较小平均路径长度或较小网络直径与较高网络聚类系数两个特性合在一起被称为网络的"小世界特性"，研究发现绝大多数现实网络具有"小世界特性"。

四、模块结构

模块结构（community structure）也称社团结构，在社交网络中更多地被称为社区结构。网络根据功能性特点经常表现出"集团"的结构特征，如社交网络中的一群朋友或者万维网上相似主题的网站等，这就是所谓的"物以类聚，人以群分"，这种结构特征称为网络的模块结构，如图 6-3 所示。直观来看，就像现实中的社区一样，网络模块应该是相互之间联系相对紧密的节点的集合。而关于网络模块的定量定义，至今并没有一个被广泛接受的统一的标准，但它确实是复杂系统层次结构的标志，对社交网络中社区结构的研究具有重大的现实意义，具体内容详见第 7 章。

五、节点中心性

简单而言，节点中心性（node centrality）是指采用某种定量的方法对每个节点处于网络中心地位的程度进行刻画，描述整个网络是否存在核心，以及存在什么样的核心的指标。对节点中心性的相关研究在社交网络研究领域也称为个体影响力（individual influence）研究。在网络研究的过程中，人们发现不同节点往往扮演不同的角色、对网络功能的实现发挥着或大或小的作用。"节点中心性"概念的提出就是为了量化评价节点的这种作用，以分析出对网络功能实现具有至关重要地位的中心节点。在对网络进行目的攻击时这些中心节点往往是首要目标，以达到一击致命的效果。因此，节点中心性与网络的鲁棒性密切相关。而在社交网络中，节点为某人或者某社会团体或组织，不同节点扮演不同角色，具有不同社会影响力，这一点在社交网络中尤为明显，因此对个体社会影响力的研究

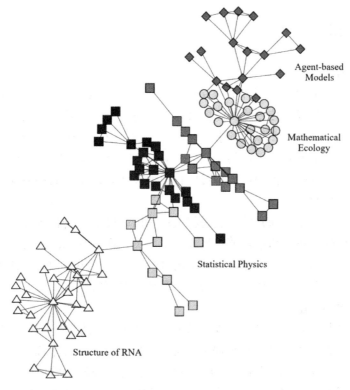

Agent-based
Models

Mathematical
Ecology

Statistical Physics

Structure of RNA

图6-3　网络模块结构图例，美国桑塔费（Santa Fe Institute）研究所科学家合作网

资料来源：互联网。

是社交网络研究领域一个非常重要的方向。具体的内容详见第8章。

六、网络上的随机游走

网络上的随机游走（random walks on networks）类型大致包括无偏随机游走（unbiased random walks）、有偏随机游走（biased random walks）、自规避随机游走（self-avoid walks）、量子随机游走（quantum walks）等，理论上的主要研究内容包括平均首达时（first-passage time）、平均转移时间（mean commute time）、平均返回时间（mean return time）。随机游走是复杂系统上的重要动力学过程，在诸如社区/模块探测、推荐系统、电力网络、生成树算法、信息检索、自然语言处理、机器学习、图分割、经济学中的随机游走假设以及计算机学中的PageRank搜索算法等众多方面有着非常广泛的应用。

6.4　实践案例——微博用户关系分析

本案例基于Spark平台下的图计算框架GraphX，使用Scala语言对微博用户关系数据进行相关计算和分析。

6.4.1 数据介绍

一、数据应用背景

微博是一个提供微型博客服务的社交网站,用户可以通过网页、WAP 页面、手机客户端等方式来发布消息或上传图片。微博可以被理解为"微型博客"或者"一句话博客",用户可以将看到的、听到的、想到的事情写成一句话,或发一张或几张图片,通过电脑或者手机随时随地分享给朋友,一起讨论,还可以关注朋友,即时看到朋友们发布的信息。微博具有独特的非对称好友模型,用户可以自由地关注其他用户而不需要对方授权,还可查看其微博并发消息给对方。

针对复杂的社会关系,通常的做法是将关系用网络的形式进行表述,最后形成一张社交网络图。在这样的关系网络中,节点代表一个成员,而点与点间的有向边或无向边就代表节点之间的关系。尽管互联网是一个虚拟的社会,但也可用类似的方式表示,不同的节点代表不同的用户,节点之间的有向连边代表着他们之间的联系。

二、数据来源与获取

本案例的数据来源于 2016 年"卧龙大数据 微博热度预测竞赛"中用户关注关系数据。

源数据提供的微博用户的关系数据量非常大,包含近 800 万个用户、近 7 亿条关注关系,约 5.29GB 内存容量。考虑到个人电脑的运行能力,我们对整体数据进行了切分,选取了 82 408 名用户和 265 576 条关系用于算法的运行,并将运行结果保存在相关文件内,供读者检验运行结果。本书中所使用的数据文件是小数据,希望读者能仔细研读后面的内容,巩固前面所学知识,根据所给过程和程序运行结果,体会算法是如何实现与应用的。

数据及结果下载地址:

小数据(含结果):http://pan.baidu.com/s/1skX6eAh。密码:say0。

完整数据(不含结果):http://pan.baidu.com/s/1o895Vj8。密码:kipk。

6.4.2 数据分析与结果

一、数据文件内容

本案例的数据文件名为 RT3000.txt,使用 UltraEdit 软件打开后,文件内容部分展示如下:

```
1 4534517 6571120◻2453117◻6105970◻2666130◻8207859◻1843342◻6342579
2 4090971 4039427◻4087974◻4159516◻3516546◻4159954◻3585060◻6808522
3 4254907 3572579◻7113297◻7715216◻7711436◻2669060◻6402193◻6774310
4 8030344 3836059◻7998922◻3784508◻7856084◻3792253◻4755570◻1243872
5 8280045 1045809◻7721333◻7610017◻8191836◻7887678◻8077589◻8232991
6 5865089 1986984◻7840805◻799845◻2666130◻8220713◻7954814◻4443435
7 7324956 3219564◻7895013◻7359809◻7954814◻6604436◻3545779◻8115667
8 3779872 2241203◻2864657◻2855781◻8822378◻6800368◻6869216◻7994375
9 6386528 7676920◻5327764◻6655027◻754302◻1843342◻3138858◻6449557
10 2220103 8250955◻1115309◻5686894◻7106665◻5343095◻4644090◻4572487
11 5618463 5305335◻949800◻2634164◻7176670◻6869307◻7790872◻5404602
12 5559300 7752788◻1843342◻1512452◻8246784◻5388460◻1692699◻5602786
13 6712486 1542627◻4295270◻5343543◻7847328◻7431136◻6245967◻2590554
```

图 6-4 文件 RT3000.txt 的部分内容展示

二、数据文件内容解释

微博用户关注关系的数据文件内格式：用户 ID1 用户 ID2 \ 001 用户 ID3 \ 001 用户 ID4，

这表示用户 ID1 同时关注了用户 ID2、用户 ID3 和用户 ID4，用户 ID1 与其关注的用户之间使用空格分隔，用户 ID1 关注的其他用户之间用"\ 001"① 分隔，不同的用户关注关系用回车分隔。

样例：

　　小张关注了小王、小李和小赵，小王关注了小李和小赵，这样的两条数据可表示为：

小张 ID 小王 ID \ 001 小李 ID \ 001 小赵 ID

小王 ID 小李 ID \ 001 小赵 ID

三、程序目标及输入输出文件

利用所给的小数据集，并综合运用 GraphX 算法程序，得到最终运行结果，所需的输入输出文件如下。

（1）输入文件：

● 用户关注关系数据。

（2）输出文件：

● 用户关系边文件与用户节点文件；

● Connected Components 运行结果文件；

● 出度最大的 10 个用户节点、入度最大的 10 个用户节点文件；

● Triangle Counting 运行结果文件；

● PageRank 算法运行结果文件（内容请见 8.3 节）。

在本案例中，由于数据量较大，在部分机器上进行代码运行时容易产生中断，请读者确保所使用的计算机至少有 4GB 内存。

6.4.3　数据处理与程序运算

一、Spark GraphX 介绍

Spark GraphX 是一个分布式图处理框架，所谓分布式图处理是把图拆分成很多的子图，然后分别对这些子图进行计算，计算的时候可以分别迭代进行分阶段的计算，即对图进行并行计算。基于 Spark 平台的 Spark GraphX 提供了简洁易用、丰富多彩的接口以进行图计算和图挖掘，极大地满足了大家对分布式图处理的需求。

GraphX 的核心抽象是 Resilient Distributed Property Graph，一种点和边都带属性的有向多重图。它扩展了 Spark RDD 的抽象，有 Table 和 Graph 两种视图，而只需要一份物理存储。两种视图都有自己独有的操作符，因而保证了灵活操作和执行效率，这也是 Spark GraphX 的优势所在。现在很多框架也在渐渐地往这方面发展，例如

---

① "\ 001"字符在不同的机器、不同的软件上显示内容不一定相同，只需知道这是 ASCII 码的数值，能理解在之后的程序实现中的应用即可。

GraphLib 已经实现了可以读取 Graph 中的 Data，还可以读取 Table 中的 Data，也可以读取 Text 中的 data 即文本中的内容等。与此同时，Spark GraphX 也增添了很多额外的优势，例如和 MLlib、Spark SQL 协作等，GraphX 在当今图处理框架中仍具有强大的竞争力。

二、Scala IDE 操作过程

本案例中的程序均是使用 Scala 语言编写的。Scala 语言是一门多范式的编程语言，类似 Java 编程语言，具有面向对象编程的特性。程序代码运行的平台是 Scala IDE，考虑到读者可能没有使用过这款软件，这里对软件的使用进行说明。

在安装 Scala IDE 之前，请读者先确保个人计算机上已经安装并设置了 Java、Scala 和 Spark 的运行环境，在这里建议读者使用 Java 1.8.0＿101、Scala 2.10.6 和 Spark-1.6.0-bin-hadoop2.6.tgz，相关安装教程和环境变量配置可在网上寻找。

（1）从 Scala 的官方网站上下载 Scala IDE 软件，软件的下载地址为：http://scala-ide.org/download/sdk.html。

（2）解压文件到任意目录下，找到 eclipse.exe，双击即可运行。打开 Scala IDE，界面如图 6－5 所示。

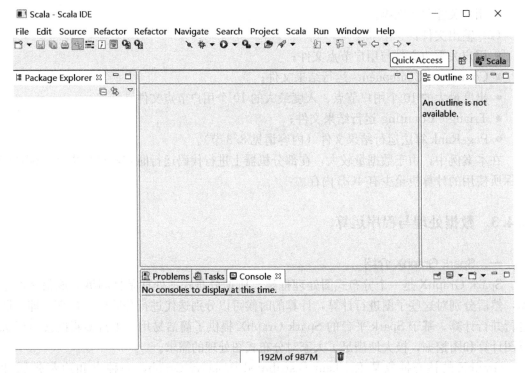

图 6－5　Scala IDE 软件打开界面

（3）新建 Scala 工程，输入一个工程名称，如图 6－6 所示。

（4）修改依赖的 Scala 版本为 Scala 2.10.x（默认 2.11.7，要做修改），并加入 Spark 1.6.0 的 jar 文件依赖，具体过程如图 6－7 至图 6－10 所示。

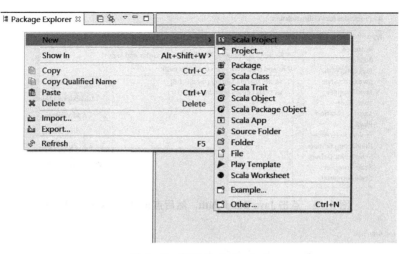

图 6 - 6 新建 Scala Project

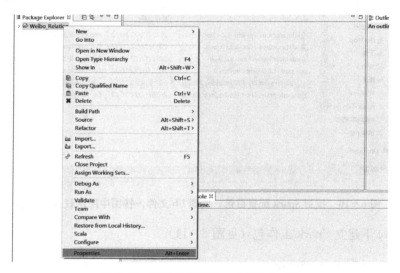

图 6 - 7 右键点击项目，点击最后一项

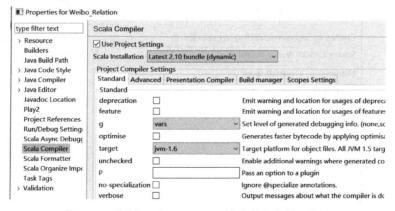

图 6 - 8 找到 Scala Compiler，修改成图中所示结果

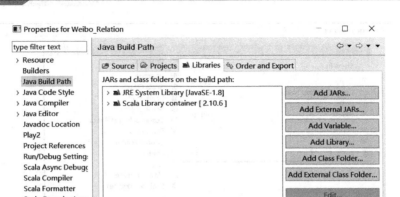

图 6 - 9　点击 Java Build Path，然后点击 Add External JARs

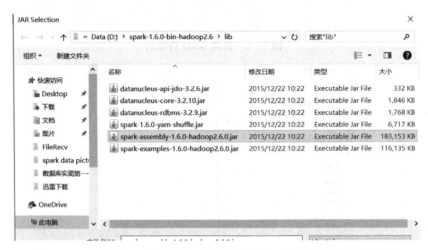

图 6 - 10　找到 Spark 配置目录，找到 lib 文件，按图中所示载入此文件

（5）在 src 下建立 Spark 工作包（见图 6 - 11）。

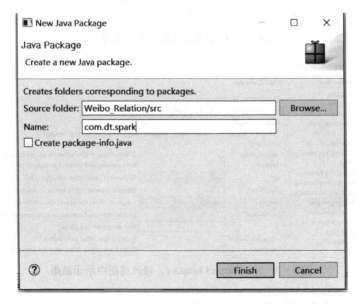

图 6 - 11　右击 src，在 new 中选在 Package，输入图示内容

（6）在工作包内创建 Scala 项目（见图 6 - 12）。

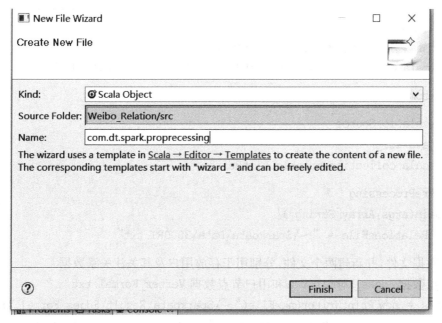

图 6 - 12　右击工作包，在 **new** 内选择 **Scala Object**，输入图示内容

6.4.4　部分程序代码示例

为了清晰解释程序，本部分在介绍程序代码时会将算法运行的程序文件划分开，单独讲解。读者在下载源代码时，会得到两个程序文件。其中代码清单 1 对应预处理程序 Proprecessing. scala，其余的部分代码清单对应算法程序 Precessing. scala。

本小节介绍数据预处理，GraphX 框架的创建和入度、出度排名前 10 的用户节点的输出的程序，其他程序将在算法介绍中出现。

一、数据预处理

此段程序可分为三部分，分别为 package、import 与 object 内容。

（1）package 部分为程序的包，表明此程序是在 com. dt. spark 包内，便于将整体程序进行封装。

（2）import 部分为载入 spark 与 scala 内部的操作包，如 scala. io. Source 和 java. io. _，用于从指定位置读取和写入文件；scala. collection. mutable. ListBuffer 用于创建并使用动态列表。

（3）object 部分为程序的主体，通过定义一个 main 函数进行程序的执行。

程序思路：对于数据文件采用按行读取，直至读到文件末尾。读取时，将每一行的数据转成字符串类型，并按空格和 "\ 001" 符号进行分割，将分割后的结果集合保存到列表中。最后按照 GraphX 读取数据的格式将所获取的用户节点和用户关注关系分别写入 Vertex_Formal. txt 和 Edges_Formal. txt 文件中。示例代码与注释可见代码清单 1。

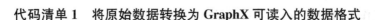

代码清单 1　将原始数据转换为 GraphX 可读入的数据格式

```scala
//对文件进行相应的预处理操作
//载入内部操作包,用于从指定位置读取和写入文件
//载入 scala.collection.mutable.ListBuffer 用于创建并使用动态列表

package com.dt.spark

import scala.io.Source
import java.io._
import scala.collection.mutable.ListBuffer

object PreProcessing {
  def main(args:Array[String]){
    val RelationsFile = "~\Sparkdata\Data\3000RT.txt"

//打开数据文件,并新建两个文件,分别用于存放用户及其关注关系数据
//用户点数据 Edges_Formal.txt 和用户节点数据 Vertex_Formal.txt
val Edges = new PrintWriter(newFile("~\Sparkdata\Result\Edges_Formal.txt"))
val Vertex = new PrintWriter(new File("~\Sparkdata\Result\Vertex_Formal.txt"))

//调用 Source 方法,按行读取用户关系数据内容
//生成一个数组,传给 lines 变量
//创建一个 users 变量,用于动态存储用户节点
val lines = Source.fromFile(RelationsFile).getLines().toArray
var users = new ListBuffer[String]()

//按行依次读取
//使用 split 方法,将字符串按照'\001'与空格(\s+)分割成列表
//取分割后列表的第一个元素,即用户 1ID
for(i <- 0 to lines.length-1)//按行依次读取
{
val tryt = lines(i).split("\001|\s+")
val id1 = tryt.head.toString()
users += id1

//按照 graphx 格式生成边集合数据,并写入边文件中
//将用户 1 关注用户 ID 依次写入 users 变量内
for (j <- 1 to tryt.length-1)
{
Edges.write(id1 + " " + tryt(j) + "\n")
users += tryt(j)
```

```
}
}
//按照 graphx 格式生成点集合数据,并写入点文件中
//若执行成功,则打印 ok!!!!!!!!!!!!!!!!!!!!!!!
//并关闭文件
users = users.distinct//去重操作
users.foreach { x => Vertex.write(x + "," + x + "," + x + "\n") }
println("ok!!!!!!!!!!!!!!!!!!!!!!!")
Edges.close()//边文件关闭
Vertex.close()//点文件关闭
}
}
```

本小节的程序用于将原有用户及其关注关系转变为 GraphX 所能读取的文件的格式,为后面的算法运行实现做好准备。(读者可以使用任意语言对原数据进行整理。)

用户边数据部分输出结果如图 6-13 所示:

```
4534517 5735043 4534517 7995732 4534517 8264034
4534517 7995118 4534517 7423299 4534517 7767415
4534517 7690763 4534517 1724611 4534517 5191024
4534517 7002709 4534517 7530596 4534517 4443435
4534517 8275771 4534517 2612959 4534517 7830620
4534517 8244714 4534517 8269425 4534517 8246042
4534517 8263645 4534517 7911995 4534517 3553201
4534517 5678667 4534517 3417905 4534517 819668
```

图 6-13　用户边数据

说明:每一行中的每两列代表一对关注关系,其中第一个数据是用户 ID,第二个数据为该用户关注的其他用户 ID。

用户点数据部分输出结果如图 6-14 所示:

```
7712107,7712107,7712107 8189713,8189713,8189713
625247,625247,625247   1013347,1013347,1013347
4004504,4004504,4004504 7165468,7165468,7165468
7703379,7703379,7703379 8191836,8191836,8191836
8257850,8257850,8257850 8209546,8209546,8209546
1801542,1801542,1801542 7261465,7261465,7261465
7619985,7619985,7619985 7962429,7962429,7962429
7887678,7887678,7887678 7528421,7528421,7528421
7915995,7915995,7915995 8232991,8232991,8232991
5735043,5735043,5735043 7995732,7995732,7995732
```

图 6-14　用户点数据

说明:每一行中每三列代表一个用户,其中第一列代表用户的 ID 号,第二列代表用户的名称,第三列代表用户的属性(由于原数据文件里面并没有包含用户的属性信息,所以全部填充为用户的 ID)。

二、构建 GraphX 框架

此段程序的结构与预处理文件程序相似，也是分为 package、import 和 object 三个部分。

（1）package 与上面的内容相同，这里不再叙述。

（2）import 部分内增加了一些扩展包，其作用如下所示：

● org. apache. spark. SparkConf。Spark 的应用配置，用于设置不同的 Spark 参数作为键-值对。

● org. apache. spark. SparkContext。SparkContext 是 Spark 程序最主要的入口，用于与 Spark 集群连接。与 Spark 集群的所有操作，都通过 SparkContext 来进行。通过它可以在 Spark 集群上创建 RDD、技术器以及广播变量。

● org. apache. spark. graphx. GraphLoader。属于 Graphx 的方法之一，用于根据节点的边数据建立图结构。

● org. apache. spark. graphx. _。Spark 的 GraphX 依托于 Spark 的强大计算能力，为图的相关计算需要提供了便捷 API，方便大规模图计算的使用。

● org. apache. spark. rdd. RDD。包含对 RDD 的各种操作方法。

（3）object 部分为程序的主体，通过定义一个 main 函数进行程序的执行。

具体语句的解释详见程序内部注释与程序说明部分。

程序思路：首先，读入之前得到的用户节点文件和用户关注关系文件，并创建四个文件分别存放 PageRank 输出结果、出度入度排名前 10 的用户节点、连通分支输出结果和三角关系计数输出结果。然后，创建一个 RDD，将用户节点与用户关注关系数据导入 RDD 中，并调用相关方法进行结果计算。最后，将计算结果输入到相应的文件中。示例代码与注释可见代码清单 2。

代码清单 2　创建 GraphX 的图变量并导入数据

```
//处理数据,根据节点的边数据建立图结构,调用 GraphX 进行相关计算
package com. dt. spark

import scala. io. Source
import java. io. _
import org. apache. spark. SparkConf
import org. apache. spark. SparkContext
import org. apache. spark. graphx. GraphLoader
import org. apache. spark. graphx. _
import org. apache. spark. rdd. RDD

object DataProcessing {
  def main(args: Array[String]){

//新建用于存储导入数据的文件,"~"表示硬盘符号
val pw = new PrintWriter(new File("~\Sparkdata\Result\Pagerank - result.txt"))
val dw = new PrintWriter(new
```

```
                    File("~\Sparkdata\Result\InandOutDegrees.txt"))
val cw = new PrintWriter(new
                    File("~\Sparkdata\Result\ConnectedComponents.txt"))
val tw = new PrintWriter(new
                    File("~\Sparkdata\Result\TriangleCounting.txt"))
//根据关注关系生成图
//任何 Spark 程序都是 SparkContext 开始的,SparkContext 的初始化需要一个 Spark-
Conf 对象,SparkConf 包含了 Spark 集群配置的各种参数
//初始化后,就可以使用 SparkContext 对象所包含的各种方法来创建和操作 RDD 和共享
变量。Spark shell 会自动初始化一个 SparkContext,在编程中的具体实现
val conf = new SparkConf()
//创建一个 RDD,并设置其名称为"Dataprocessing"
//使用 edgeListFile 方法从边文件中读取数据,初步创建图结构
conf.setAppName("Dataprocessing")
conf.setMaster("local")
val sc = new SparkContext(conf)
val graph = GraphLoader.edgeListFile(sc,
                    "~\Sparkdata\Reslut\\Edges_Formal.txt")
}
}
```

本部分程序用于搭建 GraphX 框架,并定义一个图模式的 RDD——graph,将图的数据通过边关系文件导入到该变量中。

三、出度、入度排名前 10 的用户节点输出

程序思路:本部分将图变量 graph 的 inDegrees 和 outDegrees 两个属性保存到节点变量中,并将其转化为一个队列,使用 sortWith 方法按节点的出度、入度的数值从大到小分别依次排序,最后各输出前 10 个结果,并输出到 InandOutDegrees. txt 文件内。示例代码与注释可见代码清单 3。

代码清单 3　输出出度、入度前 10 的用户节点的例子

```
//计算节点入度
dw.write("入度结果:\n")
//定义入度的保存变量,调用 inDegrees 方法得到各节点入度结果
//收集入度结果,并以列表的形式保存到 In_Num 变量内
//对节点的入度从大到小排序,第一个代表取 list 的元素
//并向文件输出最大的 10 个入度节点
val inDegrees: VertexRDD[Int] = graph.inDegrees
val In_Num = inDegrees.collect().toList
```

```
val In_Num_Sorted = In_Num.sortWith(_._2 > _._2)//元组内第二个元素
for(i <- 0 to 9){
    dw.write( In_Num_Sorted(i) + "\n")
}
//计算节点出度
//对节点出度从大到小排序
//并向文件输出最大的 10 个出度节点
dw.write("\n 出度结果:\n")
val outDegrees: VertexRDD[Int] = graph.outDegrees
val Out_Num = outDegrees.collect().toList
val Out_Num_Sorted = Out_Num.sortWith( _._2 > _._2 )
for(i <- 0 to 9){
    dw.write(Out_Num_Sorted(i) + "\n")
}
```

输出结果如表 6-1 所示:

表 6-1　　　　　　　　　　出度、入度排名前 10 的用户结果

	入度结果	出度结果
1	(8276880, 1034)	(1213225, 1266)
2	(1843342, 1004)	(2356265, 934)
3	(7995732, 798)	(6288023, 926)
4	(7840805, 764)	(6442253, 905)
5	(8276870, 741)	(3155772, 793)
6	(8232991, 700)	(2589700, 759)
7	(7915995, 680)	(2470366, 746)
8	(8260652, 667)	(1816951, 732)
9	(8077589, 599)	(3856888, 654)
10	(8220713, 575)	(7987462, 628)

说明:这里节选出度与入度分别排名前 10 的用户。入度最大的用户的 PageRank 数值也会随之变大,读者可结合相关内容与后面的 PageRank 数值进行验证比对。

如果仅输出图中所有顶点的最大出度、最大入度以及最大度数,可以使用下面的方法。示例代码与注释见代码清单 4:

代码清单 4　输出顶点的最大入度、最大出度和最大度数例子

```
//首先定义一个 reduce 函数用于计算最大度数
def max(a:(VertexId, Int), b:(VertexId, Int)):(VertexId, Int) = {
if(a._2 > b._2) a else b
}
//计算每种度数的最大值的顶点
```

```
val maxInDegrees：(VertexId，Int) = graph. inDegrees. reduce(max)
val maxOutDegrees：(VertexId，Int) = graph. outDegrees. reduce(max)
val maxDegrees：(VertexId，Int) = graph. degrees. reduce(max)

//输出结果
println("最大入度:" + maxInDegrees)
println("最大出度:" + maxOutDegrees)
println("最大度数:" + maxDegrees )
```

这个程序请读者自行完成，可以将所得结果和表 6-1 的结果进行对比验证。

四、算法介绍

1. 连通分支

算法实现：在 GraphX 中已经实现了 connectedComponent 方法，Graph 实际隐式调用了 GraphOps 的方法。本部分程序正是使用 connectedComponents（）方法获取图中同一个连通分支中的各个节点，并将各用户节点之间的连通结果赋给 ccByUserName 变量。示例代码与注释可见代码清单5。

代码清单5　Connected Component 例子

```
//调用 Graph Algorithm Connected Components 计算各节点连通分量值
//并将 Connected Components 的结果输送到文件中
val cc = graph. connectedComponents(). vertices
val ccByUsername = users. join(cc). map{
case (ID, (username, cc)) = > (username, cc)
}
cw. write(ccByUsername. collect(). mkString("\n"))
println("Connected Components OK!!!!!!!!!!")
```

部分输出结果如图 6-15 所示：

```
(4752401，91658) (7726112，91658) (3179782，91658)
(7089753，91658) (7381587，91658) (5870998，91658)
(4801197，91658) (3427284，91658) (4753761，91658)
(3607910，91658) (3621460，91658) (6046648，91658)
(7385264，91658) (8040836，91658) (8100692，91658)
(625679，91658) (4820654，91658) (6199744，91658)
(8113858，91658) (1581776，91658) (8242943，91658)
(5035357，91658) (1752966，91658) (5518854，91658)
(6614406，91658) (2747201，91658) (4540663，91658)
(2222146，91658) (4274847，91658) (3544221，91658)
```

图 6-15　名节点联通分量值

说明：每一行表示一个连通状态，一个括号表示两个用户之间连通，同属于一个连通分支。

2. 三角计数

在复杂网络分析中，网络中的三角（节点个数为 3 的完全图，如图 6-2（a）所示）是一项重要的研究内容，当一个顶点有两个相邻的顶点以及相邻顶点之间存在边时，此时三个顶点与其相连的三条边构成了一个三角形，这个顶点是该三角形的一部分。在本章前面介绍到的网络聚类方面的知识中，已涉及三角计数问题。另外，在社交网络中，通过对网络中的三角进行分析可以观察网络的同质性和传递性。网络的同质性表明社交网络中的用户往往会会选择与这两个用户自身相似的用户作为好友；网络的传递性则表明如果两个用户拥有相同的好友，那么这两个用户也可能是或者会成为好友。

三角在图数据挖掘中亦起着非常重要的作用，例如 Becchetti 等使用网络中的三角来进行垃圾邮件的检测，Eckmann 等应用三角来发现 Web 网站中隐藏的主题节点等。

GraphX 在 TriangleCount object 中实现了一个三角形计数算法，它计算通过每个顶点的三角形的数量。需要特别注意的是，在对社交网络数据集的三角形计数时，Triangle-Count 需要边的方向是规范的方向（从头节点到目标节点），并且图通过 Graph.partitionBy 分过片（读者可在前面的程序中找到）。

算法实现：本部分依据用户关注关系的边文件，并经过分片，将结果赋给 graphT 变量，随后隐式调用 GraphOps 的 TriangleCount 方法，计算各节点的三角数。示例代码与注释可见代码清单 6。

代码清单 6　Triangle Count 例子

```
//调用 Graph Algorithm Triangle Count 计算各节点的三角关系
//使用 GraphX.partitionBy 对图进行分片
val graphT = GraphLoader.edgeListFile(sc,
                "~\\Sparkdata\\Result\\Edges_Formal.txt",
                    true).partitionBy(PartitionStrategy.RandomVertexCut)
val triCounts = graphT.triangleCount().vertices
val triCountByUsername = users.join(triCounts).map{
    case (ID, (username, tc)) => (username, tc)
}
//将 Triangle Count 的结果输出到文件中
tw.write(triCountByUsername.collect().mkString("\n"))
println("Triangle Count OK!!!!!!!!!!")
```

部分结果输出如图 6-16 所示：

```
(4151938, 0) (7362936, 0) (4589672, 0)
(2600693, 0) (5083096, 0) (2147145, 0)
(2891561, 0) (7315332, 0) (8279356, 0)
(3718146, 0) (4460439, 0) (463673, 0)
(4936261, 0) (7886835, 0) (7080878, 0)
(7738831, 0) (6141215, 0) (6187049, 1)
(3082150, 0) (7594034, 0) (6638073, 0)
(8364929, 0) (5878242, 0) (343101, 0)
(5193112, 0) (7993374, 0) (6783882, 0)
(7874265, 0) (2803358, 0) (4361869, 0)
```

图 6-16　用户节点与其三角关系计数

说明：这里每一行表示用户的三角关系，其数值代表用户所在的三角关系的数目。

由于选取的用户和用户关系相较于原始数据过少，所以大部分用户的三角关系计数数值为 0。图 6-17 是排名前 10 的三角关系计数数值的用户，供读者参考。

```
(5919194, 21) (4349457, 21)
(8290347, 21) (5667480, 21)
(6442253, 21) (7125650, 21)
(7564847, 20) (8030344, 20)
(939588, 18) (7239684, 18)
```

图 6-17　排名前 10 的三角关系计数数值的用户

部分用户节点的图形化显示，见图 6-18。

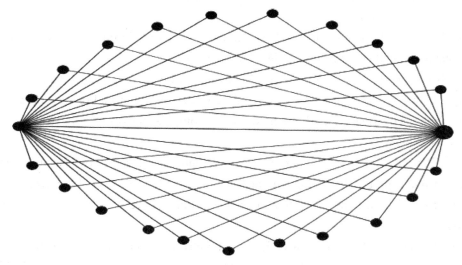

图 6-18　图中共有 21 个三角形

其中最右边的点代表 ID 为 4349457 的用户，最左边的点代表 ID 为 5919194 的用户。

习题

1. 除文中的例子外，你还知道哪些线下社交网络？
2. 列举其他在线社交网络。
3. 简述有向网络和无向网络的定义，并思考一个网络有没有可能既有有向边又有无向边？
4. 给出一个现实生活中有向网络和无向网络的例子；针对规模较小的有向网络和无向网络，试写出其邻接矩阵或邻接表。
5. 对于一个已知的网络，如何计算其度分布？
6. 给定一个度分布形式，如何生成一个具有该度分布形式的可视网络？
7. 试分别在原始坐标和对数坐标中画出幂律分布的图总结二者的特点，并指出你认为哪种方式更方便实用。
8. 试用其他语言编写网络各统计特征计算的程序段。

参考文献

［1］丁兆云，等. 社交网络影响力研究综述. 计算机科学，2014，41（1）：48-53.

［2］Barabási A，Albert R. Emergence of scaling in random networks. Science，1999，286：509-512.

［3］Bonacich P F. Power and centrality：A family of measures. American journal of sociology，1987，92（5）：1170.

［4］Brin S，Page L. The anatomy of a large-scale hypertextual web search engine. Computer networks，1998，30（1-7）：107-117.

［5］Canright G，Engϕ-Monsen K. Roles in networks. Science of computer programming，2004，53（2）：195.

［6］Fronczak A，Fronczak P. Biased random walks in complex networks：The role of local navigation rules. Physical review E，2009，80.

［7］Kleinberg J. Navigation in a small world，Nature，2000，406：845.

［8］Madras N，Slade G. The self-avoiding walk. Birkhauser，Boston，1993.

［9］Noh J D，Rieger H. Random walks on complex networks. Physical review letters，2004，92（11）.

［10］Pons P，Latapy M. Computing communities in large networks using random walks. Journal of graph algorithms and applications，2006，10（2）：191-218.

［11］Sabidussi G. The centrality index of a graph. Psychometrika，1966，31（4）：581-603.

［12］Sachan M，Hovy D，Hovy E. Solving electrical networks to incorporate supervision in random walks// Proceedings of the 22nd International Conference on World Wide Web，New York，USA，2013.

［13］Salvador E，Venegas A. Quantum walks：a comprehensive review. Quantum information processing，2012，11（5）：1015-1106.

［14］Travers J，Milgram S. An experimental study of the small world problem. Sociometry，1969，32：425-443.

［15］Zeinab A，Vahab S M. A recommender system based on local random walks and spectral methods. Lecture notes in computer science，2007，5439：139-153.

第7章 社区发现

7.1 概 述

　　网络根据功能性特点经常表现出"集团"的结构特征，如社交网络中的一群朋友或者万维网上相似主题的网站等，这种结构被称为网络的社区/模块结构。直观来看，网络社区应该是相互之间联系相对紧密的节点的集合，而关于网络社区的定量定义，至今并没有一个被广泛接受的统一的说法，但它确实是复杂系统层次结构的标志。目前，网络研究的重点除了网络的统计特征和动力学特征之外，也包括网络社区结构。对网络社区结构的研究目的是揭示看似错综复杂的网络是如何由相对独立又相互交错的社区组成的。对网络社区结构的研究对于理解网络的结构和功能特性具有深刻的理论和现实意义。比如相对独立的集团可能是功能相关的蛋白质组，或者是相互协作的工业社区、彼此关系密切的人群组，根据节点所处的社区便能够推断出其大体性质；另外，网络社区结构对网络的抗攻击性、鲁棒性和稳定性，对疾病的传播和防控，对网络化数据的知识发现和数据挖掘，以及对复杂系统的简化等均有重大意义。

　　社区/模块结构是各类复杂系统经过动态演化体现出来的共同特性，如图7-1所示，众多现实网络都呈现出社区结构的特性，如万维网、蛋白质网络、科学家合作网等。网络中的社区通常由功能相近或性质相似的网络节点组成，该结构刻画了网络中连边关系的局部聚集特性，也体现了网络中连边的分布不均匀性。社交网络中由于个体主观意识的作用更易呈现出社区结构，在社交网络研究领域关于社区结构的研究也已有多年，对社区的研究被认为有助于揭示社交网络结构和功能之间的关系，提取这些社区结构并研究其特性，有助于在社交网络动态演化的过程中理解和预测其自然出现的、关键的、具有因果关系的本质特性。

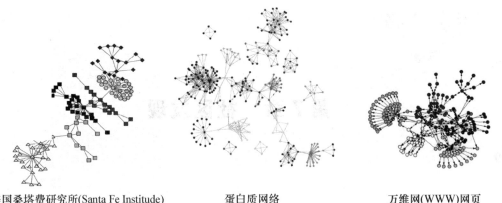

| 美国桑塔费研究所(Santa Fe Institute)科学家合作网 | 蛋白质网络 | 万维网(WWW)网页 |

图 7 - 1　现实网络中的社区结构（不同灰度代表不同的社区）

资料来源：互联网。

现实世界中的网络普遍具有社区结构，直观来说网络社区指的是内部联系紧密外部联系稀疏的节点子集，如图 7 - 2 所示。随着社区结构研究的深入，科研工作者又从不同的角度提出了社区的概念，本章将介绍以下几种较为常见的量化形式。

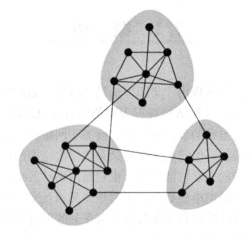

图 7 - 2　社区结构示意图

一、基于连接频数的定义

假设网络 G 的节点总数为 N，S 为 G 的一个子图，节点总数为 n，定义 $\delta_{in}(S)=\dfrac{S_{in}}{n(n-1)/2}$ 为子图 S 的内部连接率/频数，其中，S_{in} 表示子图 S 内部的实际边数，$n(n-1)/2$ 表示子图 S 中最多可能存在的边数；子图 S 的外部连接率/频数定义为 $\delta_{out}(S)=\dfrac{S_{out}}{n(n-1)/2}$，其中，$S_{out}$ 表示子图 S 的外部实际连接边数；进一步，整个网络的平均连接率/频数定义为 $\delta(G)=\dfrac{m}{N(N-1)/2}$，其中，$m$ 表示网络 G 中的实际连接边数，$N(N-1)/2$ 表示整个网络 G 中的最多可能存在的边数。对于网络 G 中的某一个子图 S，若满足 $\delta_{in}(S)>\delta(G)$ 且 $\delta_{out}(S)<\delta(G)$，则称子图 S 为该网络中的一个社区。

二、强社区和弱社区的定义

1. 强社区结构

对于网络 G 的某个子图 S，若满足 $k_i^{in} > k_i^{out}$，$\forall i \in S$（其中 k_i^{in} 表示节点 i 与子图 S 内部的节点的连接边数），k_i^{out} 表示节点 i 与子图 S 外部的节点的连接边数，则可认为子图 S 为网络 G 的一个强社区。

2. 弱社区结构

若子图 S 满足 $\sum_{i \in S} k_i^{in} > \sum_{i \in S} k_i^{out}$，则可认为 S 为该网络的一个弱社区结构。

3. 最弱社区结构

设 S_1，S_2，…，S_p 是网络 G 的所有社区，若对 $\forall i \in S_k$，$k_i^{in} \geqslant k_{i,S_j}$（$j \neq k$；$j = 1$，$2$，…，$p$），其中，$k_{i,S_j}$ 表示子图 S_k 中的节点 i 与子图 S_j 中节点之间的连接边数，则 S_k 称为 G 的一个最弱社区。

4. 改进的弱社区结构

若 $\forall i \in S_k$，$k_i^{in} \geqslant k_{i,S_j}(j \neq k$；$j = 1$，$2$，…，$p$），且 $\sum_{i \in S_k} k_i^{in} > \sum_{i \in S_k} k^{out}$，则称 S_k 为 G 的一个弱社区。

很明显，强社区一定是弱社区，而弱社区不一定是强社区，且弱社区的定义更为常用。

三、LS 集

LS 集是比强社区定义还要严格的一种定义，一个 LS 集是由节点构成的一个集合，它的任何真子集与该集合内部的连边都比与该集合外部的连边多。

四、派系

派系的定义基于社区的连通性，一个派系是由 3 个或 3 个以上节点组成的全连通子图，即任意两点间都有直接相连的边。由派系的定义产生了 n-派系的概念，这是对派系定义的弱化，n-派系指图中任意两个节点不必直接连接，最多可以通过 $n-1$ 个中介点连通。n-派系的定义允许社区的重叠，在实际复杂网络中，存在很多社区重叠的问题，这一问题是很有研究价值的。

7.2 社区发现方法

7.2.1 社区结构划分度量

上一节中所给社区结构的几种定义都无法直接应用于网络社区结构的探测中，无法使用算法求得社区结构的好坏。以上一节中"强""弱"社区的定义为例，由于网络社区结构的最初提出是基于一种直观视觉效果，因此这里关于"强社区"这种限制性很强的定义并没有得到普遍认可，而"弱社区"的定义虽与社区的直觉观念很接近，但并不能说不满足该条件的网络子集就不能被看作该网络的一个社区。因此，网络社区研究的一个关键前提是如何评判对网络的哪种划分才是其最佳的社区划分，从而更准确地反映网络天然具有的社区结构。综上，网络社区结构划分的定量评判标准的提出在网络社区结构的研究中具有重大推动意义。

一、模块性函数 Q

纽曼（Newman）于2006年最早提出的网络模块性（modularity）Q 的概念被公认为是网络社区结构划分的度量标准，公式为：

$$Q = \frac{1}{2m} \sum_{i,j} \left[A_{ij} - \frac{k_i k_j}{2m} \right] \delta(C_i, C_j) \tag{7-1}$$

式中，$(A_{ij})_{N \times N}$ 为网络的邻接矩阵；m 为网络的总边数；k_i 为节点 i 的度；δ 函数满足 $\delta(i, j) = \begin{cases} 1, & i=j \\ 0, & i \neq j \end{cases}$。有了模块性的概念，给定网络的一个社区划分即可以计算出与其对应的模块性 Q 的数值。我们考虑一类特殊的随机网络，其具有和网络 G 相同的度序列，但是网络中所有的边都是完全随机地安放在节点间的，则节点 i 和节点 j 之间的平均边数为 $\frac{k_i k_j}{2m}$，因此，式（7-1）说明模块性 Q 度量的是网络的实际连接与随机状况下连接的差别。Q 是社区内部与社区外部连接情况差别大小的一种度量，因此，使 Q 值更大的划分被认为是网络的更好的模块划分。

另外，对（7-1）式整理，可得

$$Q = \sum_v (e_{vv} - a_v^2) = Tre - || e^2 || \tag{7-2}$$

$|| \cdot ||$ 表示矩阵中所有元素之和，S_1，…，S_v，…，S_K 为划分所得的网络 G 的某个社区结构，$K \times K$ 阶的矩阵 (e_{vw}) 的元素 e_{vw} 表示网络中连接社区 v 和社区 w 中的节点的边在网络所有边中所占的比例。矩阵对角线上元素之和为 $Tre = \sum_v e_{vv}$，e_{vv} 表示连接社区 v 内部各节点的边在所有边的数目中所占比例。每行（或者列）中各元素之和为 $a_v = \sum_w e_{vw}$，表示与第 v 个社区中的节点相连的边在所有边中所占的比例。在一个网络中，如果不考虑节点属于哪个社区而在节点对之间完全随机地增加边，有 $e_{vw} = a_v a_w$，则完全随机情况下有 $e_{vv} = a_v^2$。因此，模块性指标体现的是实际情况与完全随机情况下的对比。该定义源于"随机网络不会具有明显的社区结构"的思想，通过比较实际覆盖度（覆盖度即社区内部连接数占总连接数的比例）与随机连接情况下覆盖度的差异来评估所划分出来的社区结构。

划分对应的 Q 值越大，说明划分效果越好，而 Q_{max} 对应网络的最佳社区结构。$0 < Q < 1$，一般以 $Q = 0.3$ 作为网络具有明显社区结构的下限。在实际的网络中，Q 的值通常在 0.3~0.7 之间，Q 的值越大，网络分裂的结果状态越好。Q 值大于 0.7 的概率很小，Q 值的上限是 1，Q 越接近于 1，越能说明网络具有较强的聚类性质，即具有明显的社区结构。模块度函数是评判社区结构划分优劣的标准，由其发展出的社区结构发现算法有贪婪算法、模拟退火算法、极值优化算法、禁忌搜索算法、数学规划算法等，但是，上面提到的随机网络被称为网络 G 的 null 模型。在纽曼给出的定义中，其采用的是完全随机图的形式，因此避免不了重边和自环的存在，而对现实网络的研究中绝大多数会采用简

单图的方式，因此，定义中将实际连接情况与完全随机情况进行的对比使模块性 Q 存在着本质局限性。另外，一些数值试验发现，由于其分辨率问题，在利用模块性的该种定义来探测网络社区结构时，如果网络中存在规模较大的社区，那些小的社区即使内部连接非常紧密也是无法被探测出来的。

基于模块性 Q 的本质局限性，科学家提出了一些度量网络模块结构的新的标准和方法，如网络适应度（network fitness）标准、模块密度 D、社区度 C 以及兰斯齐那提（Lancichinetti）和福图纳多（Fortunato）等人提出的 benchmark 模型等。

二、模块度密度 D

记 S_1，S_2，$\cdots$，S_K 为网络 G 的社区，K 为社区总数，V_i 为第 i 个社区 S_i 内部的节点，$|V_i|$ 为 S_i 内部的节点的数目，$\bar{V}_i$ 为第 i 个社区 S_i 外部的节点，$L(V_i，V_i)$ 表示 S_i 内部连边的数量，$L(V_i，\bar{V}_i)$ 表示社区 S_i 中的节点与社区外部节点连边的数量，则对应于网络 G 的该社区划分，相应的模块度密度 D 定义为：

$$D = \sum_{i=1}^{K} d(S_i) = \sum_{i=1}^{K} \frac{L(V_i，V_i) - L(V_i，\bar{V}_i)}{|V_i|} \tag{7-3}$$

模块密度 D 表示社区内部边与社区间的边之差与社区节点总数之比，D 越大社区划分效果越好；模块度密度这一衡量标准考虑到了社区总的节点数，克服了模块度 Q 无法探测小社区的缺陷。

三、社区度 C

科学家们结合社区簇内密度、簇间密度和平均密度，对模块度函数 Q 存在的缺陷进行改进，提出了社区度的概念。

对于网络 G 的社区划分 S_1，S_2，$\cdots$，S_K，记 N 为整个网络的节点总数，n_i 为第 i 个社区 S_i 中的节点数，C_i^{in} 为社区 S_i 内部连边的数量，C_i^{out} 为社区 S_i 中的节点与社区外部节点连边的数量。记 $\dfrac{C_i^{in}}{n_i\,(n_i-1)\,/2}$ 表示社区 S_i 的簇内密度，$\dfrac{C_i^{out}}{n_i\,(N-n_i)}$ 为社区 S_i 的簇间密度，则整个网络的社区度 C 可定义为 $C = \dfrac{1}{K} \sum_{i=1}^{K} \left[\dfrac{C_i^{in}}{n_i(n_i-1)/2} - \dfrac{C_i^{out}}{n_i(N-n_i)} \right]$。

四、网络 Fitness 函数

对于网络某社区结构中的一个社区 S，社区内部边的数目的两倍为社区内部度 k_S^{in}，社区内所有节点与社区外部节点连接的边数为社区外部度 k_S^{out}，则该社区的 Fitness 函数为 $f_S = \dfrac{k_S^{in}}{k_S^{in}+k_S^{out}}$，整个网络社区划分的 Fitness 函数为 $\bar{f} = \dfrac{1}{K} \sum_{i=1}^{K} f_{S_i}$。Fitness 函数采用较为直接的定义方式避开了模块度函数的弊端，且在网络社区探测的边聚类发现算法中的应用结果显示它是网络社区结构的有效度量标准。

7.2.2 社区发现算法

一、社区发现算法的评价

社区发现算法的评价除了需要上面提出的社区结构划分质量的度量标准之外，还需要网络测试集这个重要的因素，即构造有已知社区结构的网络，根据对算法所探测出的社区结构与已知社区结构的对比情况检验算法的优劣。构建有已知社区结构的网络从社区发现问题提出伊始就被作为重要的组成部分而研究。在吉尔文（Girvan）和纽曼提出社区结构时，就给出了一种人工构造的网络，该网络包含 128 个节点，被平均分成 4 个节点组，每个节点组内部的节点间的连边概率记为 p_{in}，不同节点组的节点间的连边概率记为 p_{out}，同时要求每个节点度的期望值是 16。当 p_{in} 大于 p_{out} 时，4 个节点组被视作网络的 4 个固有社区，通过调整 p_{in} 和 p_{out} 的值来控制社区结构的显著程度。图 7-3 给出了该测试集的一个示例网络。

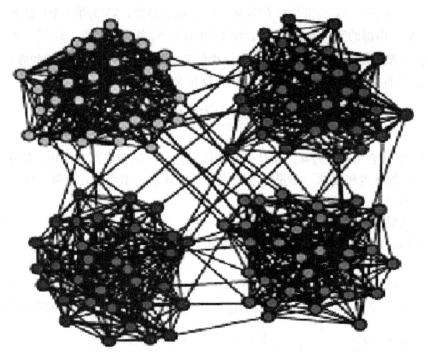

图 7-3　吉尔文和纽曼的测试集示例网络

资料来源：Girvan M，Newman M. Community structure in social and biological networks．Proceedings of the national academy of sciences，USA，2002，99：8271-8276.

吉尔文和纽曼提出的上述网络测试集对于早期社区结构的研究起到了推动作用，但是该测试集网络中所有节点必须具有相同度值，社团也都是相同规模，这与现实网络的特性是极不相符的。因此如何在测试集模型中将现实网络中节点度与社团规模的异质性纳入考虑是一个很重要的挑战。基于这样的需求，兰斯齐那提等人提出了一组新的测试集，该测试集的一个突出特点是节点度和社区大小都服从幂律分布，即满足现实世界网络中节点度和社区大小的异质性特点。该模型中设置了混淆参数 μ 用于控制社区结构的显著程度。图 7-4 给出了该测试集的一个示例网络。

另外，除了这些人工构造的网络，一些规模较小、社区结构已知的真实网络也常被用来测试社区发现算法，如扎卡里（Zachary）的空手道俱乐部网络（34 个节点，78 条边）、吕索（Lusseau）等人给出的海豚社会关系网络（62 个节点，159 条边）、美国大学生足球俱乐部网络（115 个节点，616 条边）等，可通过正确划分的节点的比例来考查划分算法的优劣。

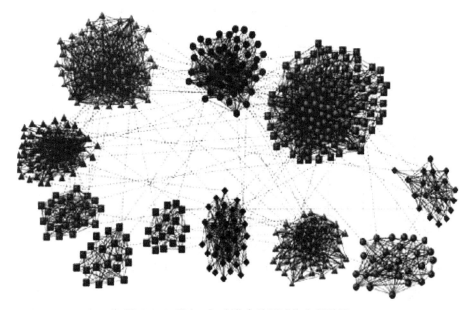

图 7 - 4 具有 500 个节点的测试集实现结果

资料来源：Girvan M，Newman M. Community structure in social and biological networks. Proceedings of the national academy of sciences，USA，2002，99：8271-8276.

二、社区发现算法

总的来说社区划分算法一般是基于各个节点之间连接的某种相似性或者强度，自然地把网络划分为各个子群，根据往网络中添加边或者从网络中移除边的标准，众多的社区划分算法可以分为两大类：凝聚算法（agglomerative method）和分裂算法（division method）。凝聚算法的基本思想是，最初每个节点各自成为一个社区，按照某种方法计算各个节点对之间的相似性，然后从相似性最高的节点对开始进行合并，合并在一起的若干节点便成为网络的一个社区，该种算法的一般流程可以用树状图或者世系图来表示。如图 7 - 5 所示，底部的圆代表网络中的各个节点，当水平虚线从树的底部逐步上升时，各个节点也就逐步凝聚成为更大的社区，虚线移至顶部，表示整个网络成为一个社区。该过程可以终止于任何一点，此时节点的聚合情况就认为是网络的若干社区。节点之间相似性的度量标准有很多，如可利用相关系数、路径长度或者一些矩阵的方法来设计适当的度量标准。与凝聚算法相反，分裂算法最初是将整个网络看成一个社区，同样是借助于节点对之间的某种相似性的度量，找到已连接的相似性最低的节点对，移除该节点对之间的连边，重复这个过程，逐渐把整个网络分成越来越小的各个部分，即为当时状态下的网络社区的集合。与凝聚算法类似，分裂算法同样可以借助树状图来表示算法的流程，只不过水平虚线的移动方向恰好相反。

社区划分优劣的评价指标是社区发现算法设计的前提，人们又根据具体研究目标、环境等的不同，设计出了众多的社区发现算法，直到现在社区划分算法仍然是社交网络研究中的一个重要研究方向，由于篇幅的限制本书只选择了两个分裂算法——GN 算法和边聚类探测算法加以详细介绍。

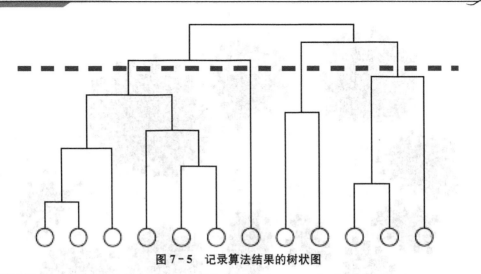

图 7 - 5 记录算法结果的树状图

资料来源：https://wenku.baidu.com/view/c27bbedd195f312b3169a576.html? from＝seavch.

1. GN 算法

GN 算法是一个经典的社区发现算法，它属于分裂的层次聚类算法，最初由吉尔文和纽曼提出。其基本思想如图 7 - 6 所示，是不断地删除网络中相对于所有源节点的具有最大边介数（edge betweenness）的边，然后，再重新计算网络中相对于所有源节点剩余的边的边介数，重复这个过程，直到网络中所有边都被删除。

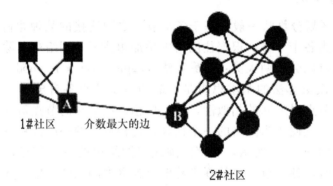

1#社区   介数最大的边

2#社区

图 7 - 6 GN 算法示意图

资料来源：百度文库。

边介数的定义方式可以有多种，最短路径边介数方法是一种最简单的边介数度量方法。在这种度量方法下，一条边相对于某个源节点 S 的边介数为，统计从该源节点出发通过该边的最短路径的数目，计算该条边相对于所有可能的源节点的边介数，并将得到的各个结果相加，所得的累加和即为该边相对于所有源节点的边介数。该种边介数的定义思想似乎很简单，对于一个给定的网络结构，如果从任何一个源节点出发，对该网络进行搜索，该源节点与其他节点之间都只存在一条最短路径，那么边介数的计算按照定义可以借助于最短路径树（如图 7 - 7（a）所示）来完成：

（1）找到这棵树的叶子节点，并为每条与叶子节点相连的边赋值 1。

（2）按照自下而上的方向为该树中的每条边赋值，从与源节点 S 距离最远的边开始，其值等于位于该边之下的所有邻边的值之和再加上 1。

（3）按照这种赋值方式，对该树中的所有边进行遍历，那么每条边的相对于某个源节点 S 的边介数就是该边的值，对于所有可能的源节点，都要重复上述过程。

（4）将每条边的相对于各个源节点的边介数相加，最终结果就是每条边的相对于各个源节点的边介数，即相对于所有节点对间的最短路径的边介数，如图 7-7（b）所示。

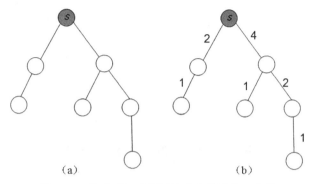

图 7-7   借助最短路径树的边介数计算示意图

资料来源：百度文库。

显而易见，这种简单网络中边介数的计算非常简单，但是在绝大多数的现实网络中，每个源节点与其他节点之间并不只存在一条最短路径，一些节点对之间存在若干条长度相等的最短路径，如图 7-8（a）所示，这时边介数的计算并不能像上述过程那么简单，而是要稍作改进。改进的思路是对于源节点 S，利用最短路径的数目对每一个其他节点 i 赋权值，该值为从源节点 S 出发到达节点 i 的最路径的数目，用 w_i 表示，再利用节点权重的比值反映边介数，具体如下：

（1）定义源节点 S 的距离为 $d_s=0$，并赋予一个权值为 $w_s=1$。

（2）对于每一个与源节点 S 相邻的节点 i，定义它到源节点的距离为 $d_i=d_s+1$，以及该节点的权值为 $w_i=w_s=1$。

（3）对于每一个与任意节点 i 相邻的节点 j，我们根据具体情况，选择采取以下三个步骤：如果节点 j 没有被指定距离，那么，指定其距离为 $d_j=d_i+1$，权值为 $w_j=w_i$；如果已经指定了节点 j 的距离，并且节点 j 的距离值为 $d_j=d_i+1$，那么就要在原来的基础上将节点 j 的权值再增加 w_i，使其权值为 $w_j \leftarrow w_j+w_i$，如图 7-8（b）中浅灰色数据；如果已经指定了节点 j 的距离，并且距离为 $d_j<d_i+1$，那么，直接执行步骤（4）。

（4）重复执行第（3）个步骤，直到网络中不存在满足以下条件的节点，即其本身已经被指定了距离，但是其邻居节点却没有被指定距离，则对于源节点 S，所有节点的权值赋值完毕，如图 7-8（b）所示。

（5）在图 7-8（b）的基础上，找到所有的叶子节点 f，该叶子节点 f 不被任何从源节点出发到达其他任何节点的最短路径所经过。

（6）假设叶子节点 f 与节点 i 相邻，那么就将权值 w_i/w_f 赋给从节点 f 到节点 i 的边。

（7）从距离源节点 S 最远的边开始，从下至上直到源节点 S，从节点 i 到节点 j 的边赋值为位于该边之下的所有邻边的权值之和再加上 1，然后，再将其和乘以 w_i/w_j，最后的结果就是该边的边介数，如图 7-8（c）所示。

（8）重复步骤（7），直到遍历图中的所有节点。

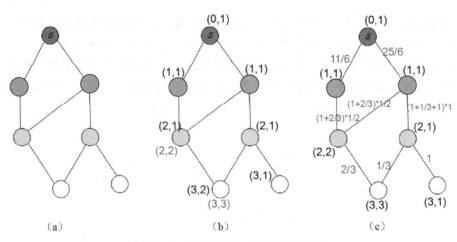

图7-8 一般网络边介数计算示意图

资料来源：百度文库。

综上，GN算法的流程如下：（1）计算网络中所有边的边介数；（2）找到边介数最高的边并将它从网络中移除；（3）重复步骤（1）（2），直到每个节点就是一个退化的社区为止。显而易见，一般网络应有的社区结构不可能是每个节点各自为一个社区，那么GN算法探测网络社区的结果应该是什么，这就要借助于7.2节中提到的社区结构划分的某个度量手段，可以是模块性Q，亦可以是网络Fitness函数，同样地，算法的探测结果都是选择相应度量标准最大的那一步。

GN算法是分裂算法，可以用树状图来表示算法过程。以模块性Q度量标准为例，图7-9给出了某个网络GN算法的树状图，当水平虚线沿着树状图逐步下移时，每移一步代表着一次去边操作之后所对应的划分情况下网络的Q值，找到局部峰值，即对应着的比较好的划分结果。水平虚线从顶端移到底端，最大峰值所对应的截取位置相应的划分情况即为GN算法所得到的该网络的最终社区结构。

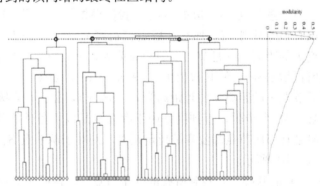

图7-9 采用模块性Q度量标准的GN算法树状图

资料来源：百度文库。

GN算法是较早的社区结构探测算法，虽然思想较为简单，准确度比较高，分析社区结构的效果比原有的一些算法好，但是计算速度慢，边介数计算的开销过大，时间复杂性高，只适合处理中小规模的网络（包含几百个节点的网络）。现在，对于因特网、万维网、电子邮件网络等网络的研究越来越多，而这些网络通常都包含几百万以上的节点。在这种情况下，传统的 GN 算法就不能满足要求了。基于这个原因，纽曼在 GN 算法的基础上提出了一种快速算法（Newman Fast Algorithm，以下简称 NF 算法），它实际上是基于贪婪算法思想的一种凝聚算法，可以用于分析节点数达 100 万个的复杂网络。

2. 边聚类探测算法

边聚类探测算法（the edge-clustering detection algorithm）与 GN 算法的思想较为相似，只不过 GN 算法根据边的介数进行划分，而边聚类探测算法是基于边的聚类系数进行划分。在 6.2 节有关社交网络的相关基本概念中，我们介绍了网络中关于节点的聚类系数的定义，与其相似，可以进一步定义边的聚类系数：边 (i, j) 的聚类系数一般可定义为 $C_{i,j}^{(3)} = \dfrac{z_{i,j}^{(3)}}{\min\left[(k_i-1),(k_j-1)\right]}$，其中，$z_{i,j}^{(3)}$ 表示网络中边 (i, j) 所在的三角形的实际数目，分母 $\min\left[(k_i-1),(k_j-1)\right]$ 则为在节点 i 和 j 的度分别为 k_i 和 k_j 的情况下，边 (i, j) 所在的三角形的最大数目。根据边聚类系数的定义，我们可以直观地发现，由于网络中的绝大多数三角形往往存在于社区内部，不同社区之间的稀疏连接会导致社区之间的边所在的三角形数目较小，因此社区之间的边通常存在一个共性，即具有较小的边聚类系数。网络社区结构的边聚类探测算法正是基于社区间的边的这一性质，通过移除具有较小聚类系数值的边来得到网络的社区结构。但是，边聚类系数的上述定义稍微有一些弊端，即在分子分母均等于 0 时无意义，为了改善该点不足，可将上述边聚类系数的定义稍作调整改进为 $C_{i,j}^{(3)} = \dfrac{z_{i,j}^{(3)}+1}{\min\left[(k_i-1),(k_j-1)\right]}$。

一般地，边聚类系数探测算法的流程如下：（1）计算网络中所有尚存的边的聚类系数值，并找到具有最小聚类系数值的边 (i, j)；（2）移除边 (i, j)，并相应地改变邻接矩阵 A（邻接矩阵中边 (i, j) 所对应的数值 1 改为数值 0）；（3）根据修改之后的邻接矩阵 A 搜索移除操作之后网络中的连通分支并暂时作为初始网络的各个社区；（4）对上述社区结构，利用初始网络的邻接矩阵 A。计算相应的模块性（或 Fitness）值并返回步骤（1）；（5）算法在网络中的边全部被移除时终止。每次移除操作之后需要记录的数据为相应的社区情况以及根据相应的社区结构计算所得的度量标准值（模块性或 Fitness）。与 GN 算法一样，整个算法的探测结果选择最大的度量标准值所对应的当时的社区（网络连通分支）结构作为算法所得的最终的探测结果。

在社区发现算法方面按照社区结构的特点还包括重叠社区发现和层次化社区发现以及局部社区发现等问题，亦有众多的发现算法，限于篇幅，本章就不再赘述。

7.3　社区发现相关的研究领域

7.3.1　社区演化

社区演化分析主要研究社区随时间变化的情况，并分析导致这些变化的机制和原因。

社区演化主要包括社区的形成、生长、缩减、合并、分裂以及消亡等。社区演化分析的开创性研究主要由霍普克罗夫特（Hopcroft）等人于 2004 年开始进行，他们分析了 NEC Cite Seer Data Base 提供的引文网络的不同时间的快照（snapshot），这些快照分布于 1990—2001 年，他们所采用的社区发现方法是凝聚式层次聚类。通过分析不同快照网络的社区结构，可以跟踪各个社区的演化情况，他们发现了新社区的出现通常对应新的研究方向出现等有趣的现象。之后，帕利亚（Palla）等人于 2007 年第一次系统地进行了社区演化分析的研究，使用的是移动电话网络在一年内的数据和凝聚态物质领域的科学家合作网络数据，并得到结论：小的社区较为稳定，大的社区则变化剧烈。

目前，关于社区演化分析的研究仍然处于初期阶段，主要原因有：（1）针对静态网络拓扑进行社区发现仍然是一个存在较大争议、尚未解决好的问题，吸引了社区结构研究的主要注意力；（2）缺乏或很少具有时间标签的数据用于支持社区演化分析的研究。不过，随着这一两年大数据研究的兴起，这方面研究的条件很快会成熟起来，关于社区演化的分析研究或许很快将会被再次提上日程。

7.3.2　社区与网络动力学

在复杂网络研究领域，研究社区结构的一个重要目的就是揭示网络结构和功能之间的关系，而作为连接网络结构和功能的重要纽带，网络动力学（此处主要指网络上发生的动力学行为）得到了很多学者的关注，那么，网络的社区结构和网络动力学之间又存在怎样的关联呢。

2006 年，阿雷纳斯（Arenas）等人指出，网络上的同步动态过程能够揭示网络的拓扑尺度，人们开始探讨社区结构与网络动力学之间的关系；随后，程学旗等分析了扩散动力学和网络社区机构的关系，指出扩散过程中的局部均衡态和社区结构的对应关系；朗比奥特（Lambiotte）等人研究了随机游走过程和社区结构的关系。罗斯瓦尔（Rosvall）和伯格斯特龙（Bergstrom）利用随机游走过程研究网络社区结构的存在对于随机游走轨迹的最短描述长度的影响，给出了映射方程（map of equation），通过最小化随机游走轨迹的期望单步编码长度来发现网络的社区结构；德尔文（Delvenne）等人通过研究随机游走过程（或马尔科夫过程）的自协方差，指出网络划分保持稳定性的时间长短可以揭示网络的社区结构。

7.4　实践案例——用边聚类探测算法发现社区

Python 中有社区探测的现成的程序包 networkx 和 matplotlib. pyplot；另外，以图 7-2 显示的简单网络为例，基于 modularity 度量标准的边聚类探测算法的 C 语言程序码会逐步给出（算法均为个人编写，只是用于辅助介绍算法设计思想，算法步骤可能有待简化、效率有待提高）。

基于 modularity 度量标准的 C 语言程序段包括以下内容：

一、边聚类系数算法代码

按照边聚类探测算法的思想，首先需要找到边聚类系数值（或称权重）最小的边，因此需要计算每条尚存的边的边聚类系数值。示例代码与注释可见代码清单1。

代码清单1 计算各条边的边聚类系数（权重）

```
//函数作用:计算各条边的边聚类系数(权重)
//输入:邻接矩阵 A，权重矩阵 E，节点的度 degree
void edge_3(vector<vector<int>>&A,vector<vector<double>>&E,vector<
int>&degree)
{inti,j,k;//循环变量
    int N = A.size();//网络的节点数目
    double temp;

    for(i = 0;i<N;i++)
      for(j = i+1;j<N;j++)
      {   if(A[i][j]! = 0)
        {   //temp 变量用来记录 i 和 j 节点度减一较小的一个
    temp = degree[i]<degree[j]? degree[i]-1.0:degree[j]-1.0;
        E[i][j] = 0.0;
        for(k = 0;k<N;k++)
        {E[i][j]+ = A[i][k]*A[k][j];//记录边(i,j)所在的三角形数
  }
        if(temp! = 0.0)
    E[i][j]/ = temp;//本处采用的是边聚类系数的原始定义
    else
    E[i][j] = 0.0;
    E[j][i] = E[\i][j];
        }
      }
}
```

二、搜索社区分组

在边聚类系数探测算法中，找到边聚类系数值最小的边并将之删除之后，搜索网络中的连通分支即可得到算法执行到该步骤时所对应的节点社区分组情况。示例代码与注释可见代码清单2。

代码清单2 搜索节点社区划分情况

```
//函数作用:搜索连通分支,得到节点社区划分情况
//记录节点所在社区标号,从 0 开始记
vector<int> communities( vector<vector<int>>& A)
```

```
{inti,j,k;
int N = A.size();//网络中所有节点,初始时所有节点均未被划分
vector<int> flag(N, -1);
vector<int> list(N, -1);
int c = 0;//连通分支数目
int n = 1;//已被划分的节点数目
list[0] = 0;//将 0 节点加入到查询队列中
flag[0] = c;
int f = 0,e = 0;//当前查询的队列中前后"游标"
while(e<N)
{if(f< = e)
  {  for(i = 0;i<N;i + +)//搜寻 f 节点的邻居
{if(A[list[f]][i] = = 1&&flag[i] = = -1)//邻居节点尚未被划分
{  flag[i] = c;//划分到社区 c 中
        list[ + +e] = i;
    }
    }
    f + + ;
}
else
  {  for(i = 0;i<N;i + +)//找一个未被划分的节点
        if(flag[i] = = -1)
    break;
    if(i! = N)
    {list[ + +e] = i;
        c + + ;
        flag[i] = c;//新开一个社区组
    }
    else
        break;
  }
}
return flag;
}
```

三、计算模块性 Q

对于上述算法搜索出的节点社区分组,计算相应的模块性度量标准值。示例代码与注释可见代码清单 3。

代码清单 3　计算模块性度量标准值

```
//函数作用:对给定的某个社区划分,计算相应的模块性度量标准
//输入:节点的社区划分结果 M,邻接矩阵 A,节点的度向量 degree
doublemodularityQ(vector<int>&M, vector<vector<int>>&realA,vector<int>&
degree)
{   int N = realA.size();
    double Q = 0.0;//模块性度量
    inti,j;//循环变量
    double m = 0.0;//网络中节点的总的度数
    for(i = 0;i<N;i + +)
        m + = degree[i];
    for(i = 0;i<N;i + +)
    for(j = 0;j<N;j + +)
        if(M[i] = =M[j])//节点在同一个社区中
        Q + = (double)realA[i][j] - ((double)degree[i] * degree[j])/m;
    Q/ = m;
    return Q;
}
```

四、修改边聚类系数

在边聚类系数探测算法中,每一步会删除网络中系数值最小的边,删除操作之后,网络中的连接情况发生改变,各尚存的边的聚类系数值随之发生改变,因此可以设计函数计算删除操作之后的边聚类系数值,为算法下一步操作做准备。示例代码与注释可见代码清单 4。

代码清单 4　修改权重

```
//函数作用:修改各条边的边聚类系数(权重)
//输入:邻接矩阵 A,权重矩阵 E,节点的度 degree,被删去的边 i0,j0
int
modify_edge_3(vector<vector<int>>&A,vector<vector<double>>&E,vector<
int>&degree,int i0,int j0)
{inti,j,k;int N = A.size();int flag = 0;//i,j,k 循环变量;N 网络节点数目
    for(i = 0;i<N;i + +)
    {if(i! = i0&&i! = j0)
        {   switch(A[i][i0] + A[i][j0])
            {   case 1:
                if(A[i][i0] = = 1)
                    {   if(degree[i0]<degree[i])
```

```
                { if(degree[i0]>2.0)
    E[i0][i] * = (degree[i0]-1.0)/(degree[i0]-2.0);
                else
                E[i0][i] = 0.0;
                E[i][i0] = E[i0][i];
            }
        }
        else
          {if(degree[j0]<degree[i])
            { if(degree[j0]>2.0)
    E[j0][i] * = (degree[j0]-1.0)/(degree[j0]-2.0);
                else
                E[j0][i] = 0.0;
                E[i][j0] = E[j0][i];
                }
          }break;
        case 2：
        if(degree[i0]<degree[i])
{    if(degree[i0]>2.0)
E[i0][i] = (E[i0][i] * (degree[i0v]-1.0)-1.0)/(degree[i0]-2.0);
            else
            E[i0][i] = 0.0;
        E[i][i0] = E[i0][i];
        }
        else
{   E[i0][i] = E[i0][i]-1.0/degree[i];
        E[i][i0] = E[i0][i];
        }
        if(degree[j0]<degree[i])
{  if(degree[j0]>2.0)
E[j0][i] = (E[j0][i] * (degree[j0]-1.0)-1.0)/(degree[j0]-2.0);
        else
          E[j0][i] = 0.0;
          E[i][j0] = E[j0][i];
        }
        else
{   E[j0][i] = E[j0][i]-1.0/degree[i];
        E[i][j0] = E[j0][i];
```

```
        }
        flag = 1;
        break;
    }
    }
}
return flag;
}
```

五、最大模块性度量值及相应的社区划分结果

这是一个较综合的函数,要调用前面四个函数,本函数的作用是记录在删边过程中最大的模块性度量标准值以及此时的节点社区分组情况,此算法输出就是算法最终要得到的结果。示例代码与注释可见代码清单5。

代码清单5 模块性及社区划分向量

```
//输入:当前情况下网络的联通情况 A
//输出:返回 N+1 维行向量 CC,前 N 维记录最大模块性值对应的
//模块划分状况,最后第 N+1 维记录对应的最大模块性值
vector<double>modularityvector(vector<vector<int>>&A)
{   int N = A.size();//网络的节点数目
    vector<double> CC(N+1,0);
    vector<int> degree(N,0);//保存原始图的每个节点的度
    vector<int>A_degree(N,0); //节点度向量的一个副本
    inttotal_edge = 0;//总边数
    double MM = 1000000.0;//充分大的数
    vector<double> temp(N,MM);
    vector<vector<double>> E(N,temp);//保存每条边的权重

    inti,j,k,l;//循环变量
    int i0,j0;
    doublemax_e;
    int flag = 0;//是否存在三角形
    double m = - MM;//记录最大模块性值
    double m2;
    vector<int> c0(N,0);
    vector<vector<int>> c(2,c0);//记录节点社区分组结果
    //由于要去边,所以去边操作是在 A 的一个副本 local_A 上进行
    vector<vector<int>>local_A(A);
    for(i = 0;i<N;i + +)//计算各个节点的度数
```

```
{    for(j = 0;j<N;j + +)
            degree[i] + = A[i][j];
    A_degree[i] = degree[i];
    }
    for(i = 0;i<N;i + +)//计算总边数
        total_edge + = degree[i];
    total_edge/ = 2;
    edge_3(local_A,E,degree);//计算各边的权重
    for(l = total_edge;l>0;l - -)
{   if(flag = = 0&&l % 2 = = 0)//获得当前的节点社区分组情况
    {   c[1] = c[0];
        c[0] = communities(local_A);
    }
    else
        if(flag = = 0)
        {c[0] = c[1];
        c[1] = communities(local_A);
    }
if(flag = = 0)
      if(equal_v(c[0],c[1]) = = 0)
      {   if(l % 2 = = 0)
        {//计算相应分组结果的模块性度量标准值
          m2 = modularityQ(c[0], A,A_degree);
          if(m< = m2)//寻找最大模块性度量标准值
          {m = m2;
            for(i = 0;i<N;i + +)
              CC[i] = (double)c[0][i];//记录最大度量标准值对应的社区划分结果
              CC[N] = m;//记录最大度量标准值
      }
    }
  }
else
    {   //计算相应分组结果的模块性度量标准值
        m2 = modularityQ(c[1], A,A_degree);
        if(m< = m2)//寻找最大模块性度量标准值
          {m = m2;
            for(i = 0;i<N;i + +)
              CC[i] = (double)c[1][i];//记录最大度量标准值对应的社区划分结果
            CC[N] = m;//记录最大度量标准值
```

```
        }
            }
        }
    //找到权重最小的那条边
    i0 = 0;j0 = 0;
    max_e = MM;
    for (i = 0;i<N;i + +)
    {   for (j = i + 1;j<N;j + +)
        {   if (E[i][j]> = 0.0)
                if (E[i][j]< = max_e)
                {   max_e = E[i][j];
                    i0 = i;
                    j0 = j;
                }
        }
        if(max_e = = 0.0)
        break;
    }
    //删去(i0,j0)这条边
    local_A[i0][j0] = local_A[j0][i0] = 0;

    //修改边权重矩阵
    E[i0][j0] = E[j0][i0] = MM;
    flag = modify_edge_3(local_A,E,degree,i0, j0);


    //修改节点 i0 和 j0 的度数
    degree[i0] - -;
    degree[j0] - -;
    }
    return CC;
}
```

六、主程序

```
#include <stdio.h>
#include <stdlib.h>

#include <vector>
#include <math.h>
```

```cpp
#include <time.h>
#include <iostream>
#include <unistd.h>
#include <fstream>
using namespace std;

#ifdef MPI_CH
#include "mpi.h"
#endif
#define pi 3.1415926535//程序参数
#define average_degree 4//平均度

//子函数列表
void edge_3(vector<vector<int>>&A,vector<vector<double>>&E,vector<int>& degree);
vector<int> communities( vector<vector<int>>& A);
doublemodularityQ( vector<int>&M, vector<vector<int>>&realA ,vector<int>& degree);
int modify_edge_3(vector<vector<int>>&A,vector<vector<double>>&E,vector<int>&degree,int i0,int j0);
vector<double>modularityvector(vector<vector<int>>& A);

int main()
{
    //以图7-2显示的简单网络为例进行边聚类探测算法
    //此处邻接矩阵采用直接输入的方式,若网络规模较大,邻接矩阵输入可采用数据文件的形式,详查c++设计语言相关知识
    vector<vector<int>> matrix =
    {
        {0, 1, 0, 0, 0, 0, 1, 0, 0, 0, 0, 0, 0, 0, 0, 0, 0, 0, 0, 0},
        {1, 0, 1, 1, 0, 1, 1, 0, 0, 0, 0, 0, 0, 0, 0, 0, 0, 0, 0, 0},
        {0, 1, 0, 0, 1, 0, 1, 1, 0, 0, 0, 0, 0, 0, 0, 0, 0, 0, 0, 0},
        {0, 1, 0, 0, 1, 0, 1, 0, 0, 0, 0, 0, 0, 0, 0, 0, 0, 0, 0, 0},
        {0, 0, 1, 1, 0, 1, 1, 0, 0, 0, 0, 0, 0, 1, 0, 0, 0, 0, 0, 0},
        {0, 1, 0, 0, 1, 0, 1, 0, 0, 0, 0, 0, 0, 0, 0, 0, 0, 0; 0, 0},
        {1, 1, 1, 1, 1, 1, 0, 0, 0, 0, 0, 0, 0, 0, 0, 0, 0, 0, 1, 0},
        {0, 0, 1, 0, 0, 0, 0, 0, 1, 1, 1, 0, 0, 0, 0, 0, 0, 0, 0, 0},
        {0, 0, 0, 0, 0, 0, 0, 1, 0, 1, 1, 1, 0, 0, 0, 0, 0, 0, 0, 0},
        {0, 0, 0, 0, 0, 0, 0, 1, 1, 0, 1, 0, 0, 0, 0, 0, 0, 0, 0, 0},
        {0, 0, 0, 0, 0, 0, 0, 1, 1, 1, 0, 1, 1, 0, 0, 0, 0, 0, 0, 0},
```

```
      {0, 0, 0, 0, 0, 0, 0, 0, 1, 0, 1, 0, 0, 0, 1, 0, 0, 0, 0, 0},
      {0, 0, 0, 0, 0, 0, 0, 0, 0, 0, 1, 0, 0, 1, 1, 0, 0, 0, 1, 1},
      {0, 0, 0, 1, 0, 0, 0, 0, 0, 0, 0, 1, 0, 0, 0, 0, 0, 0, 1, 1},
      {0, 0, 0, 0, 0, 0, 0, 0, 0, 0, 1, 1, 0, 0, 1, 0, 1, 0, 0},
      {0, 0, 0, 0, 0, 0, 0, 0, 0, 0, 0, 0, 1, 0, 1, 0, 0, 0, 1},
      {0, 0, 0, 0, 0, 0, 0, 0, 0, 0, 0, 0, 0, 0, 1, 0, 1, 1, 1},
      {0, 0, 0, 0, 0, 0, 0, 0, 0, 0, 0, 0, 0, 0, 1, 0, 0, 0, 1},
      {0, 0, 0, 0, 0, 0, 1, 0, 0, 0, 0, 0, 1, 1, 0, 0, 1, 0, 0, 1},
      {0, 0, 0, 0, 0, 0, 0, 0, 0, 0, 0, 1, 1, 0, 1, 1, 1, 1, 0}
  };
  vector<double> result = modularityvector(matrix);//算法执行
  for(int i = 0; i <result.size(); ++i)//将结果输出到结果文件 result 中
  cout<< result[i] << " ";
}
```

算法输出结果如图 7-10 所示，可以看出，算法将整个网络划分为三个社区，前 7 个节点构成社区 0，中间 5 个节点构成社区 1，后 8 个节点构成社区 2，最后第 $N+1$ 维记录对应的最大模块性值为 0.527 365。

```
0 0 0 0 0 0 0 1 1 1 1 1 2 2 2 2 2 2 2 2 0.527365
Process returned 0<00>    execution time : 1.997  s
Press any key to continue.
```

图 7-10 输出结果

需要特别说明的是，采用不同程序或是不同软件，即使对于同样一个网络，实验结果也可能不尽相同。如利用基于 Fitness 度量标准的 R 语言程序段（读者可在 R 语言自带程序包的基础上稍微改造，即可得到相应程序段）对上述试验网络进行社区探测，发现网络在被分成两类或者三类时的 Fitness 值较大，一个为 0.95 左右，一个为 0.92 左右，相差不多，分成两类时 Fitness 值更大。按照 Fitness 度量标准的思想，应该选择分成两类的结果作为算法探测出的最终的社区结构，但是一般在度量标准值相差无几的情况下，选择哪个结果作为网络的社区结构还要结合网络的实际情况。本例中网络规模较小且网络本身所具有的社区结构较为明显，故应选择分为三类的作为算法探测的最终社区结构，即 1～7 号节点为第一个社区，8～12 号节点组成第二个社区，13～20 号节点为第三个社区。本例的目的除了给出边聚类探测算法的 R 语言程序码之外，更重要的是强调选取算法的结果不应只局限于理论本身，还应该结合网络的实际情况选择更适合于网络本身的结果。

习题

1. 试举例说明你所知道的模块/社区结构研究在其他领域（除社交网络研究领域）的

重要性。

2. 根据本章第 7.2 节社区量化标准中"基于连接频数的定义"详细说明图 7-2 应该划为几个社区。

3. 试给出式（7-1）到式（7-2）的推导过程。

4. 对于图 7-2，计算其模块度函数 Q、模块度密度 D、社区度 C 以及 Fitness 标准值，并进行对比。

5. 阐述凝聚算法和分裂算法的区别和联系，并给出你所知道的社区划分算法还有哪些。

6. 给出某种编程语言环境下 GN 算法的程序段，并与文中 GN 算法的思想流程作对比，说明哪一部分程序是用来解决流程中的哪一步的。

7. 对于同一个网络，采用不同社区探测算法探测出的社区结构是否相同，试阐述为什么。

8. 找到本章中提到的足球俱乐部的网络数据，探测并分析其社区结构。

9. 试举例说明社区探测在社区演化研究中的作用。

10. 试给出本章例子的其他编程语言形式。

参考文献

［1］汪小帆，等. 复杂网络理论与其应用. 北京：清华大学出版社，2006.

［2］张光卫，等. 复杂网络集团特征研究综述. 计算机科学，2006，33：1-4.

［3］Arenas A，Diaz-Guilera A，Perez-Vicente C J. Synchronization reveals topological scales in complex networks. Physical review letters，2006，96（11）.

［4］Cafieri S，Hansen P，Liberti L. Loops and multiple edges in modularity maximization of networks. Physical review E，2010，81.

［5］Cheng X Q，Shen H W. Uncovering the community structure associated with the diffusion dynamics on networks. Journal of statistical mechanics theory and experiment，2010（4）：147-167.

［6］Clauset A，Newman M E J，Moore C. Finding community structure in very large networks. Physical review E，2004，70.

［7］Deyi L，Guisheng C，Baohua C. Complex networks and networked data mining. Lecture notes in computer science，2005，3584：10-12.

［8］Din L，Deyi L，Jin L，et al. Classifying class and finding community in UML metamodel network. Lecture notes in artificial intelligence，2005，3584：690-695.

［9］Freeman L C. A set of measures of centrality based on betweenness. sociometry，1977，40（1）：35-41.

［10］Girvan M，Newman M E J. Community structure in social and biological networks. Proceedings of the National Academy of Sciences，USA，2002，99：8271-8276.

［11］Hopcroft J，Khan O，Kulis B，et al. Tracking evolving communities in large linked networks//Proceedings of the National Academy of Sciences，USA，2004，101：5249-5253.

［12］Katsaros D，Manolopoulos Y. Edgebetweenness centrality：a novel algorithm for qoS—based topology control over wireless sensor networks. Journal of network and computer applications，2012，35（4）：1210-1217.

［13］ Lambiotte R，Delvenne J C，Barahona M. Laplacian dynamics and multiscale modular structure in networks. Physics，2008.

［14］ Lancichinetti A，Fortunato S. Benchmarks for testing community detection algorithms on directed and weighted graphs with overlapping communities . Physical review E，2009，80（1）.

［15］ Lancichinetti A，Fortunato S，Kertész J. Detecting the overlapping and hierarchical community structure in complex networks. New journal of physics，2009，11.

［16］ Lancichinetti A，Fortunato S，Radicchi F. Benchmark graphs for testing community detection algorithms. Physical review E，2008，78.

［17］ Li Z P，Zhang S H，Wang R S，et al. Quantitative function for community detection. Physical review E，2008，77.

［18］ Lusseau D，Schneider K，Boisseau O J，et al. The bottlenose dolphin community of doubtful sound features a large proportion of long lasting associations. Behavioral ecology and sociobiology，2003，54（4）：396-405.

［19］ Newman M E J. Fast algorithm for detecting community structure in networks. Physical review E，2004，69（6）.

［20］ Newman M E J. Modularity and community structure in networks//Proceedings of the National Academy of Sciences of the United States of America，2006，103：8577-8582.

［21］ Onnela J P，Chakraborti A，Kaski K，et al. Dynamics of market correlations：taxonomy and portfolio analysis. Physical review E，2003，68.

［22］ Palla G，Barabasi A L，Vicsek T. Quantifying the social group evolution. Nature，2007，446（7136）：664-667.

［23］ Ravasz E，Somera A L，Mongru D A，et al. Hierarchical organization of modularity in metabolic networks. Science，2002，297：1551-1555.

［24］ Rosvall M，Bergstrom C T. Maps of random walks on complex networks reveal community structure . //Proceedings of the National Academy of Sciences，USA，2008，105（4）：1118-1123.

［25］ Scott J. Social network analysis：a handbook. 2nd ed. London：Sage Publication，2002.

［26］ Watts D J，Dodds P S，Newman M E J. Identity and searching social networks. Science，2002，296：1302-1305.

［27］ Spirin V，Mirny L A. Protein complexes and functional modules in molecular networks. //Proceedings of the National Academy of Sciences USA，100：12123-12128，2003.

［28］ Zachary W W. An information flow model for conflict and fission in small groups . Journal of anthropological research，1977，33：452-473.

第8章 个体社会影响力分析

8.1 概　述

随着互联网技术的发展，社交网站和各类社交软件快速涌现。近两年来，在"打拐"、贫困地区学童"免费午餐"等事件中，意见领袖起到了重要的参与和引导作用，同时在拆迁、上访、事故灾难等突发事件上，意见领袖在事件产生、发酵、传播、爆炒等环节也占据了重要地位。2010 年 9 月江西抚州拆迁自焚事件中，《凤凰周刊》记者邓飞因以社交网络报道事件进展，引发大量粉丝的关注和转发，对事件的传播起着重要作用；2011 年 3 月，日本因地震引发核泄漏事故后，我国东南沿海开始流传吃碘盐可防辐射、核泄漏污染了海盐等传闻，社交网络中一位拥有 210 万名粉丝的台湾艺人，号召大家"多摄入含有碘的食物"，这条信息转发达到 18 703 次，对抢盐现象起到了推波助澜的作用；2011 年"7·23 动车追尾"事件中，因意见领袖姚晨的参与发帖，导致该信息的转发量达 37 907 条、评论量达 13 101 条。社交网络的意见领袖在虚拟社区、网络群体、信息传播中发挥着巨大作用，能够快速扩散信息、放大舆论。因此挖掘社交网络中的意见领袖、分析社交网络中用户之间的影响强度、研究每个用户的影响力扩散能力，从而依靠意见领袖的力量积极引导社会舆论，提高新形势下舆情信息的分析能力，及时准确地掌握社会的舆情动态，是社交网络研究领域的一个重大课题。

另外，在复杂网络动力学的研究中，人们发现不同节点往往扮演着不同的角色，对网络功能的实现发挥着或大或小的作用，"节点中心度"概念的提出即是为了量化评价节点的这种作用，以分析出在网络功能实现中具有至关重要地位的中心节点。而为达到一击致命的效果在对网络进行目的攻击时这些中心节点往往是首要目标，因此，节点中心度与网络的鲁棒性密切相关。从个体社会影响力和节点中心度两个概念产生的本质来看，二者欲度量的实为同样的内容，因此在个体影响力度量方法的研究中，最早采用的是节点中心度的几个常见度量方法。

8.2　个体社会影响力及影响强度度量

8.2.1　个体社会影响力度量方法

假设社交网络由一个图 $G=\{V, E\}$ 表示，其中，V 表示网络节点的集合，E 是网络中所有边的集合，常见的个体影响力度量方法一般指的是采用某种定量的方法对每个节点处于网络中心地位的程度进行度量，描述整个网络是否存在核心，以及存在什么样的核心。

一、基于节点度的个体影响力度量

在对无向网络个体影响力的众多刻画中，大部分主要是基于节点度的概念以及节点间路径数的概念。其中，最简单的定义是节点的度中心度 DC（degree centrality），定义为 $C_D(i) = \dfrac{k_i}{N-1}$，其中 k_i 表示节点 i 的度，N 表示网络节点的总数，可见 $N-1$ 是归一化的因子。现实中有很多度越大的节点发挥的作用越大的实例，最常见的就是疾病传播类网络，当度较大的节点被感染之后，疾病往往会迅速地大规模爆发，对整个网络产生巨大的冲击。因此，节点的度中心度衡量的是节点促进网络传播所发挥的直接作用，或者说考察的是个体的直接社会关系。而在有向网络中，节点的出度可以理解为一个节点对他人的影响程度，或该节点的活跃度；而节点的入度标志着该节点的受欢迎度。在国内，乔少杰等人在电子邮件数据中利用用户个性特征的正态分布模型模拟真实的邮件通信行为，发现犯罪网络的核心成员；在国外，纳西门托（Nascimento）等人在学术合作网络中将论文数量和引用数量作为衡量一个作者影响力的重要标志，卡（Cha）等人为了度量推特中个体的影响力，分别计算了关注网络、转发网络、提及网络的节点度中心度，帕尔（Pal）等人同样分析的是推特数据集，但是考虑的是个体的发帖数、回复数、被转发数、被提及数以及粉丝数量，并分别计算了个体的转发影响力、被提及影响力和扩散影响力等。

度中心度考虑节点产生的直接或短程影响，即考察个体的直接社会关系，可以比较直观地衡量一个节点的影响力，计算开销相对较小。但面对大规模的微博网络时，它会忽略部分影响力个体。节点的另一类中心度定义——节点的特征向量中心度 EC（eigenvector centrality），是对度中心度定义的改进，它不只考虑了节点产生的直接影响，也加入了其邻居节点对网络传播产生的影响：记节点 i 的特征向量中心度为 e_i，并令 $e_i = \dfrac{1}{\lambda} \sum_{j \in nn(i)} e_j$，其中，$\lambda$ 为一个常数，$nn(i)$ 为节点 i 的邻居节点的集合。若 A 表示网络的邻接矩阵，由 e_i 的定义易知 $Ae=\lambda e$，则由节点的特征向量中心度构成的向量 e 实际上是网络的邻接矩阵 A 关于特征值 λ 的特征向量，这也是其被称为"特征向量中心度"的原因。

节点的特征向量中心度是度中心度的扩展，同样反映节点推动网络中的传播过程所起到的作用。度中心度的另外一个扩展定义是节点的子图中心度 SC（subgraph centrality）。

除了节点自身及其邻居节点对网络传播的影响之外，节点的子图中心度还将节点所在的所有子图中的其他节点对网络传播的影响融入对该节点中心度的度量中。因此，这种中心度的度量方法考察的是节点的长程社会影响。

另外，2010 年，Kitsak 等人研究了 K-核分解在判断节点传播能力中的应用，提出了个体影响力度量的 K-壳度量方法。K-核是网络中所有度值不小于 K 的节点组成的连通片，属于 K-核但不属于 $(K+1)$-核的所有节点就是 K-壳（K-shell）中的节点。首先将网络中度为 1 的节点（及其所带的边）摘除，直到网络中所有节点的度均大于 1，被摘除的节点即为 1-壳中的节点，而剩余的节点为 2-核中的节点；接着将度为 2 的节点（及其所带的边）摘除，同样直至网络中剩余节点的度均大于 2，被摘除的节点构成 2-壳，而剩余的节点为 3-核中的节点；以此类推（如图 8-1 所示）。显然，K_S-壳中所包含的节点的度值必然满足 $k \geqslant K_S$，而网络中的所有节点都有唯一的 K-壳指标 K_S，用来描述节点在传播过程中的重要性。用 K_S 来衡量网络中节点对传播的影响力程度，是目前为止被广泛认可的一种度量方法。

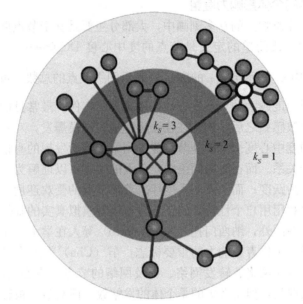

图 8-1 *K*-壳示意图

资料来源：Carmi S, Havlin S, Kirkpatrick S, Shavitt Y, Shir E. A model of Internet topology using k-shell decomposition. Proc. Natl Acad. Sci, 2007（104）：11150-11154.

二、基于路径数的个体影响力度量

在基于路径数的节点中心度度量方法中，最常用的是节点的中介中心度 BC（betweenness centrality）。在网络传播动力学的研究中，很多情况下人们认为信息、物质或者能量是沿着节点间最短路径传播的。据此观点，那些在传输中负载最重的节点才应该是网络的中心节点，而实验证明，这些负载最重的节点并不一定是网络中度最大的节点。因此，节点中介中心度的提出对于衡量节点对网络传播的重要程度、度量个体在社交网络中的影响力是十分必要的。节点 i 的中介中心度定义为 $C_B(i) = \dfrac{2}{(N-1)(N-2)} \sum\limits_{\substack{j < k \\ j, k \neq i}} \dfrac{g_{jk}(i)}{g_{jk}}$，其

中，g_{jk} 表示节点 j 和节点 k 之间最短路径的条数，而 $g_{jk}(i)$ 表示节点 j 和节点 k 之间经过节点 i 的最短路径的条数，$\dfrac{2}{(N-1)(N-2)}$ 为归一化系数。显而易见，节点中介中心度的度量主要依赖于通过该节点的最短路径的数目，其反映的是节点对网络节点间信息交流的潜在控制能力，可以用来分析节点对信息传播的影响，即个体在多大程度上处于其他个体的中间，是否发挥出"中介"作用。

另一个基于路径数的较为常用的节点中心度度量的是节点的亲密中心度 CC (closeness centrality)，节点 i 的亲密中心度定义为 $C_c(i) = \dfrac{N-1}{\sum\limits_{j=1}^{N} d(i,j)}$ ，其中 N 为网络中的节点总数，$\dfrac{1}{N-1}$ 在公式中起到的是归一化因子的作用，是归一化因子；$d(i,j)$ 表示节点 i 与节点 j 在网络中的距离，而一般情况下，网络中节点间的距离往往是通过节点间的最短路径长度来表征的。由定义式可知，节点与其他节点的距离越近，节点的中心度越高，这也是其被命名为亲密中心度的原因。与中介中心度恰好相反，节点的亲密中心度反映的是节点逃离其他节点潜在控制的能力，可以用来分析个体通过社交网络对其他个体的间接影响力。

三、基于网络社区结构的个体影响力度量

在在线社会关系网络的社区结构下，如果某人的朋友分属的社区的种类多，说明该人活跃在多种人群之中，则其能够获得的消息种类相对较多，能够受其传播消息影响的人员构成较为复杂，其对整个社交网络信息传播的影响也会较为明显；另外，根据"三度影响力"的理论（我们所做或所说的任何事情，都会在网络上泛起涟漪，影响我们的朋友（一度），我们的朋友的朋友（二度），甚至我们朋友的朋友的朋友（三度））来预测，朋友数量多但是社区组成单一的人，对其他距离较远的社区中的人的影响有限。基于以上考虑，国内有学者提出了基于网络社区结构的个体影响力度量技术，基本思想是用与某个节点直接相连的社区的数目（称为该节点的 V_c 值）来衡量该节点的传播能力。以图 8-2 中的网络为例，该网络可以分为 4 个社区，分别为 $G_A = \{n_1, n_2, n_{21}\}$，$G_B = \{n_3, n_4, n_5, n_6\}$，$G_C = \{n_{15}, n_{16}, n_{17}, n_{18}, n_{19}, n_{20}\}$，$G_D = \{n_7, n_8, n_9, n_{10}, n_{11}, n_{12}, n_{13}, n_{14}\}$。网络中度最大的节点为 n_{16}，由于该节点直接与两个社区相连，因此其 V-community 值 $V_c(16) = 2$；V-community 值最大的节点为 n_2，由于该节点除了自身隶属的社区外，还与其他 3 个社区直接相连，因此 $V_c(2) = 4$；此外，中介中心度最大的节点也是 n_2；K_s 最大的节点为 n_4，n_5 和 n_6，对应的 V-community 值均为 1。显然，在比较网络中节点的重要性时，通过不同的度量方法得到的排序结果可能并不一致，而每种指标在涉及网络的结构时，都是从某个角度对于网络的某一方面的结构特点进行刻画。

以上介绍的对节点中心度的度量都是基于网络拓扑特征给出的定义，后来，随着人们对节点中心度越来越深刻的认知以及对网络动力学日趋深入的研究，一些融合网络拓扑及动力学特征的中心度定义方法渐渐提出，如借助于通过节点的信息、物质或者能量流量来评估节点的重要程度的能量中心度（power centrality）、借助网络随机游走过程来定义节点的随机游走中心度（random-walk centrality），以及节点的信息中心度（information centrality）等。

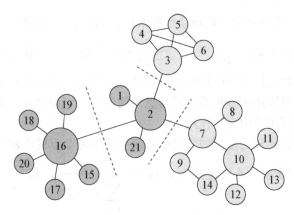

图 8-2 含有 21 个节点的网络拓扑结构

资料来源：赵之滢，于海，朱志良，等. 基于网络社团结构的节点传播影响力分析. 计算机学报，2014，37 (4)：753-766.

四、HITS 算法

在社交网络研究领域，随着推特、微博等大量在线社交网络的出现，一些更能综合在线社交网络中的个体特征和网络结构的个体影响力的度量方法逐渐提出并完善：由康奈尔大学的乔恩·克莱因伯格（Jon Kleinberg）提出的 HITS（Hypertext Induced Topic Search）算法，最初应用在搜索引擎中，主要是根据一个网页的中心度（Hub）和权威度（Authority）来衡量网页的重要性，v_i 是网络中的节点，$a(v_i)$ 表示该节点的权威度，$h(v_i)$ 表示该节点的中心度，满足迭代关系 $a^{(k+1)}(v_i) = \sum_{v_j \in inlink[v_i]} h^{(k)}(v_j) h^{(k+1)}(v_i) = \sum_{v_j \in outlink[v_i]} a^{(k+1)}(v_j)$，其中，$inlink[v_i]$ 表示网络中指向节点 v_i 的节点的集合，而 $outlink[v_i]$ 表示节点 v_i 连接出去的节点的集合，$a^{(0)} = h^{(0)} = 1$，算法一直迭代到权威值没有明显变化，即系统进入稳定状态为止。与 HITS 算法类似，IP（influence-passivity）算法综合考虑个体影响力与冷漠性，用以度量推特中的个体影响力。

五、PageRank 算法

在谷歌中广泛使用的 PageRank 算法，是用一种基于马尔科夫的随机游走思想来模拟用户浏览网页的行为，根据网页之间的超链接计算个体影响力从而得到网页排名，其计算的迭代公式为 $\pi = \alpha P^T \pi + (1-\alpha) \frac{1}{n} e$，其中 $e = (1, 1, \cdots, 1)^T$，α 为跳转因子，$\frac{1}{n} e$ 为自重启向量。PageRank 算法在社交网络中虽然是度量个体影响力的基础算法，但是其只考虑了网络结构，忽略了节点自身的特征。众所周知，微博中用户规模数量庞大且用户行为表现复杂，仅依靠网络结构判断个体影响力将忽略更加细粒度的影响力个体，比如话题层次的影响力个体就会被其忽略掉。针对这一问题，在 PageRank 算法基础上，有学者提出了结合个体特征与网络结构的影响力度量技术，即考虑到个体对话题的偏好程度，个体发布信息的新颖程度、敏感程度以及个体创新能力等个性化特征，将原迭代公式中的自重启向量 $\frac{1}{n} e$ 改为反映节点自身特征的个性化向量 r。另外，也有学者研究了话题层面的影响力个体，简单而言，即先在目前已有的话题检测与跟踪技术的基础上，将与同一话题相关的节点构成话题网络，再研究基于原 PageRank 算法的个体影响力分析。

六、基于用户行为的个体影响力度量

对于一般的在线社交网络而言，除了上述度量方法之外，还可以通过分析诸如发布信息、购买商品、话题评论、转发信息、建立好友关系等用户行为，得到其分布规律和因果关系，给出行为发起者与传播者之间的影响力度量，以分析和预测人们在相应社交网络上的社交行为。

LIM（linear influence model）模型是由杨（Yang）和莱斯科韦茨（Leskovec）于 2010 年提出的一种线性影响力模型，其定义式如下：

$$V(t+1) = \sum_{u \in A(t)} I_u(t - t_u)$$

式中，$V(t)$ 为信息在 t 时刻被提到的次数；$I_u(t)$ 为用户 u 采用信息后网络上其他用户在 t 时刻提到该信息的次数，为用户 u 的影响力函数；$A(t)$ 为到 t 时刻为止受到用户 u 行为（提到该信息）影响的用户的集合。很明显，LIM 模型为离散模型，且并未用到社交网络的结构来计算用户之间的影响力，其设计者认为真正控制信息传播过程的是用户的影响力，信息的传播与网络拓扑结构并没有必然的联系。

网络日志是一种重要的用户行为数据来源，戈亚尔（Goyal）等人利用日志信息分别计算了用户和用户动作自身的影响力，其模型基于网络结构，以动作的传播频率作为用户影响力的评估指标，并用动作的执行范围度量动作本身的影响力。戈亚尔等人提出的影响力度量模型包括静态概率模型、连续时间模型和离散时间模型，一般采用机器学习方法对相关参数进行估计。

萨伊托（Saito）等人将用户影响力模型转为最大似然问题，并且利用 EM（期望最大化）算法求解。该模型是基于网络拓扑结构的离散模型，由于其在 EM 算法的每次迭代过程后都要对每条连接上的影响力系数进行计算，时间复杂度较高，所以并不适合大规模社交网络中个体社会影响力的度量。

除了发布、转发和评论信息等频繁发生的行为之外，其他行为诸如用户登录社交网络的频率也可作为用户影响力的评价指标。

七、基于用户交互信息的度量

在人们发生联系的方式上，在线社交网络与现实世界中的社交网络不同，人们在在线社交网络上主要通过信息的发布、共享、评论、转载等方式进行交流从而发生联系，在线社交网络中的信息记录着人们网上活动的所有内容。因此，对在线社交网络个体影响力的分析应该考虑到这些交互信息起到的不可或缺的重要作用。互联网的快速发展，使得在线社交网络中的信息量巨大且复杂，做到快速、全面且实时地分析用户的影响力不太可能，因此一般通过分析部分数据样本并分离出诸如话题或关键词等重要交互信息数据的方式对其进行研究。

基于交互信息内容的度量一般通过分析信息内容的传播范围和传播时间来进行：在在线社交网络中，传播范围比较广泛的消息一般由影响力较大、拥有大量粉丝的用户发起，因此信息的传播范围可以作为在线社交网络中个体社会影响力的判断依据；与此类似，信息传播的时间长短同样可以体现发布者对整个信息网络影响的大小。需要注意的是，不管是从用户交互信息的传播范围还是从传播时间来研究用户个体影响力，都只是进行定性分析，基于交互信息的定量计算难度较大、工作量较少。

基于话题的个体社会影响力度量是目前社交网络研究领域的一个热点问题。在在线社交网络中，大多数时候信息都是以话题的形式出现并加以传播的，不同的话题会形成不同的影响力，一些涉及社会热点内容的话题甚至会形成大规模的网络舆情，对社会安定及政府的管理决策都会造成较大的影响。因此，将话题引入影响力的度量可以更为细致地刻画个体在在线社交网络中的影响力。目前，基于话题的影响力度量可以分为隐性影响力和显性影响力，前者是直接从话题内容和用户对话题的参与度构建用户和话题之间的联系，如由清华大学崔鹏等人提出的预测影响力的方法 HF-NMF，该方法不需要知晓网络的拓扑结构，而是基于社交网络中的历史交互信息进行预测；后者以用户之间通过好友申请或被关注等行为建立的社交网络拓扑结构作为模型输入，如 TFG 话题因子图模型以及 TwitterRank 算法模型。

8.2.2　影响强度度量技术

　　社交网络个体社会影响力研究中，影响强度一般指个体之间相互影响的能力，度量方法总体来说一般有两种：仅考虑网络边结构的度量方法和融入个体自身特征的度量方法。前者为社交网络中判断影响强度的传统度量方法，主要是利用两节点之间的共同邻居数目来计算两者之间的影响强度，即 $S(A, B) = \dfrac{|n_A \bigcap n_B|}{|n_A \bigcup n_B|}$，其中 n_A 和 n_B 分别表示节点 A 和 B 的邻居数目，节点 A 和 B 若拥有大量的共同邻居则上述比例值较大，二者的关系较强，相互影响强度较高。反之，若二者之间的共同邻居数较少，则上述比例值较小，二者关系较弱，相互影响强度较低。

　　上述度量方法可以很直观地衡量个体之间的相互影响强度，缺点是忽略了个体自身特征的影响。在社交网络中，个体自身特征之间的相似度越高，个体之间具有的相互影响程度就越高，比如从事同类职业的人彼此之间更容易产生影响，又如居住在同一小区的人相对来说更易受到彼此的影响等。另外，交互频度越高的用户之间也会具有越高的影响强度，比如同样是住在同一个小区的人，相对于彼此之间缺乏交往的个体而言，相互之间交往频繁的个体之间显然会对彼此产生较大的影响。综上所述，为了更为准确地衡量网络中个体间的影响强度，综合考虑网络结构以及个体行为的影响强度的度量方法才是更有效的方法。本章末的参考文献 [20]，作者利用个体间的行为日志反映个体特征来度量个体间的影响强度；本章末的参考文献 [38] 在著名在线社交网络脸书和领英数据集上利用个体之间的交互性和话题相似性来构造度量个体之间的影响强度的变分模型。随后，与个体社会影响力的度量方法类似，在影响强度的研究方面，也逐渐有学者提出话题级别的影响强度，其中较为突出的方法是利用统计机器学习的方法。

8.2.3　影响力扩散的对比研究

　　社交网络中，关于个体社会影响力扩散的对比研究包括扩散规模的研究和扩散速度的研究。鉴于影响力在社交网络中的作用过程和信息的扩散过程有紧密的内在联系且两者机制十分相似，因此信息传播模型在影响力扩散问题的研究过程中发挥着非常重要的作用，比较直接的研究方法一般是借助网络科学中信息扩散研究的经典模型——以 SIR 及 SI 为代表的传染病模型的思想进行，即以节点作为传染源考察其能够感染的其他节点的规模及速度。

在实际网络中，对影响力扩散规模的研究可以直接采用 SIR（Susceptible-Infected-Removed）模型的思想进行传播实验，其中，S 为未得病个体，但缺乏免疫能力，与感染者接触后容易受到感染；I 为已染病个体，可传染给 S 类个体；R 为移除者，是要么被隔离要么病愈而具有免疫力的人。此处所设计的扩散模型中，可以令节点以概率 β 随机感染其邻居节点，并设每一个感染个体以定长速率 γ 变为移除状态，若 $\gamma=1$，则在每一轮的传播过程中，每一个被感染的节点仅有一次机会以概率 β 感染其邻居，之后该节点将被"移除"。一般情况下初始感染方式选择单源，并将感染阈值 β 设得尽可能小，以减缓传播速度，使得传染源的选取更有意义。需要注意的是，由于存在随机性，且传染概率 β 的取值较小，即使给定两组完全相同的条件，两组实验得到的感染个体数量一般也不会恰好相等，因此，需要以每个节点作为初始感染源，进行多次独立实验，取算术平均作为实验的最后结果。另外，数据集的规模不同，所要选取的 β 的数值也应不同，一般是取使得网络最大被感染的规模小于 30％的值作 β。本章末的第 4 条参考文献利用个体 Slavo Zitnik 在社交网站脸书中的好友关系建立的包含 324 个节点的社交网络数据进行研究，图 8-3 给出了该社交网络中关于节点影响力扩散规模的对比研究的示例。

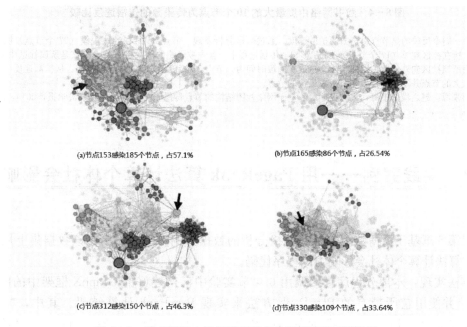

(a)节点153感染185个节点，占57.1%　　(b)节点165感染86个节点，占26.54%

(c)节点312感染150个节点，占46.3%　　(d)节点330感染109个节点，占33.64%

图 8-3　脸书网络中随机选取节点进行影响范围的比较

说明：节点 153 和节点 165 的度均为 27，而 V-community 值前者为 9 后者为 2，前者感染的节点占 57.1％，后者感染的节点占 26.54％；节点 312 与 330 同样具有相同的度值 17，虽然度值较小，但前者的 V-community 值为 9，后者为 2，模型中，二者感染的节点所占的比例分别为 46.3％和 33.64％

资料来源：赵之滢，于海，朱志良，等. 基于网络社团结构的节点传播影响力分析. 计算机学报，2014，37（4）：753-766.

在影响力扩散速度的研究中，可以采用 SI（Susceptible-Infected）传播模型，即假设一个个体一旦被传染就永远处于感染状态。由于该模型没有移除项 R，网络在很短时间内即会被全部感染，因为时间短所以便于利用实验分析传播速度。记 $S(t)$ 和 $I(t)$ 分别为 t 时刻网络中的易感人群数和感染人群数，则通过对比 $t+1$ 时刻与 t 时刻网络感染规模 I 的增量即可反映传播速度。图 8-4 给出了脸书网络中若干节点影响力传播速度的对比情况。

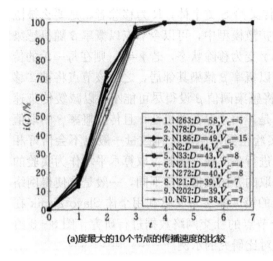

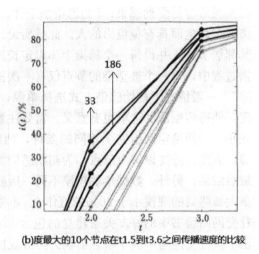

(a)度最大的10个节点的传播速度的比较　　　(b)度最大的10个节点在t1.5到t3.6之间传播速度的比较

图 8-4　脸书网络中度最大的 10 个节点为传染源的传播速度比较

说明：斜率反映的是节点影响力的扩散速度。通过数据分析发现，节点 33 所在社区规模（37 个节点）明显大于节点 186 所在社区规模（17 个节点），而在影响力传播过程中，首先被影响的绝大多数节点应该是所属社区中的节点，然后再由所属社区向外传播。因此，才会造成在前段时间内，节点 33 的传播速度高于节点 186。从扩散速度的角度而言，度最大的节点并不一定是影响力扩散最快的节点。

资料来源：赵之滢，于海，朱志良，等. 基于网络社团结构的节点传播影响力分析. 计算机学报，2014，37（4）：753-766.

8.3　实践案例——用 PageRank 算法计算个体社会影响力

以第 6 章基于微博数据的社交网络分析的数据为例，下面给出在该数据集上用 PageRank 算法计算个体社会影响力的程序代码。

算法实现：本部分程序直接调用 6.4 节实验中已构建好的 GraphX 框架中的图变量 graph，并使用它所带有的 PageRank 方法来实现 PageRank 计算结果。其中，"graph. PageRank(0.0001).vertices" 是使用已经建立的图框架来调用 PageRank 动态算法，也是常使用的方法。其中，vertices 是顶点对象，参数 "0.000 1" 是控制前后两次迭代的差值，用于判断是否收敛。事实上，参数值越小得到的结果就越有说服力，读者可以更改数值试一试。若使用静态调用方法其名称为 staticPageRank(Int)，里面的参数代表迭代的次数。迭代次数设置的值越大，其得到的结果越有说服力。示例代码与注释如下：

```
//为图中每个用户节点设初始值
//使用 textFiled 方法读取用户节点数据,并将其内容存储在一个元组内
//PageRank 值
    val ranks = graph.pageRank(0.0001).vertices
val users = sc.textFile("~\Sparkdata\Result\Vertex_Formal.txt").map { line =
> val fields = line.split(",")
(fields(0).toLong, fields(1))
}
//将节点与 ranks 的初始值相匹配,从 map 函数的内容可以看出是按 ID 来进行连接,返
回的结果只含用户名和它的相应 rank 值调用 Graph Algorithm PageRank 计算 PageRank
的值
//将 PageRank 的结果收集并输送到文件中
val ranksByUsername = users.join(ranks).map
{
case (ID,(username, rank)) => (username, rank)
}
pw.write(ranksByUsername.collect().mkString("\n"))
println("Pagerank OK!!!!!!!!!!")
```

部分输出结果如图 8-5:

```
(3607910, 0.15132138542086185) (3621460, 0.15121428571428572)
(6046648, 0.15163461538461537) (7385264, 0.15065384615384614)
(8040836, 0.15027243589743589) (8100692, 0.1516139240506329)
(625679, 0.16136661211129297) (6199744, 0.15172297297297296)
(8113858, 0.1514325842696629) (1581776, 0.1502972027972028)
(8242943, 0.1544558368289511) (5035357, 0.15029359519856095)
(1752966, 0.15277173913043476) (5518854, 0.15759384732000617)
(2747201, 0.15017091152815013) (4540663, 0.1511086956521739)
(2222146, 0.15310975609756097) (4274847, 0.1620066022351026)
(3544221, 0.15036849710982658) (4175008, 0.15187499999999998)
```

图 8-5 PageRank 算法计算的个体社会影响力结果

说明:每一行中每一个括号代表一个用户号及其 PageRank 数值,其中第一列为用户的 ID 号,第二列为所计算出的 PageRank 数值。

  由于选取的用户和用户关系相较于原始数据过少,所以大部分用户的 PageRank 值约等于初始值(0.15)(PageRank 的数值范围是 0.15 到无穷大)。图 8-6 是排名前十的 PageRank 数值的用户,供读者参考。

```
(8276880, 2.425634828199111)
(1843342, 2.3418389141349074)
(7840805, 1.9441264902194806)
(7995732, 1.846104965551257)
(8260652, 1.6176421295640488)
(8276870, 1.598516628186952)
(8232991, 1.5947408821949367)
(7994375, 1.5461000139368735)
(5427127, 1.5301929203963236)
(7915995, 1.520053694079518)
```

图 8 - 6　PageRank 值排名前十的用户

习题

1. 试阐述个体社会影响力研究可以在生活中的哪些方面发挥作用。

2. 阐述第 7 章 GN 算法中边介数（edge-betweenness）和本章可用于描述个体社会影响力的介中心度（betweenness centrality）之间的区别。

3. 试阐述度中心度大的节点其他中心度度量值是不是同样也大。

4. 试总结个体社会影响力都有哪些度量方法。

5. 给出你对 SIR 及 SI 传染病模型的理解，并尝试以某种编程语言形式写出其程序段。

6. 说明在图 8 - 4 中，为什么斜率可以作为传播速度的体现。

7. 在第 7 章习题中第 8 题的基础上，给出该足球俱乐部中个体的 V-community 值排序。

8. 尝试给出在其他语言环境中 PageRank 算法的程序段。

参考文献

[1] 丁兆云，等. 社交网络影响力研究综述. 计算机科学，2014，41（1）：48-53.

[2] 乔少杰，等. 基于个性特征仿真邮件分析系统挖掘犯罪网络核心. 计算机学报，2008，31（10）：1795-1803.

[3] 吴信东，等. 在线社交网络影响力分析. 计算机学报，2014，37（2）：1-19.

[4] 赵之滢，等. 基于网络社团结构的节点传播影响力分析. 计算机学报，2014，37（4）：753-766.

[5] Aggarwal C, Wang H. Managing and mining graph data. New York：Springer, 2010.

[6] Bakshy E, Hofman J M, Mason W A, et al. Everyone's an influencer：quantifying influence on Twitter//Proceedings of the 4th ACM International Conference on Web Search and data mining, China, 2011：65-74.

[7] Blei D M, Ng A Y, Jordan M I. Latent dirichlet allocation. Journal of machine learning research, 2003, 3：993-1022.

[8] Boccaletti S, Latora V, Moreno Y, et al. Complex networks：structure and dy-

namics. Physics reports, 2006, 424: 175-308.

[9] Bonacich P F. Power and centrality: a family of measures. American journal of sociology, 1987, 92: 1170.

[10] Bryan K, Leise T. The ＄25000000000 eigenvector: the linear Algebra behind Google. SIAM Review, 2008, 48 (3): 569-581.

[11] Canright G, Engø Monsen K E. Roles in networks. Science of computer programming, 2004, 53 (2): 195-214.

[12] Carmi S, Havlin S, Kirkpatrick S, et al. A model of Internet topology using k-shell decomposition. Proceedings of the National Academy of Sciences, 2007, 104: 11150-11154.

[13] Cha M, Haddadi H, Benevenuto F, et al. Measuring user influence in Twitter: the million follower fallacy//Conference on weblogs and social media, USA, 2010.

[14] Cui P, Wang F, Liu S, Ou M, et al. Who should share what? Item一level social influence prediction for users and posts ranking//Proceedings of The 34th International ACM SIGIR Conference on Research and Development in Information Retrieval, China, 2011: 185-194.

[15] Dietz L, Bickel S, Scheffer T. Unsupervised prediction of citation influences// Proceedings of the International Conference of Machine Learning . Corvallis, USA, 2007.

[16] Freeman L C. Centrality in social networks: conceptual clarification. Social Network, 2009, 1: 215-239.

[17] Estrada E, Rodríguez一Velázquez J A. Subgraph centrality in complex networks. Physical review E, 2005, 71.

[18] Freeman L C. Centrality in social networks: conceptual clarification. Social networks, 1979, 1: 215-239.

[19] Freeman L C, Borgatti S P, White D R. Centrality in valued graphs: a measure of betweenness based on network flow. Social Network, 1991, 13: 141-54.

[20] Geoffrey C, Kenth E M. Roles in networks. Science of computer programming, 2004, 53: 195.

[21] Goyal A, Bonchi F, Lakshmanan L V. Learning influence probabilities in social networks//Proceedings of the 3rd ACM International Conference on Web Search and Data Mining, USA, 2010.

[22] Granovetter M. The strength of weak ties. American journal of sociology, 1973, 78 (6): 1360-1380.

[23] Kleinberg J. Authoritative sources in a hyperlinked environment. Journal of the ACM, 1999, 46 (5): 604-632.

[24] Liu L, Tang J, Han J, et al. Learning influence from heterogeneous social networks//Data Mining and Knowledge Discovery (DMKD), 2012, 25 (3): 511-544.

[25] LüL Y, Zhang Y C, Yeung C H, et al. Leaders in social networks, the delicious case. Plos one, 2011, 6 (6): 1-9.

[26] Mehmood Y, Barbieri N, Bonchi F, et al. Csi: community—level social influence analysis//Proceedings of the European conference on machine learning and principles and practices of knowledge Discovery in databases, Czech Republic, 2013.

[27] Nascimento M A, Sander J, Pound J. Analysis of SIGMOD's co-authorship graph. Acm sigmod record, 2003, 32 (3): 8−10.

[28] Noh J D, Rieger H. Stability of shortest paths in complex networks with random edge weights. Physical Review E, 2002, 66.

[29] Pal A, Counts S. Identifying topical authorities in microblogs//Proceeding of the 4th International Conference on Web Search and Data Mining, USA, 2011.

[30] Sabidussi G. The centrality index of a graph. Psychometrika, 1996, 31: 581−603.

[31] Shuai X, Ding Y, Busemeyer J, et al. Modeling indirect influence on Twitter. International journal on semantic web and information systems, 2012, 8 (4): 20−36.

[32] Singla P, Richardson M. Yes, there is a correlation: from social networks to personal behavior on the web//Proceeding of the 17th International Conference on World Wide Web, ACM, 2008.

[33] Stephenson K A, Zelen M. Rethinking centrality: methods and examples. Social network, 1989, 11: 1−37.

[34] Tan C, Tang J, Sun J, et al. Social action tracking via noise tolerant time-varying factor graphs//Proceedings of the 16th ACM SIGKDD International Conference on Knowledge Discovery and Data Mining, USA, 2010: 1049−1058.

[35] Tang J, Sun J, Wang C, et al. Social influence analysis in large-scale networks//Proceedings of the 15th ACM SIGKDD International Conference on Knowledge Discovery and Data Mining France, 2009: 807−816.

[36] Trusov M, Bodapati A V, Bucklin R E. Determining influential users in internet social networks. Journal of marketing research, 2010, 47 (4): 643−658.

[37] Wasserman S, Faust K. Social network analysis: methods and applications. London: Cambridge University Press, 1994.

[38] Weng J, Lim E-P, Jiang J, et al. Twitter rank: finding topic—sensitive influential twitterers//Proceedings of the 3rd ACM International Conference on Web Search and Data Mining, USA, 2010: 261−270.

[39] Xiang R J, Jennifer N, Monica R. Modeling Relationship Strength in Online Social Networks//Proceedings of the 19th International Conference on World Wide Web, USA, 2010.

[40] Yang J, Leskovec J. Modeling information diffusion in implicit networks//Proceedings of the 2010 IEEE international conference on data mining. Sydney, Australia, 2010: 599−608.

第9章 链路预测

9.1 简 介

网络中的链路预测问题指的是根据网络中已有边的信息预测出可能存在的其他边。由于链路预测在社会网络、生物系统等多领域存在广泛应用，因此近些年受到来自计算机、统计、生物、物理、市场营销等多学科学者的广泛关注。

9.1.1 链路预测问题的由来

点和边是一个网络的基本构成要素。之前几章的讨论都是在已知网络结构的条件下进行的，但现实中边的获得可能并不容易。例如，在生物网络中，两个生物体、蛋白质或者基因之间是否存在边往往需要进行大量的实验才能确定；在社交网络中受所掌握的信息限制，某些个体之间的关系可能会出现遗漏。如果能通过网络中已有边的信息推测出哪些节点间也可能存在边，则可以大大减少人力和物力的开销。这正是链路预测所要解决的问题：挖掘网络已有信息，预测出网络中目前没有但可能存在的边。由于链路预测可以找到网络中潜在的边，所以可以用于为社交网络中的用户推荐好友，从而实现改善用户体验，增强用户黏性的效果。正是由于链路预测问题的普遍性及重要意义，链路预测现已成为生物、物理、计算机、市场营销等领域的热点研究问题之一。

9.1.2 链路预测算法的评价指标

随着研究的深入，学者们提出了各种不同形式的链路预测算法。哪些算法预测效果好，哪些算法预测效果差则是实际应用中倍受关注的问题。要回答这个问题，就需要建立链路预测算法的评价指标。

一、符号解释

考虑一个无向网络 $G(V, E)$，其中 V 表示节点的集合，E 表示边的集合。注意本章只讨论简单网络，即网络中不存在重边及自回路。网络中最多可能有 $\dfrac{\#V(\#V-1)}{2}$ 条边，其中 $\#V$ 表示节点集 V 中包含的节点个数，这些边形成的集合称为全边集，用 $\varGamma$ 表示。$\varGamma \setminus E$ 则表示网络中未存在边的集合。链路预测的目的就是找到集合 $\varGamma \setminus E$ 中可能会在未来出现的边。

为了检验链路预测算法的预测效果，首先仿照数据挖掘的处理手段，将已有边的集合 E 分为训练边集 E_{train} 和测试边集 E_{test}，$E_{test} \bigcup E_{train} = E$ 且 $E_{test} \bigcap E_{train} = \varnothing$。称 $\varGamma \setminus E_{train}$ 为未观测边的集合，显然 $\varGamma \setminus E_{train} = \varGamma \setminus E \bigcup E_{test}$。给定训练边集 E_{train}，链路预测算法预测出可能存在的边如果属于测试边集 E_{test}，则称其为预测正确的边，如果属于未存在边的集合 $\varGamma \setminus E$，则称为预测错误的边。根据所预测边是否属于 E_{test} 就可对链路预测算法的预测效果做出评价。

[例 9.1]　训练边集和测试边集

图 9-1（a）中共有 6 个节点，10 条边和 5 条不存在的边——（1，2）、（1，4）、（1，5）、（2，5）和（2，6）。为了检验算法的准确性，我们将边（2，3）和（4，6）作为测试边集（图 9-1（b）中的虚线边），余下的边集就为训练边集（图 9-1（a）中的实线边）。图中未观测到的边为（1，2），（1，4），（1，5），（2，5），（2，6），（2，3）和（4，6）。

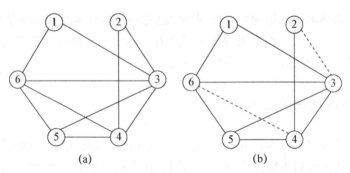

图 9-1　训练边集和测试边集实例

二、常用评价指标

链路预测算法根据训练边集 E_{train} 中的信息，给出未观测边集 $\varGamma \setminus E_{train}$ 中每条边 (i, j) 存在的可能性大小（称为边的得分），记为 r_{ij}。

评价链路预测算法常用的有以下两种指标：特征曲线下面积（area under curve，AUC）和精确率（precision）。AUC 指标根据算法对给出的所有未观测边的存在可能性来评估算法，而精确率只关注预测存在可能性最高或最低的 L 条边。

1. AUC

AUC 可以解释为从测试边集中随机选择一条边的得分比从未存在边集中随机选择一个边的得分高的概率。

实际操作中，每次从测试边集和未存在边集中各选择一条边，比较两条边的得分。假设此操作总共进行了 n 次，其中测试边集中边的得分比未存在边集中边的得分高的共有 n_1 次，两者得分相同的共有 n_0 次，则 AUC 为：

$$AUC = \frac{n_1 + 0.5 n_0}{n}$$

如果对每条边进行完全随机的打分，那么 $AUC=0.5$，因此，$AUC>0.5$ 说明算法有效，即至少优于完全随机预测。AUC 的值越高说明算法的预测效果越好。

2. 精确率

链路预测算法对未观测边集中的每条边进行打分，将所有边的得分从高到低进行排序。精确率为得分最高的 L 条边中预测正确的边（即属于测试集 E_{test}）的比例。假设预测正确的边共有 L_{true} 条，则精确率 $= \dfrac{L_{true}}{L}$。需要注意的是精确率的大小和 L 有关。一般地，对于固定 L，精确率越高说明算法找到的潜在边越准确。

[例 9.2]　计算 AUC 和精确率

对网络及测试边集、训练边集如例 9.1 所示，使用某种链路预测算法。假设未观测边集中的边的得分依次为 $r_{12}=0.4$，$r_{14}=0.5$，$r_{15}=0.5$，$r_{23}=0.5$，$r_{25}=0.7$，$r_{26}=0.4$，$r_{46}=0.6$。

首先计算 AUC：我们将测试边集中边的得分与未存在边集中边的得分进行比较，得到 10 对边的比较结果：

$$r_{23}>r_{12},r_{23}=r_{14},r_{23}=r_{15},r_{23}<r_{25},r_{23}>r_{26}$$
$$r_{46}>r_{12},r_{46}>r_{14},r_{46}>r_{25},r_{46}<r_{25},r_{46}>r_{26}$$

因此 $n_1=6$，$n_0=2$，故 $AUC=\dfrac{6+2\times 0.5}{10}=0.7$。

接下来计算精确率：假定 $L=2$，得分最高的两条边为（2，5）和（4，6），前者不属于测试边集，为错误的预测，后者属于测试边集，为正确的预测，因此精确率为 0.5。

9.2　基于相似度的链路预测算法

基于相似度的算法是最为简单的一类链路预测算法。算法的基本思想是两个节点越相似，存在边的可能性越高。算法核心是对节点相似度的定义。相似度的定义多种多样，一种相似度就定义了一个基于相似度的链路预测算法。根据定义方式，我们将节点相似度指标分为基于邻居、路径和随机游走的三类指标。本节将依次介绍这三类指标，并对基于三类指标的链路预测算法进行简单比较。在本节中，两个节点 i,j 的相似度记为 r_{ij}。

9.2.1　基于邻居的相似度指标

定义基于邻居的相似度指标只用到了节点邻居的信息，故称其为基于邻居的相似度指标。在下文中，我们用 ∂_i 表示节点 i 的邻居节点（与节点 i 直接相连的点）的集合。

一、同邻指标

通常认为，两个节点之间共有的邻居节点数越多越有可能存在边。同邻（CN）指标直接将节点 i，j 的共有邻居节点数定义为两个节点的相似度：

$$r_{ij}^{CN} = \#(\partial_i \cap \partial_j)$$

同邻指标只考虑了两个节点的共有邻居节点数，忽略了两个节点各自的邻居节点数。

二、Jaccard 指标

对于节点 i，j，将其同邻指标值 r_{ij}^{CN} 除以至少与 i，j 中一个节点相连的节点总数就得到 Jaccard 指标：

$$r_{ij}^{Jaccard} = \frac{\#(\partial_i \cap \partial_j)}{\#(\partial_i \cup \partial_j)}$$

三、Salton 指标

Salton 指标同样以同邻指标为分子，分母为两个节点度的几何平均：

$$r_{ij}^{Salton} = \frac{\#(\partial_i \cap \partial_j)}{\sqrt{d_i d_j}}$$

式中，d_i 为节点 i 的度。在一些文献中，Salton 指标也称为余弦相似度指标。

四、Sϕrensen 指标

将 Salton 指标中的分母换为两个节点度的算数平均就得到 Sϕrensen 指标：

$$r_{ij}^{Sϕrensen} = \frac{2\#(\partial_i \cap \partial_j)}{d_i + d_j}$$

该指标多见于生态社群的研究中。

五、Leicht-Holme-Newman（LHN）指标

将 Salton 指标分母中取平方根的运算过程去掉就得到 LHN 指标：

$$r_{ij}^{LHN} = \frac{\#(\partial_i \cap \partial_j)}{d_i d_j}$$

数值实验表明该指标在平均节点度低的网络中有较好的表现。

六、Adamic-Adar（AA）指标

之前几个指标都对两个节点的共同邻居节点采用了简单计数的方式，意味着所有共同邻居节点的地位均等。AA 指标则打破了这种均等，为度小的邻居节点赋较高的权重，为度大的邻居节点赋较低的权重：

$$r_i^{AA}j = \sum_{k=\partial_i \cap \partial_j} \frac{1}{\log d_k}$$

式中，节点 k 是节点 i，j 的共同邻居节点。

七、资源分配指标

资源分配（RA）指标是基于网络上的资源动态分配过程提出的。考虑在没有边相连

的节点对 i,j 中，节点 i 是如何向其相邻节点传递资源的。虽然没有边直接连接 i,j，但 i,j 可以通过共同的邻居节点实现资源的传递。我们考虑最简单的情况，每一个起传递作用的中间节点都有一个单位资源，将资源等可能地分配给它所有邻居节点。节点 $j(i)$ 从 $i(j)$ 接收到的资源总量就是 i,j 的相似度：

$$r_i^{RA}j = \sum_{k=\partial_i \cap \partial_j} \frac{1}{d_k}$$

从定义式可以看出 RA 指标关于节点 i,j 是对称的，即 $r_{ij}^{RA} = r_{ji}^{RA}$。AA 指标与 RA 指标使用了不同的求和项：AA 指标用的是 $\frac{1}{\log(d_k)}$，RA 指标用的是 $\frac{1}{d_k}$。两个指标都削弱了共同邻居节点中度较高的节点的作用，但削弱力度有所不同。RA 指标对节点作用的削弱程度要大于 AA 指标，当节点的度较高时，两个指标的差距尤为显著。

八、优先连接（PA）指标

在随机网络中，随机抽取一条边，其与节点 i 相连的概率正比于度 d_i，由此得出，节点对 i,j 之间存在边的概率正比于 $d_i \times d_j$。将 $d_i \times d_j$ 作为节点对 i,j 的相似度，就得到如下优先连接指标：

$$r_{ij}^{RA} = d_i \times d_j$$

该指标在直径较小的网络，例如航空网络，以及存在富人俱乐部（rich-club）效应的网络中应用效果较好。由于该指标只用到两个节点的度，而没有用到共同邻居点的信息，因此相比于前面 7 个指标，该指标的计算量最小。

9.2.2　基于路径的相似度指标

此类指标均基于两个节点之间的路径信息来定义两个节点的相似度。

一、Katz 指标

该指标用到两个节点之间的所有路径。路径的权重与长度有关，越短的路径被赋予越高的权重，越长的路径被赋予越低的权重。该指标的定义式如下：

$$r_{ij}^{Katz} = \sum_{l=1}^{\infty} \beta^l \cdot \#(s_{ij}^{(l)}) = \beta G_{ij} + \beta^2 (G^2)_{ij} + \beta^3 (G^3)_{ij} + \cdots$$

式中，$s_{ij}^{(l)}$ 为连接 i,j 的所有长度为 l 的路径集合；β 为控制路径权重的参数；G 为网络的邻接矩阵；$(G^n)_{ij}$ 为节点 i,j 间长度为 n 的路径个数。在 Katz 指标中，越长的路径对指标的贡献越小，所以当 β 较小时，Katz 指标就近似为 CN 指标。

通过简单的代数计算，可得到 Katz 指标的矩阵形式：

$$R^{Katz} = (I - \beta G)^{-1} - I$$

式中，$R^{Katz} = \{r_{ij}^{Katz} \mid i,j \in V\}$；$I$ 为单位阵。需要注意的是 β 必须小于矩阵 G 的最大特征根的倒数，否则无法保证该式的收敛性。

二、局部路径（LP）指标

由于 Katz 指标的计算涉及两个节点间的所有路径，所以计算量会远大于基于邻居的

相似度指标，为了在一定程度上降低计算量，周涛等人提出了局部路径指标（LP）。这里直接给出指标的矩阵表达形式

$$R^{LP} = G^2 + \varepsilon G^3$$

式中，ε 是可自由调节的参数，当 $\varepsilon = 0$ 时，LP 指标退化为 CN 指标。该指标只考虑了长度为 2 和 3 的路径。可将这个指标推广到考虑更长路径的情况，称为 $LP(n)$ 指标：

$$R^{LP(n)} = G^2 + \varepsilon G^3 + \varepsilon^2 G^4 + \cdots + \varepsilon^{n-2} G^n$$

式中，n 为最大路径长度。显然，随着 n 的增加，$LP(n)$ 指标的计算量逐渐增大。当 $n \to \infty$，$LP(n)$ 指标考虑了所有路径，就等价于 Katz 指标。

9.2.3 基于随机游走的相似度指标

这一类指标都是基于网络上随机游走过程来定义节点相似度。

一、带重启的随机游走（RWR）指标

带重启的随机游走（RWR）指标可以视为 PageRank 算法在链路预测领域中的直接应用。假设某个质点从节点 i 出发进行随机游走，质点反复地以概率 c 随机移动到当前节点的某一个邻居节点，而以 $1-c$ 的概率返回到当前节点。Q 表示质点状态的一步转移概率矩阵。根据随机游走的定义，当节点 i，j 相连，$Q_{ij} = \frac{1}{k_i}$，否则 $Q_{ij} = 0$。q_{ij} 表示从节点 i 出发的质点进行随机游走，当随机游走达到稳态后，质点到达节点 j 的概率。q_{ij} 满足如下等式：

$$q_{ij} = c \sum_k Q_{kj} q_{ik} + 1 - c$$

RWR 指标则定义为

$$r_{ij}^{RWR} = q_{ij} + q_{ji}$$

由于 RWR 指标用到了整个网络的结构信息，因此基于此指标的算法预测可能会更为准确，但使用整个网络的结构信息意味着计算量的增加，对规模巨大的网络来说尤为明显。此外，现实中有些情况下我们只能获得部分而非整个网络的结构信息。综合上述两点，我们需要采取一些折中策略的指标，这类指标一方面使用了相对多的网络结构信息，另一方面因为省去了对预测精确度贡献较少的冗余信息而降低了计算量。下面介绍两个具有这些特征的指标。

二、局部随机游走（LRW）指标

与 RWR 相类似，LRW 指标仍然考虑质点在网络中的随机游走。假设质点从出发，每一次都随机移动到当前节点的某一个相邻节点。$q_{ij}(t)$ 表示从节点 i 出发的质点进行随机游走，t 步后到达节点 j 的概率。根据随机游走的定义，$q_{ij}(t+1) = \sum_k Q_{kj} q_{ik}(t)$，$Q_{kj}$ 为质点从节点 k 到节点 j 的一步转移概率。第 t 步的 LRW 指标定义为：

$$r_{ij}^{LRW}(t) = \frac{d_i}{2 \# E} q_{ij}(t) + \frac{d_j}{2 \# E} q_{ji}(t)$$

式中，$\sharp E$ 表示网络中边的数量。进一步看一下该公式，其中 $\dfrac{d_i}{2\sharp E}$ 为随机游走达到稳态后质点到达节点 i 的概率，$\dfrac{d_j}{2\sharp E}$ 为质点最终到达节点 j 的概率，由此可见 LRW 指标本质上就是以稳态概率作为权重，$q_{ij}(t)$ 和 $q_{ji}(t)$ 两个概率的加权平均。

三、叠加随机游走（SRW）指标

LRW 指标中只考虑质点经某个特定步数后到达目标节点的可能性。如果将小于特定步数的各种可能性进行加总就得到了 SRW 指标：

$$r_{ij}^{SRW}(t)=\sum_{s=1}^{t}r_{ij}^{LRW}(s)=\sum_{s=1}^{t}\left[\frac{d_i}{2\sharp E}q_{ij}(s)+\frac{d_j}{2\sharp E}q_{ji}(s)\right]$$

9.3　基于等级结构模型的链路预测算法

9.3.1　方法的提出

研究表明很多实际网络都具有等级结构：网络中的节点被划分为若干群，之后每个群又被划分为若干个子群，持续划分下去最终就形成了具有等级结构的复杂网络（如图 9-2 所示）。克劳德（Claude）等人提出了一种基于网络结构数据推断网络内在等级结构，并利用等级结构进行链路预测的方法。下面对该方法进行简单介绍。

系统树图可以很好地展示网络的等级结构。图 9-2 给出了一个实际网络及其对应的两个系统树图。不同树图对应网络的不同等级结构。系统树图中的节点分为叶子节点和内部节点。叶子节点的度为 1，网络中节点均为叶子节点。内部节点的度都大于 1。每个内部节点 s 将树划分成两个子树，称为左子树和右子树。两个子树各自具有完全不同的叶子节点，左子树的叶子节点数记为 L_s，右子树的叶子节点数记为 R_s，两个子树对应的两组叶子节点在真实网络中的连边数记为 E_s，则这两组叶子节点之间可能存在的最大连边数为 $L_s R_s$。这两组叶子节点相连的概率称为内部节点 s 的连接概率，记为 p_s。以图 9-3（b）系统树图为例，该树图共有 6 个叶子节点，分别是原网络中节点 a，b，c，d，e 和 f，共有 5 个内部节点，在图中用方块表示。考察最上面的内部节点 s，该节点将树分为两个子树，左子树共有 4 个叶子节点 $L_s=4$，分别是节点 a，b，c，d，右子树共有 2 个叶子节点 $R_s=2$，分别是节点 e 和节点 f。这两组节点之间可能存在的连边共有 8 条 $L_s R_s=8$，分别是 $(a，e)$，$(b，e)$，$(c，e)$，$(d，e)$，$(a，f)$，$(b，f)$，$(c，f)$ 和 $(d，f)$，而在网络中只存在 2 条连边 $E_s=2$，分别是边 $(d，e)$ 和边 $(d，f)$。注意这里只考虑不同组节点之间的连边，而不考虑组内节点之间的连边。

给定系统树图 D 和所有内部节点的连接概率 $\{p_s\}$，假设不同内部节点对应的叶子节点集是否连接互相独立，则该树图的似然函数为：

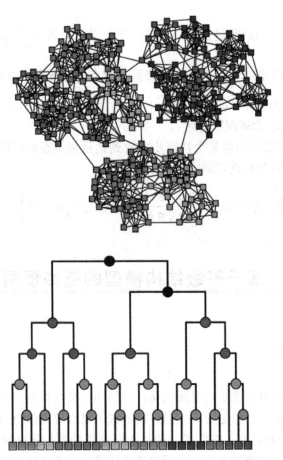

图 9-2　一个具有等级结构的网络及其对应的系统树图

资料来源：Clauset A，Moore C，Newman M E. Hierarchical structure and the prediction of missing links in networks. Nature，2008，453（719）：98-101.

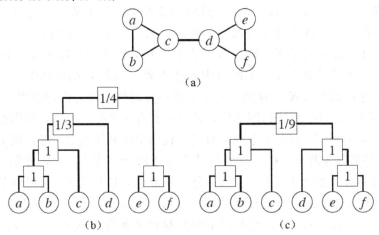

图 9-3　六节点的网络及可能的两个系统树图

资料来源：Clauset A，Moore C，Newman M E. Hierarchical structure and the prediction of missing links in networks. Nature，2008，453（719）：98-101.

$$\mathcal{L}(D,\{p_s\})=\prod_s p_s^{E_s}(1-p_s)^{L_sR_s-E_s}$$

经过简单的计算可以发现，当 $p_s^*=\dfrac{E_s}{L_sR_s}$ 时，似然函数 $\mathcal{L}$ 达到最大值。由此，对于给定的系统树图 D，我们可以计算出每个内部节点 s 的最优连接概率 p_s^*，从而根据公式得到似然函数的最大值。图 9-3 的两个系统树图中，每个内部节点 s 内的数字即为最优连接概率 p_s^*。图 9-3（b）树图（b）的似然函数最大值约为 0.001 65，图 9-3（c）树图约为 0.043 3，说明树图（c）与原网络内在等级结构更为符合，这一点与我们的常识一致。

9.3.2　链路预测算法基本步骤

我们可以根据系统树图对原网络进行链路预测，基本步骤如下：

（1）随机生成大量系统树图，生成每个系统树图的概率正比于该图似然函数的最大值。

（2）对于每一个未连接的节点对 i，j，在第（1）步生成的所有系统树图中计算它们相连的概率 q_{ij}，然后对这些概率求平均值，记为 $\overline{q_{ij}}$。

（3）将概率平均值降序排列，则排名最靠前的概率对应的节点对最有可能存在连边。

算法第（1）步中通常使用蒙特卡洛－马氏链（MCMC）方法生成大量系统树图。详细步骤请读者参阅本章末参考文献 [1]。

9.4　实践案例——链路预测

9.4.1　数据介绍

数据集来自网站 http://snap. stanford. edu/data/，该网站罗列了斯坦福大学计算机学院普雷·莱斯科韦茨（Jure Leskovec）教授收集并整理的各种网络数据。从中选取 ca-CondMat 和 email-Enron 两个网络数据集，分别应用本章 9.1 节介绍的 8 种基于邻居的相似度指标进行链路预测的方法。数据集的介绍见表 9-1。

表 9-1　　　　　　　　　　　　　网络数据描述

名称	类型	节点数	边数	简介
ca-CondMat	无向	23 133	186 936	1993 年 1 月至 2003 年 4 月 arXiv 预印文本库凝聚态物质领域中的论文作者合作网，其中节点表示一个作者，如果两个作者合作完成一篇论文，则这两个作者之间用一条边相连。

续前表

名称	类型	节点数	边数	简介
email-Enron	无向	36 692	367 662	卡内基梅隆大学威廉·科恩（William Cohen）教授提供的电子邮箱网络，其中每个节点表示一个电子邮箱地址，如果两个邮箱有邮件往来，则用一条边将邮箱对应的节点相连。

9.4.2 计算流程及程序代码

首先读入网络数据，删去网络中所有重边和自回路。接下来，从网络边集 E 中随机抽取一定比例（例如 80%）的边作为训练边集 E_{train}，余下的边作为测试边集 E_{test}。然后，从测试边集和未存在边集中各抽取一定数量的边，计算相似度指标值并做比较，从而最终计算出算法的 AUC 值。计算流程如图 9-4 所示。

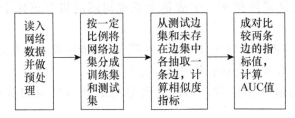

图 9-4　基于相似度的链路预测算法做链路预测计算流程

下面给出 8 种基于邻居相似度指标的链路预测算法计算 AUC 值的 R 程序代码。首先给出主函数，包括数据读入及预处理，生成训练边集和测试边集（本例中训练边集和测试边集的边数比为 4:1），以及计算基于 8 种指标的链路预测算法 AUC 值。代码如下：

```
\\读入数据并预处理
rawdata0 = read.csv('Email-Enron.txt',sep = '\t', header = F, skip = 4, col.
names = c('node1','node2'))
index = which(rawdata0[,1] = = rawdata0[,2])
if (sum(index)>0){
  rawdata1 = rawdata0[-index,]
}else
{rawdata1 = rawdata0}
\\整理成无向网络,去掉重边
sorted_matrix = apply(rawdata1,1,sort)
sorted_rawdata = data.frame(t(sorted_matrix))
duplicated_rows = duplicated(sorted_rawdata)
rawdata = sorted_rawdata[! duplicated_rows,]
colnames(rawdata) = c("node1", "node2")
\\4:1抽样成训练集 ET 和测试集 EP
```

```
set.seed(10)
EP_index = sample(c(1:nrow(rawdata)), 0.2 * nrow(rawdata))
EP = rawdata[EP_index,]
ET = rawdata[-EP_index,]
raw_node = unique(c(rawdata $ node1, rawdata $ node2))//共 5 241 个节点, 28 968
条边
\\计算基于 8 种指标的链路预测算法的 AUC 值
CN_20000 = cal_AUC(CN_cal, rawdata, ET, EP, 20000) //计算基于 CN 指标的算法
AUC 值
CN_20000[[1]] //输出 AUC 值
Jaccard_20000 = cal_AUC(Jaccard_cal, rawdata, ET, EP, 20000) // 计算基于 Jaccard
指标的 AUC 值
Jaccard_20000[[1]]  //输出 AUC 值

Salton_20000 = cal_AUC(Salton_cal, rawdata, ET, EP, 20000)  //计算基于 Salton
指标的 AUC 值
Salton_20000[[1]] //输出 AUC 值

Sorensen_20000 = cal_AUC(Sorensen_cal, rawdata, ET, EP, 20000) // 计算基于 So-
rensen 指标的 AUC 值
Sorensen_20000[[1]] //输出 AUC 值

LHN1_20000 = cal_AUC(LHN1_cal, rawdata, ET, EP, 20000)// 计算基于 LHN 指标的 AUC 值
LHN1_20000[[1]]//输出 AUC 值

AA_20000 = cal_AUC(AA_cal, rawdata, ET, EP, 20000) //计算基于 AA 指标的 AUC 值
AA_20000[[1]]  //输出 AUC 值
RA_20000 = cal_AUC(RA_cal, rawdata, ET, EP, 20000) //计算基于 RA 指标的 AUC 值
RA_20000[[1]]//输出 AUC 值

PA_20000 = cal_AUC(PA_cal, rawdata, ET, EP, 20000)// 计算基于 PA 指标的 AUC 值
PA_20000[[1]]//输出 AUC 值
```

接下来依次给出计算 8 种相似度指标的程序代码。

计算 CN 指标的代码如下：

```
CN_cal = function(data, nodea, nodeb)
{
a_link = c(data $ node2[data $ node1 = = nodea], data $ node1[data $ node2 = =
nodea])//节点 a 的邻居节点
```

```
b_link = c(data $ node2[data $ node1 = = nodeb], data $ node1[data $ node2 = =
nodeb])//节点 b 的邻居节点 common_node = intersect(a_link, b_link) //节点 a,b 共
同的邻居节点
return(length(common_node)) //计算节点 a,b 共同的邻居节点
}
```

计算 Jaccard 指标的代码如下：

```
Jaccard_cal = function(data, nodea, nodeb)                //Jaccard 指标//
{
a_link = c(data $ node2[data $ node1 = = nodea], data $ node1[data $ node2 = =
nodea])
b_link = c(data $ node2[data $ node1 = = nodeb], data $ node1[data $ node2 = =
nodeb])
common_node = intersect(a_link, b_link)
union_node = union(a_link, b_link)
score = length(common_node)/length(union_node)
if (is.na(score)){
score = 0
}
return(score)
}
```

计算 Salton 指标的代码如下：

```
Salton_cal = function(data, nodea, nodeb)
{
a_link = c(data $ node2[data $ node1 = = nodea], data $ node1[data $ node2 = =
nodea])
b_link = c(data $ node2[data $ node1 = = nodeb], data $ node1[data $ node2 = =
nodeb])
common_node = intersect(a_link, b_link)
score = length(common_node)/sqrt(length(a_link) * length(b_link))
if (is.na(score)){
score = 0
}
return(score)
}
```

计算 Sørensen 指标的代码如下：

```
Sørensen_cal = function(data, nodea, nodeb)
{
a_link = c(data $ node2[data $ node1 = = nodea], data $ node1[data $ node2 = =
nodea])
b_link = c(data $ node2[data $ node1 = = nodeb], data $ node1[data $ node2 = =
nodeb])
common_node = intersect(a_link, b_link)
score = length(common_node)/((length(a_link) + length(b_link))/2)
if (is.na(score)){
score = 0
}
return(score)
} }
```

计算 LHN 指标的代码如下：

```
LHN_cal = function(data, nodea, nodeb)
{
a_link = c(data $ node2[data $ node1 = = nodea], data $ node1[data $ node2 = =
nodea])
b_link = c(data $ node2[data $ node1 = = nodeb], data $ node1[data $ node2 = =
nodeb])
common_node = intersect(a_link, b_link)
score = length(common_node)/(length(a_link) * length(b_link))
if (is.na(score)){
score = 0
}
return(score)
}
```

计算 AA 指标的代码如下：

```
AA_cal = function(data, nodea, nodeb)
{
a_link = c(data $ node2[data $ node1 = = nodea], data $ node1[data $ node2 = =
nodea])
b_link = c(data $ node2[data $ node1 = = nodeb], data $ node1[data $ node2 = =
nodeb])
```

```
common_node = intersect(a_link, b_link)
k = c()
logk = c()
for (i in 1:length(common_node))
{
k[i] = length(which(data $ fromID = = common_node[i]))
logk[i] = 1/(log(k[i]))
}
score = sum(logk)
if (is.na(score)){
score = 0
}
return(score)
}
```

计算 RA 指标的代码如下：

```
RA_cal = function(data, nodea, nodeb)
{
a_link = c(data $ node2[data $ node1 = = nodea], data $ node1[data $ node2 = =
nodea])
b_link = c(data $ node2[data $ node1 = = nodeb], data $ node1[data $ node2 = =
nodeb])
common_node = intersect(a_link, b_link)
k = c()
k_inverse = c()
for (i in 1:length(common_node))
{
k[i] = length(which(data $ fromID = = common_node[i]))
k_inverse[i] = 1/k[i]
}
score = sum(k_inverse)
if (is.na(score)){
score = 0
}
return(score)
}
```

计算 PA 指标的代码如下：

```
PA_cal = function(data, nodea, nodeb)
{
a_link = c(data $ node2[data $ node1 = = nodea],data $ node1[data $ node2 = =
nodea])
b_link = c(data $ node2[data $ node1 = = nodeb], data $ node1[data $ node2 = =
nodeb])
return(length(a_link) * length(b_link))
}
```

最后，给出计算算法 AUC 值的程序代码：

```
cal_AUC = function(index_cal, E, training, test, n)
{
n1 = 0   // n1 为测试边集指标值大于未存在边集指标值的边数
n0 = 0// n0 为测试边集指标值等于未存在边集指标值的边数
all_node = unique(c(E $ node1, E $ node2))
test_node = c(test $ node1, test $ node2)
scores = data.frame()
for (i in 1:n)
{
//从测试边集中随机抽取一条边
EP_from = sample(test_node, 1)
possible_node = c(test $ node2[test $ node1 = = EP_from], test $ node1[test
$ node2 = = EP_from])
EP_to = sample(possible_node, 1)
EP_score = index_cal(training, EP_from, EP_to) // 计算该边两个节点的相似度
//从未存在边集中随机抽取一条边
noex_from = sample(all_node, 1)
U_E = setdiff(all_node, c(noex_from, E $ node2[E $ node1 = = noex_from],E $ node1
[E $ node2 = = noex_from]))
noex_to = sample(U_E, 1)
noex_score = index_cal(training, noex_from, noex_to)//计算该边两个节点的相
似度
scores = rbind(scores, c(EP_score, noex_score))
if(EP_score>noex_score) //如果测试边指标值大于未存在边,则 n1 加 1
{
n1 = n1 + 1
}
```

```
else if(EP_score = = noex_score)//如果测试边指标值等于未存在边,则 n0 加 1
{
n0 = n0 + 1
}
}
colnames(scores) = c('EP_score','noex_score')
AUC = (n1 + n0 * 0.5)/n // 计算 AUC 值
return (list(AUC, n1,n2, scores))
}
```

9.4.3　计算结果

　　基于 8 种相似度的指标的链路预测算法应用在两个网络——email-Enron 和 ca-Cond-Mat 中,算法的 AUC 值如表 9-2 所示。在第一个网络中,AA 指标表现最佳,在第二网络中,RA 表现最佳,PA 指标在两个网络中表现均为最差。

表 9-2　　　　　　　　　基于邻居相似度指标的链路预测算法计算的 AUC 值

	Email-Enron	CA-CondMat
CN	89.71%	86.71%
Jaccard	89.36%	86.68%
Salton	89.24%	86.88%
Sφrensen	89.22%	86.69%
LHN	88.88%	86.86%
AA	**89.75%**	86.7%
RA	89.48%	**86.92%**
PA	86.11%	69.68%

习题

　　1. 简述链路预测算法的评价标准,从文献中搜集更多的评价标准,并进行对比。

　　2. 编程实现基于路径的相似度指标 Katz 和 LP,研究路径长度 n 对 LP 指标评价效果的影响。

　　3. 编程实现基于随机游走的相似度指标 LRW 和 SRW,比较两种指标的预测效果。

　　4. 参照章末参考文献 [1],通过蒙特卡洛方法随机系统树图生成每个树图的概率正比于该图似然函数的最大值。

参考文献

　　[1] Clauset A,Moore C,Newman M E. Hierarchical structure and the prediction of missing links in networks.. Nature,2008,453 (7191):98-101.

　　[2] Liu W,Lü L. Link prediction based on local random walk. Europhysics Letters,

2010，89（5）：58007−58012.

［3］ Lü L，Zhou T. Link prediction in complex networks：a survey. Physica a statistical mechanics and its applications，2011，390（6）：1150−1170.

［4］ Zhou T，Lü L，Zhang Y C. Predicting missing links via local information. The European physical journal B‐condensed matter and complex systems，2009，71（4）：623−630.

第 10 章　网络信息扩散

10.1　热点主题的发现方法

信息的传播和扩散是人类社会的基本特征。近些年，以微博、微信为代表的虚拟社交网络的快速发展对人类信息传播和扩散方式产生了巨大影响。在社交网络上，人们可以很容易地进行信息的发布、转发和共享。信息产生的便利性以及扩散的快速性使得社交网络成为人们获取信息的主要途径。社交网络上的信息扩散过程已引起计算机科学、管理学、社会学等多个领域学者的广泛关注。研究社交网络上的信息扩散过程将为舆情监测、市场营销、知识传播等实际应用提供重要的理论指导。

研究社交网络上的信息扩散，首先要找到出现大规模扩散的主题，这些主题受到大家的广泛关注，凭借社交网络中用户之间的连接得以快速传播从而在社交媒体中扩散开来，成为所谓的热点主题。文本分析中的传统主题检测方法并不适用于社交媒体，主要原因在于社交媒体上的所有信息都是由用户生成的，随时间快速变化，而以 LDA 模型为代表的传统主题检测方法则主要适用于处理静态、不随时间变化的文本信息，所以需要新的模型和方法来应对实时动态的主题检测问题。

社交媒体中信息的实时发布导致热点主题出现快速更迭。由于某事件的突然发生，前一刻还在热烈讨论的主题瞬间被有关该事件的主题所取代。这种现象在微博和推特中早已司空见惯。莱斯科韦茨等人刻画出社交媒体中的热点主题受关注程度随时间的动态变化的现象，大多数时间内热点主题受关注程度保持很低水平，只在某些特定时刻会迅速增加，到达峰值后则快速下降。这说明大多热点主题只在一个特定时段内成为热点，而在之前和之后则甚少被关注，我们称这样的热点主题为瞬时热点主题。下面，我们将针对这种类型的热点主题，介绍三种主题检测方法。

10.1.1　热点主题模型

热点主题模型（peaky topics model）是由沙马（Shamma）等人于 2011 年提出的一种简单有效的热点主题发现方法。该方法的基本思想是将在某一特定时段内出现频数高，并且在整个时间窗口期的所有文档中出现频数低的主题视为该特定时段的热点主题。注意这里"主题"指的是单个词汇。

该方法沿用文本分析中的经典 TF-IDF 方法思想，定义出主题频数（TF）以及逆文件频数（IDF），将 TF 与 IDF 的乘积作为主题热门程度的衡量指标。具体地，对主题 i，将时段 $[t，t+t_0]$ 内社交网络用户生成的所有文本信息（例如微博、推特、微信中的文本信息）中包含该主题的文本信息条数定义为该主题 t 时刻的主题频数，记为 $TF_{t,i}$，而收集的所有文本信息中包含该主题的文本信息条数的倒数则为该主题的逆文件频数（ICF_i）。于是，我们得到了主题 i 在时刻 t 的标准化频数得分 $NTF_{t,i}$：

$$NTF_{t,i} = TF_{t,i} \cdot ICF_i \tag{10-1}$$

依据得分高低就可对所有主题进行排序，得分最高的主题就是该时刻的热点主题。

[例 10.1]　奥巴马的总统就职典礼

经过激烈而漫长的选举，奥巴马于 2008 年 11 月 4 日正式当选为美国第 44 任总统。作为美国历史上第一位非洲裔总统，奥巴马上任恰逢新世纪以来最为严重的金融危机，其就职典礼受到了比以往更高的关注。

就职典礼于美国东部时间 2009 年 1 月 21 日中午 12 点开始，12 点 30 分结束。沙马等人收集了推特上从典礼开始的前半个小时（上午 11 点 30 分）到典礼结束后半个小时（下午 1 点）内的所有信息。根据式（10-1）计算出所有主题的标准化频数得分，其中，取 t_0 为 2.5 分钟。得分最高的主题被视为热点主题。图 10-1 展示了整个时段内所有热点主题。

从图 10-1 可以看出随着时间的推移，美国民众的关注点发生了明显变化。典礼进行前，上一届总统乔治·布什引起了广泛关注，而随着典礼的临近，人们对其关注程度快速下降。取而代之的依次是华理克牧师、在典礼上进行表演的美国著名歌手艾瑞莎·富兰克林以及华裔大提琴家马友友。随着就职演讲的开始，与奥巴马有关的内容开始成为热点主题。典礼结束后，当美国国歌奏响时，"国歌"成为大多数人的讨论热点。最后，当刚刚卸任的上一届总统乔治·W. 布什乘私人直升机离开时，直升机成为关注的焦点。

从图 10-1 中不难发现这些热点主题都只在某个特定时段内频数极高，而在其他时段内则鲜少出现。这与我们日常生活的经历相一致。某个焦点事件发生后，与其有关的主题会在极短时间内被大量转发，从而成为该时段内的热点主题。随着另一个重要事件的发生，人们的关注点快速转移到新事件上，于是上一组热点主题就不再是关注焦点了。

10.1.2　趋势动能方法

趋势动能方法（trend momentum）是一种预测短期内热点主题的方法。该方法的基

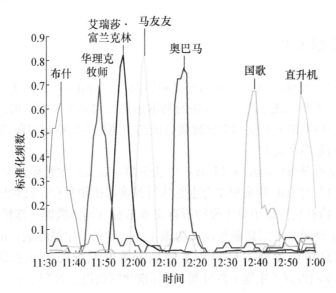

图 10-1 2009 年奥巴马总统就职典礼召开时段内的热点主题

资料来源：Leskovec，Backstrom L，Kleinberg J. Meme-tracking and the dynamics of the news cycle//ACMSIGK-DD International Conference on Knowledge Discovery and Data Mining. ACM，2009：497-506.

本思想来源于股票市场中经常采用的一个分析指标：指数平滑异同移动平均线（MACD）。该指标根据两个不同时间窗口（中期和长期）内的指数平滑移动平均值（EMA）之间的差值来判断股市行情：

$$\text{MACD}=\text{EMA(short time interval)}-\text{EMA (long time interval)}$$

通常，中期时间窗口取交易日的前 12 天，长期时间窗口取交易日的前 26 天。MACD 的正负号发生变化往往意味着股市发生了趋势性变化。当 MACD 从负转正，说明行情回转，是买入股票的好时机；而当 MACD 由正转负，则是行情反转的信号，预示着到了卖出股票的时候了。当股市处于持续上涨行情时，中期 EMA 始终大于长期 EMA，且两者之间的差距会逐步扩大，故在这个阶段内，MACD 始终为正值且取值愈来愈大。而当股市处于跌势时，中期 EMA 会小于长期 EMA，且二者的差值会愈来愈小，于是 MACD 会转为负值且取值逐渐减小。

仿照 MACD 指标的构成方式，Lu 等人首先定义出热点主题的短期和长期移动平均，将两个量的差值定义为该主题的趋势动能，根据趋势动能的取值预测出短期内哪些主题可能成为热点主题。这里的主题指的是单个词语。下面来具体介绍该方法。

由于社交网络出现新信息的时间是在整个时间轴上连续分布的，因此为了定义词语的移动平均值，需要先把连续时间离散化。最简单的做法是将整个时间段分割成若干等长的时间段，例如 1 分钟、1 小时等。在第 t 期内（即第 t 个时间段内），某个词语在所有信息中出现的频数记为 F_t。设移动间隔长度为 $k(1<k<t)$，则其第 t 期的移动平均值 $F(t,k)$ 定义为：

$$F(t,k)=\frac{F_{t-k+1}+F_{t-k+2}+\cdots+F_{t-1}+F_t}{}$$

即前 k 期内的平均值。

如果 $t<k$，就只用前 t 期的值来计算 $F(t,k)$，即

$$F(t,k)=\frac{F_1+F_2+\cdots+F_{t-1}+F_t}{t}$$

移动平均值度量了主题在一段时间内的平均热度。将两个不同移动间隔长度的移动平均值相减，就得到了主题在第 t 期的趋势动能：

$$M(t)=F(t,k_0)-F(t,k_1) \tag{10-2}$$

式中，k_0，k_1 分别表示两个移动间隔长度，且 $k_0<k_1$。

社交网络上确实存在一些较为持久的热点主题，例如房价、环境污染等，这些主题的移动平均值始终较大。同时也存在大量关注度很低的冷门主题，其移动平均值始终较小。而根据趋势动能的定义式（10-2），这两类主题的动能都很小，从而无法区别出持久性热点主题。为此需要对式（10-2）进行修正。由于热点主题长时间间隔内的移动平均值 $F(t,k_1)$ 大于冷门主题，因此可对 $F(t,k_1)$ 的值进行一定程度的压缩，由此得到修正后的趋势动能：

$$M(t)=F(t,k_0)-F(t,k_1)^r \tag{10-3}$$

式中，指数 r 为压缩参数，$0<r<1$。由于对 $F(t,k_1)$ 的取值进行了一定程度的压缩，因此长期热点主题的趋势动能就会高于长期冷门主题的趋势动能。

除了引入压缩参数外，主题的趋势动能与经典 MACD 的另一个不同之处在于计算 MACD 时使用的是指数平滑移动平均值，而主题趋势动能使用的是移动平均值。之所以做这样的改变是因为大多数主题在不同时段内出现的频数波动很大，而指数平滑方法的结果更倚重于近期内的观测值，所以平均值的波动可能依然很大。相比之下，移动平均方法的平滑效果更为理想。

根据式（10-3）计算得到的趋势动能就可对主题在未来短期内的热门程度做预测了。最简单的一种预测准则是看趋势动能的正负号变化，当趋势动能由负转正，说明该主题开始成为热点主题；而当趋势动能由正转负，则预示着该主题的受关注程度下降，已不再是热点主题了。

在实际应用中，如果依据式（10-3）计算出来的主题趋势动能在数值上依然有较大波动，可以再次对其进行移动平均以达到削减波动的目的，即

$$SM(t,k)=\frac{M_{t-k+1}+M_{t-k+2}+\cdots+M_{t-1}+M_t}{t}$$

[例 10.2]　推特热点主题预测问题

（1）数据集。数据集由两部分组成，一部分是使用推特提供的 API 从 2010 年 3 月发布的所有公共推特中随机抽取 1% 的推特信息，共计 200 万条推特信息。另一部分是该时段内推特趋势给出的热点主题，共 1 074 条，用来与趋势动能方法得到的预测结果进行对比。

（2）热点主题预测结果。以关键词"iPad"为例，该词于 2010 年 3 月 24 日晚上 10 点成为推特趋势中的热点主题。根据式（10-3）计算出该词在 2010 年 3 月 24 日早上 10 点（第 34 个小时）至晚 12 点（第 48 个小时）的趋势动能，如图 10-2 所示。

从图 10-2 中可以看出，在 iPad 成为推特趋势的热点主题前 12 小时（2010 年 3 月 24 日上午 10 点），其趋势动能已从负转正，说明 iPad 开始成为热点主题，并且此时两种移动平均值快速增加并在之后的一段时间内维持在较高水平，而推特趋势则在趋势动能预测的时间点 12 小时后（第 46 个小时）才将 iPad 列为热点主题。事实上，根据趋势动能的计

算结果来看，此时 iPad 的受关注程度已开始下降。从两种结果的对比可以看出，趋势动能方法具有一定超前预测的能力。

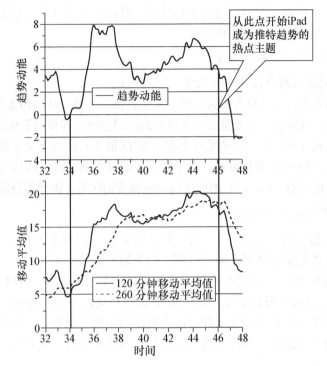

图 10 - 2　推特趋势中给出的热点主题"iPad"的趋势动能及移动平均值曲线

资料来源：Rong L，Qing Y. Trends analysis of newstopics on Twitter. International journal of machine learning and computing，2012，2（3）：327-332.

（3）结果评价。为了对趋势动能方法的预测能力做出客观公正的评价，Lu 等人计算出推特趋势中所有热点主题的趋势动能，确定出趋势动能从负转正的时间点 t_M，将该时间点与成为推特趋势中热点主题的时间点 t_T 做差得到 $\Delta t = t_T - t_M$，Δt 的统计结果如表 10 - 1 所示。74.46% 的主题在成为推特趋势热点主题前 16 小时内，其趋势动能的值已出现从负转正的情况，标志其已成为热点主题。这一结果再次印证了趋势动能方法的超前预测能力。

表 10 - 1　　　　　　　　　　　　趋势动能超前推特趋势的时长及占比

时长范围 Δt（小时）[①]	百分比（%）
[0，4]	10.22
[4，8]	24.34
[8，12]	29.69
[12，16]	10.21
总计	74.46

注：①所参考资料中的时段划分有误，笔者此处已做修改。
资料来源：Rong L，Qing Y. Trends analysis of newstopics on Twitter. International journal of machine learning and computing，2012，2（3）：327-332.

10.1.3　基于时间和关联属性的热点主题探测方法

前面介绍的两种热点主题探测方法都只使用了主题的出现频数，而忽略了用户之间的关系这一社交网络的本质特征。基于此，卡塔尔迪（Cataldi）等人将用户关系纳入主题的热点评估过程中，建立了一种综合主题内容和关联属性的热点主题探测方法（TSTE）。与前面两种方法的另一个不同之处在于该方法可处理具有多个关键词的主题。该方法分为五个主要步骤：（1）生成关键词的频数向量；（2）度量用户重要性；（3）度量词语热门程度；（4）筛选热点词语；（5）汇总为热点主题。下面依次对每个步骤做简单介绍。

一、生成关键词的频数向量

给定一个时间间隔 $[t,\ t+r]$，在这期间用户发出的所有信息记为 $\mathcal{W}(t)$，共有 $N(t)$ 条。将每条信息分解为若干词语，根据词语在信息中出现的次数赋予权重。具体地，假设信息 j 中共有 n_j 个词语，其中词语 x 出现 f_j^x 次，则词语 x 的权重定义为：

$$\omega_j^x=0.5+0.5\ \frac{f_j^x}{f_j^{\max}},x=1,2,\cdots,n_j \tag{10-4}$$

式中，$f_j^{\max}$ 为信息 j 中的词语的最高频数。由此，每个词语无论是否在信息中出现，其权重都为大于零的数（至少 0.5）。由于某些出现频数较低的词的确与某个主题紧密相关，于是通过这样缩小高频词和低频词之间的权重差距，达到提高低频词重要性的目的。

对信息 j 中每个词语都按式（10-4）计算出权重，从而得到向量 $\omega_j=(\omega_j^1,$ $\omega_j^2,\ \cdots,\ \omega_j^{n_j})$，称为信息 j 的词频向量。

二、度量用户重要性

无论是推特还是微博都出现了一些有较大影响力的用户。这些人往往拥有规模巨大的粉丝群，其发布的信息常常受到广泛关注。社交媒体的这种组织形式决定了一条信息的价值不仅取决于信息本身的内容，还与发出信息的人直接相关。于是，全面衡量每个主题的受关注程度需要对用户的重要性进行度量。节点重要性度量是社交网络中的一个重要议题，已有很多较为成熟的度量方法，详见本书第 8 章。我们将在 10.4 节从信息扩散角度对度量节点重要性的方法做简要介绍。

这里采用的是 PageRank 方法（详见 8.2 节），该方法。由谷歌创始人之一拉里·佩奇（Lary Page）与其合作者共同提出，是谷歌公司的专有算法。该方法的主要思想是一个网页的重要性是由链接到它的其他网页重要性所决定的。对应到社交媒体中，每个用户的重要性取决于关注他的用户的重要性。对一个共有 M 个用户的社交网络，用户 u_i 的重要性 $S(u_i)$ 定义为：

$$S^{(u_i)}=1-\delta+\delta\sum_{u_j\in\Phi^{in}(u_i)}\frac{S(u_i)}{K^{out}(u_j)} \tag{10-5}$$

式中，$\Phi^{in}(u_i)$ 表示所有关注 u_i 的用户集合；$K^{out}(u_j)$ 表示 u_i 关注的用户个数；$\delta\in(0,1)$ 是阻尼因子，表示网络中某个用户向其关注用户转移的概率。

实际计算中，采用迭代计算方法求出每个用户的重要性。任意给定用户的初始重要性，最简单的取法是让所有用户的重要性相同：

$$S^0(u_i)=\frac{1}{M},\qquad i=1,2,\cdots,M$$

之后按照式（10-5）依次更新每个用户重要性：

$$S^{t+1}(u_i) = 1 - \delta + \delta \sum_{u_j \in \Phi^{in}(u_i)} \frac{S^t(u_j)}{K^{out}(u_j)}, \qquad i = 1, 2, \cdots, M$$

重复上述计算过程直到收敛，即式（10-5）成立。至此就得到所有用户的重要性。

三、度量词语热门程度

有了词频和发布信息用户的重要性就可量化词语在一段时间内的受用度。给定词语 k，在时段 $[t, t+r]$ 内，包含该词的所有信息为 $\Omega^k(t)$，发布信息 j 的用户为 $Use(j)$，则该词语具有如下受用度 $U^k(t)$：

$$U^k(t) = \sum_{j \in \Omega^k(t)} \omega_j^k \cdot S(Use(j))$$

社交网络中存在一些关注度始终较高的主题，这些主题大多与人们日常生活紧密相关，例如环境保护、交通拥堵等。有关词语不仅在所有信息中出现比例高，且常常引起网络中影响力较大的用户的关注。根据受用度的定义，在相当长时间内，这些词语的受用度 U 保持在较高值。但这里我们更加感兴趣的是发现给定时间段内新出现的而非长期的热点主题。例如，"地震"这个词语并不算是社交网络中的长期热点主题，但在某些特殊时间点后，尤其当某些国家发生地震后，其频数会突然升高，从而成为其后一段时间内的热点主题。图10-3给出了2009年10月至2010年1月中出现"地震"（earthquake）这个词的推特信息占比。正如我们所料，在绝大多数时间内，其占比都非常低，但在2010年1月13日，南美洲国家海地发生了里氏7级地震，与其同时"地震"这个词在推特信息中出现的次数暴增。随着地震的消息逐渐被大多数人知晓，"地震"出现在信息中的比例逐渐降低，最终恢复到正常状态。由此可见，虽然地震非长期热点主题，但确是1月13日新出现的热点主题。这一类热点主题的受用度在某个时间点前后会出现剧烈变化，所以为了探测到这一类主题，需要刻画出受用度随时间的变化曲线。

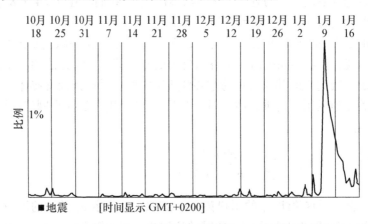

图10-3 在2009年10月至2010年1月中出现"地震"一词的推特信息占所有信息的百分比

资料来源：Cataldi M，Caro L D，Schifanella C. Emerging topic detection on Twitter based on temporal and social terms evaluation//Proceedings of the 10th International Workshop on Multimedia Data Mining. ACM，2010：4-13.

给定词语 k，其第 t 期受用度（$[t, t+r]$）与前 s 期受用度的平均差距为：

$$H^k(t) = \sum_{l=t-s}^{t} \frac{\left[(U^k(t))^2 - (U^k(l))^2\right]}{t-l} \tag{10-6}$$

式中，s 是时间窗口长度，$0<s<t$。$H^k(t)$ 反映了词语 k 第 t 期受用度相比于前 s 期的变化程度。$H^k(t)$ 的值越大，说明受用度增长幅度越大，于是称 $H^k(t)$ 为词语 k 在第 t 期的热门程度。

四、筛选热点词语

根据式（10-6）可计算出每个词语在任意时段的热门程度。将所有词语都视为热门词语显然不合理也不现实，所以需要建立一个筛选热点词语的标准。

阈值法是最简单的一种筛选方法。具体地，给定阈值参数 $\delta \geqslant 1$，定义临界热门程度 $H^*(t)$：

$$H^*(t) = \delta \frac{\sum\limits_{k=\in\Omega(t)} H^k(t)}{N(t)}$$

所有热门程度 $H(t)$ 大于阈值 $H^*(t)$ 的词语都被视为第 t 期的热点词语。所有这些词语构成的集合记为 $\mathscr{H}(t)$。

五、汇总为热点主题

多个关键词常常围绕一个主题，例如春运、拜年、春晚、年货等词语都和过春节这个主题紧密相关，而主题才是我们挖掘的目标。下面介绍如何将词语汇总为主题。分为 4 个主要步骤：（1）计算词语之间的相关度；（2）生成主题网络；（3）主题发现及排序；（4）筛选重要词语。

1. 计算词语之间的相关度

文本分析中度量两个词语相关性的指标很多。这里采用基于概率反馈机制下的相关性度量方法。该方法的基本思想是将某个词语作为用户做出的一个搜索请求，而把所有包含该词的文档作为搜索结果的反馈（关于该方法的详细介绍，感兴趣读者请参阅本章末的参考文献 [5]）。任意给定两个词语，总体来讲，同时包含这两个词的文档越多相关度越高，而只包含其中一个词的文档越多则相关度越低。在第 t 期内，用户总计发出 $N(t)$ 条信息，包含词语 x，y 的信息条数分别为 $N^x(t)$ 和 $N^y(t)$，其中同时包含两个词的总共有 $N^{x,y}(t)$ 条信息，则词语 x 和 y 的相关度为：

$$r^{x,y}(t) = \left| \frac{N^{x,y}(t)}{N^x(t)-N^{x,y}(t)} - \frac{N^y(t)-N^{x,y}(t)}{N(t)-N^x(t)-N^y(t)+N^{x,y}(t)} \right|$$
$$\times \log \frac{N^{x,y}(t)/(N^x(t)-N^{x,y}(t))}{(N^y(t)-N^{x,y}(t))/(N(t)-N^x(t)-N^y(t)+N^{x,y}(t))} \quad (10-7)$$

从式（10-7）可以看出，当 $N^{x,y}(t)$ 增加时，$r^{x,y}(t)$ 随之增加，而当 $N^y(t)-N^{x,y}(t)$ 或 $N^x(t)-N^{x,y}(t)$ 增加时，$r^{x,y}(t)$ 会随之降低。需要注意的是与大多数相关度指标不同，$r^{x,y}(t)$ 关于 x，y 并不对称。

由此，对于任意一个词语 x，都可按照式（10-7）定义出其与所有词语的相关度，从而得到词语 x 的相关度向量：

$$r^x(t) = (r^{x,1}(t), r^{x,2}(t), \cdots, r^{x,N(t)}(t)), \qquad x=1,2,\cdots,N(t)$$

2. 生成主题网络

确定好每个词语的相关度向量后，就可生成一个由词语构成的主题网络 $G(\mathscr{W}(t)$，

$\varepsilon(t)$，$s(t)$），其中每个网络节点为一个词语，任给两个词语 x 和 y，只要 x 与 y 的相关度 $r^{x,y}(t)$ 非零，则存在一条从 x 到 y 的有向边，边的权重为 $s_{x,y}(t) = \dfrac{r^{x,y}(t)}{\| r^x(t) \|}$。由此看出，主题网络 $G(\mathcal{W}(t), \varepsilon(t), s(t))$ 是一个有向加权网络。如果网络过于稠密，则可使用基于局部权重法对其进行抽样，只留下权重较大的边。

3. 主题发现及排序

与某个主题有关的词语之间应当具有紧密关系，因此可应用社区发现方法来揭示所蕴含的主题。具体地，在主题网络 $G(\mathcal{W}(t), \varepsilon(t), s(t))$ 中应用适用于有向网络的社区检测方法（第 7 章），并将得到的每个社区视为一个主题；另一种更为简单的方法是将网络中的每个强连通分支直接当作一个主题。

最后，根据主题所含词语的热门程度定义出主题的热门程度。我们假设主题网络 $G(\mathcal{W}(t), \varepsilon(t), s(t))$ 被划分为 L 个主题 $G_l(t)$，分别包含 $N_l(t)$ 个词语，则第 l 个主题具有的热门程度 $TH(t)$ 为：

$$TH(t) = \frac{\sum\limits_{k \in G_l(t)} H^k(t)}{N_l(t)}$$

由此可根据其热门程度对所有主题进行排序。

4. 筛选重要词语

通过社区发现方法和强连通分支方法都可能找到一些规模较大的主题。这些主题中包含词语很多，其中相当比例的词语并不重要或者与主题关联度并不高，如果都予保留，不仅加大了分析的难度，而且过多信息容易造成用户的信息过载。所以有必要为每个主题进行词语筛选。通常可人为设定一个阈值 μ，每个主题只留下热门程度排在前 μ 位的词语。

至此，我们完成了从信息中提取热门主题的全过程。下面来看一下该方法的实际应用效果。

［例 10.3］　挖掘推特上的热点主题

卡塔尔迪等人收集了推特上 2010 年 4 月 13—28 日的部分公开信息，信息超过 300 万条，含有超过 3 万个关键词。应用 TSTE 方法得到每一天新出现的热点主题，表 10-2 列出了 5 个热点程度（TH）最高的主题及与之有关的关键词。选用的时间间隔 r 为 15 分钟，计算热门程度选取的时间窗口长度 s 为 200 期，即 3 000 分钟。从中可以看出，该方法发现的热点主题非常具体，伴随某个事件的发生出现，而在日常生活中则甚少被提及。不难发现，提取的关键词也的确是与对应主题紧密相关的词语。

表 10-2　　　　　2010 年 4 月 10 日至 28 日推特上 3 个热点程度最高的主题

日期	热点主题	关键词
2010.4.15	艾雅法拉（Eyjafjallajokull）	火山，机场，冰岛，关闭
2010.4.18	卡钦斯基（Kaczynski）[①]	总统，葬礼
2010.4.21	萨马兰奇[②]	主席，巴塞罗那，荣誉，去世

注：①卡钦斯基为波兰已故总统，其葬礼于 2010 年 4 月 18 日举行，详见报道 http://news.bbc.co.uk/2/hi/8627857.stm。

②萨马兰奇，国际奥委会终身名誉主席，2010 年 4 月 21 日于巴塞罗那逝世，详见报道 http://www.nytimes.com/2010/04/22/sports/22samaranch.html。

资料来源：Cataldi M, Caro L D, Schifanella C. Emerging topic detection on Twitter based on temporal and social terms evaluation//Proceedings of the 10th International Workshop on Multimedia Data Mining. ACM, 2010：4-13。

10.1.4 其他方法

社交网络热点主题探测方面，除前面介绍的 3 种方法外，还有很多其他方法，例如奥苏麦特（AlSumait）等人对文本分析中 LDA 主题模型进行改进，提出了适用于社交网络的在线 LDA 方法 OLDA，该方法通过加入新数据不断对原有主题模型进行修正，为每个主题建立了演化矩阵，刻画了主题热门程度随时间的变化，可以发现某些热点主题。再比如，塔卡加什（Takajashi）等人基于用户在社会媒体中的"提到"行为提出了一种热点探测方法，该方法通过建立概率模型学习出用户提及同一主题次数的概率分布，之后通过序列折中的正则极大似然方法（SDNML）得到每个词语的提到总得分，最后根据动态阈值优化方法（DTO）计算出临界点，找出热点主题。由于篇幅所限，其他方法就不再一一赘述了，感兴趣的读者可以查阅相关资料。

10.2 信息扩散过程的建模与分析

10.2.1 线性阈值模型

线性阈值模型是刻画网络中信息扩散过程的经典模型之一。该模型假定网络中每个节点都会设定一个阈值，对任意一个节点而言，当周围已激发节点对其影响之和超过阈值，则该节点就被激发，否则将不被激发。

具体地，给定一个网络 $G=(V, E)$，共有 N 个节点，M 条边。每个节点的可能状态有两种：激发和未激发，分别用 $s_i=0$ 和 $s_i=1$ 表示。每条边 (i, j) 具有一个权重 ω_{ij}，表示两个相连节点之间的影响程度，满足 $\sum_{j \in \partial i} \omega_{ij} \leqslant 1$。从 $[0, 1]$ 中生成 N 个随机数 $\{X\theta_i\}$，作为 N 个节点的阈值。初始时刻，网络中部分节点状态被激发，这些节点被记为 N_0。接下来这些激发节点的邻居节点中所有满足 $\sum_{j \in \partial i} \omega_{ij} s_j \geqslant \theta_i$，$i \in \partial N_0$ 条件的节点也被激发，重复此过程直到没有新节点被激发为止。如将接收信息作为激发状态，则上述动力学过程刻画了信息在网络中的某种扩散过程。

[例 10.4] 线性阈值模型下的信息扩散过程示例

图 10-4（a）的网络中，初始时刻节点 A 发出信息，由于 $\omega_{AB} > \theta_B$，故节点 B 接收并发出信息，接下来，节点 C 和 D 共同达到阈值条件，故同时成为信息的收发端，继续此过程，信息依次扩散至节点 E 和 F。至此，信息从初始一个节点最终传播到整个网络。而图 10-4（b）网络由于考虑了边的方向，因此信息传播过程出现了变化。从节点 A 开始，信息依次传播到节点 B，C，D，由于节点 E 和 F 均没有到达阈值条件，因此传播过程终止在节点 D，无法继续进行。在这个网络中信息从节点 A 起实现一定程度的扩散，但并未波及整个网络。该实例的计算流程及程序代码见 10.3 节。

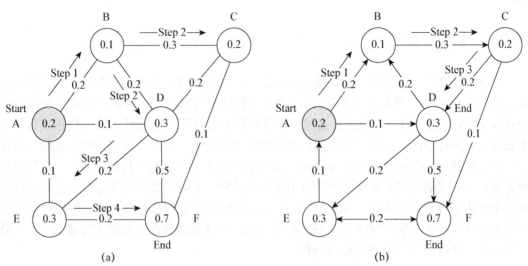

图 10 - 4　线性阈值模型下的信息扩散过程示意图

说明：图（a）是无向网络，图（b）是有向网络。

10.2.2　独立级联模型

独立级联模型是描述网络中信息扩散过程的另一种常用模型。该模型假定每个新被激发的节点会以一定概率激发其未被激发的邻居节点。给定网络 $G = (V, E)$，任意边 (i, j) 上具有两个权重值 p_{ij} 和 p_{ji}（$0 \leqslant p_{ij} \leqslant 1$，$0 \leqslant p_{ji} \leqslant 1$），分别表示节点 i 成功激发节点 j 和节点 j 成功激发节点 i 的概率。在每个时间步内上一步新被激发的节点 i 以概率 p_{ij} 激发其周围每一个尚未被激发的节点 j，且无论激发是否成功，节点 i 都不会在余下的时间步中再次尝试激发节点 j。重复此过程，直到不再有新节点会被激发。

[例 10.5]　独立级联模型下的信息扩散过程示例

在图 10 - 5 中，初始时刻节点 a 和节点 i 被激发。节点 a 以 0.3 的概率激发邻居节点 b，节点 i 则分别以 0.4，0.4，0.1 的概率激发邻居节点 g，f 和 h。节点 b，g，f 被成功激发，而节点 h 则未被激发。继续此过程，在下一轮传播中，节点 e 被激发，最后节点 h 被节点 e 激发。由于此时没有新节点会被激发，因此该扩散过程结束。信息从节点 a，i 发出，最终扩散到节点 b，e，h，g 和 f。该实例的计算流程及程序代码见 10.3 节。

10.2.3　传染病模型

一、传染病模型简介

前面介绍的两种信息扩散模型都是在已知网络结构的前提下，根据已有的信息扩散历史记录来推测信息未来的扩散路径。因此，如果网络结构未知，这两种模型就难以发挥作用。而事实上，社交网络结构的获取并不容易，例如，生活中真实存在的社交网络，往往就只能依靠抽样调查的方式获得很小部分的结构信息，并且不可避免地夹杂着各种偏误。即使是在线社交网络，也只有在 API 端口开放、获得授权的前提下才能获得大量的结构信息。面对这种现状，我们就需要一套无须知晓网络结构的信息扩散研究方法，其中较为经典的是以 SIR 和 SIS 为代表的传染病模型。1927 年，克马克（Kermack）和梅肯德里（Makendrick）在研究 1665—1666 年黑死病在英国伦敦和 1906 年瘟疫在印度孟买的传播规律时首次提出了 SIR 模型，5 年后提出了 SIS 模型。

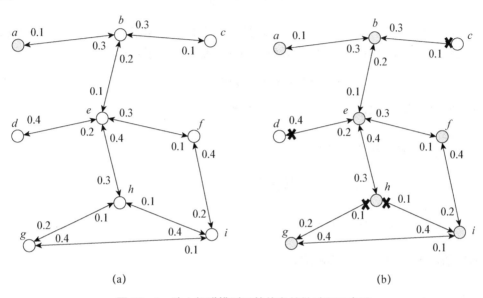

图 10－5　独立级联模型下的信息扩散过程示意图

说明：1. 图（a）是传播初始，图（b）是传播的完整过程。
　　　2. 靠近箭头的数字为沿该方向传播的概率。

二、SIS 模型

SIS 模型将总人口分为两类：易感者（susceptible），指未染病但有可能被该类疾病传染的人，其 t 时刻的人数记为 $S(t)$；感染者（infectives），指已被疾病感染并具有传染力的人，其 t 时刻的人数记为 $I(t)$。设 t 时刻的总人口数为 $N(t)$，则有 $N(t)=I(t)+S(t)$。此时易感者和感染者占总人口的比例分别记为 $s(t)\equiv\dfrac{S(t)}{N(t)}$ 和 $i(t)\equiv\dfrac{I(t)}{N(t)}$，有 $s(t)+i(t)=1$。

SIS 模型的建立基于以下几个假设：

（1）易感者与感染者在人群中均匀混合。每个个体以相同概率接触到群体中所有其他个体。

（2）不考虑人口的出生、死亡和迁移等因素，即认为人口总量保持恒定 $N(t)\equiv N$。

（3）单位时间内每个感染者对人群中所有易感者具有相同的传染力，记为 β。t 时刻一个感染者所能传染的易感者数量为 $\beta s(t)$，从而在 t 时刻单位时间内被传染的易感者共有 $\beta s(t)I(t)$ 人。

（4）单位时间内每个感染者以相同概率 γ 痊愈，重新成为易感者。于是，t 时刻单位时间内共有 $\gamma I(t)$ 个感染者成为易感者。

在以上四个基本假设条件下，易感者从被感染到痊愈重新成为易感者的过程如图 10-6 所示：

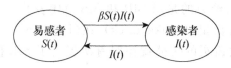

图 10-6　SIS 模型示意

根据以上假设，在 $(t, t+\Delta t)$ 时间内感染者人数的变化来源于两个方面的变动：易感者受到感染成为感染者，以及感染者痊愈后成为易感者。于是有

$$I(t+\Delta t)-I(t)=\Delta t[\beta S(t)I(t)-\gamma I(t)] \tag{10-8}$$

等式两边同时除以总人数 N，再令 $\Delta t \to 0$，得到

$$\frac{\mathrm{d}i(t)}{\mathrm{d}t}=\beta S(t)i(t)-\gamma i(t) \tag{10-9}$$

利用 $s(t)+i(t)=1$ 消去 $s(t)$，则转化为：

$$\frac{\mathrm{d}i(t)}{\mathrm{d}t}=\beta[1-i(t)]i(t)-\gamma i(t)$$

假设初始条件为 $i(0)=i_0$，则解为：

$$i(t)=\frac{i_0(1-\sigma^{-1})e^{(\beta-\gamma)t}}{1-\sigma^{-1}-i_0+i_0 e^{(\beta-\gamma)t}}$$

式中，$\sigma=\dfrac{\beta}{\gamma}$ 表示一个感染期内每个感染者有效接触的易感者平均人数，称为接触数。

扩散充分长时间，即 $t \to \infty$，则有

$$\lim_{t \to \infty} i(t)=\begin{cases}1-\sigma^{-1}, & \sigma>1 \\ 0, & \sigma \leqslant 1\end{cases}$$

由此可以看出，接触数 $\sigma=1$ 是一个阈值，在这个值附近疾病传染行为有明显不同。

(1) $\sigma \leqslant 1$ 时，感染者比例 $i(t)$ 逐渐减小，最终趋于 0，说明疾病可被彻底消除。$i(t)$ 随时间演化过程如图 10-7 (a) 所示。

(2) $\sigma>1$ 时，感染者 $i(t)$ 比例不再趋于零，而是趋于一个严格大于零的极限值 $1-1/\sigma$，说明不可能将疾病完全消除。$i(t)$ 随时间的增减性取决于初始时刻的感染者比例 i_0；$i_0>1-1/\sigma$ 时，$i(t)$ 为减函数，$i_0<1-1/\sigma$ 时，$i(t)$ 为增函数，如图 10-7 (b) 所示。

三、SIR 模型

与 SIS 模型不同，SIR 模型认为感染者一旦痊愈后不会再染病，从而此类人彻底从感染者中退出而成为恢复者（recovered）。t 时刻恢复者人数记为 $R(t)$。于是，t 时刻的总人口数 $N(t)$ 就等于三类人口的总和 $N(t)=S(t)+I(t)+R(t)$，此时恢复者占总人口比例

记为 $r(t)$。

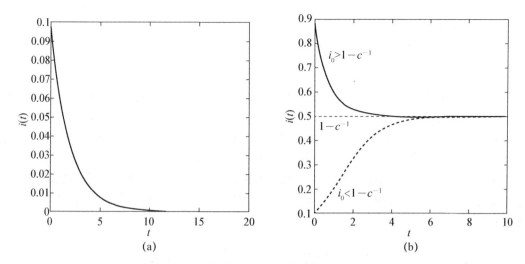

图 10-7　SIS 模型中感染者比例随时间变化的演化过程

说明：图（a）中接触数 $\sigma = 0.5$，其余参数为 $i_0 = 0.1$，$\beta = 0.5$，$\gamma = 1$。图（b）中接触数 $\sigma = 2$，$\beta = 2$，$\gamma = 1$，上方曲线中 $i_0 = 0.9$，下方曲线中 $i_0 = 0.1$。

SIR 模型同样有四个基本假设，前三条与 SIS 模型相同，第四条假设修改为：单位时间内每个感染者以相同概率 γ 痊愈，且不会再染病。于是，t 时刻单位时间内共有 $\gamma I(t)$ 个人从感染者中移出，成为恢复者。SIR 模型中易感者从感染到恢复的全过程如图 10-8 所示：

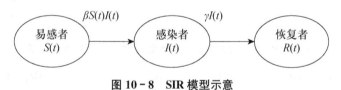

图 10-8　SIR 模型示意

在 $(t, t+\Delta t)$ 时间内感染者人数的变动仍遵循式（10-8），易感者人数不断减少，

$$N(s(t+\Delta t) - s(t)) = -\Delta t \beta s(t) i(t) N$$

而恢复者人数不断增加，有

$$N(r(t+\Delta t) - r(t)) = \Delta t \gamma i(t) N$$

令 $\Delta t \to 0$，得到

$$\frac{\mathrm{d}s(t)}{\mathrm{d}t} = -\beta s i(t) \tag{10-10}$$

$$\frac{\mathrm{d}r(t)}{\mathrm{d}t} = \gamma i(t) \tag{10-11}$$

假设初始时刻的易感者人数和感染者人数分别为 S_0 和 I_0。结合式（10-9），得到 SIR 模型的微分方程组：

$$\begin{cases} \dfrac{\mathrm{d}i(t)}{\mathrm{d}t} = \beta s(t)i(t) - \gamma i(t) \\[2mm] \dfrac{\mathrm{d}s(t)}{\mathrm{d}t} = -\beta s(t)i(t) \\[2mm] i(0) = i_0,\ s(0) = s_0 \end{cases} \tag{10-12}$$

严格求解方程组（10-12）非常困难，于是我们通过数值计算方法来估计三种人群占比随时间变化的规律。取参数 $\beta=1$，$\gamma=0.3$，初始值 $i_0=0.1$，$s_0=0.9$。如图 10-9（a）所示，感染者占比 $i(t)$ 由初值增长至约 $t=4$ 时达到最大，之后减小，随着时间推进最终趋于 0。易感者占比 $s(t)$ 则单调减少，最终稳定在 0.035 9，剩余 96.41％ 均为恢复者。图 10-9（b）给出了模型中 s 和 i 的相轨线，曲线最右端对应着初始时刻，随着时间推进，(s, i) 沿相轨线从右至左运动，从中可以看出感染者和易感者的占比之间的关系。

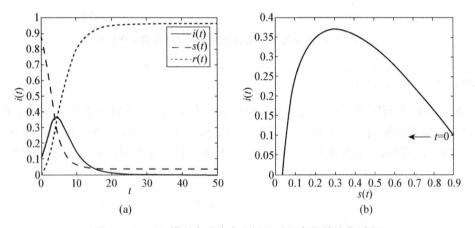

图 10-9　SIR 模型中感染者比例随时间变化的演化过程

下面，我们利用相轨线来讨论 SIR 模型解的性质。(s, i) 构成的平面为相平面，相轨线在相平面上的定义域为 $D=\{(s, i)\ |\ s, i \geqslant 0;\ s+i \leqslant 1\}$。在方程（10-12）中消去 $\mathrm{d}t$，有

$$\begin{cases} \dfrac{\mathrm{d}i}{\mathrm{d}s} = \dfrac{1}{s\sigma} - 1 \\[2mm] i\big|_{s=s_0} = i_0 \end{cases}$$

式中，σ 仍然为接触数，则方程的解为：

$$i(s) = s_0 + i_0 - s + \frac{1}{\sigma}\ln\frac{s}{s_0} \tag{10-13}$$

在定义域 D 内，式（10-13）表示的曲线即为相轨线，如图 10-10 所示，其中箭头所指方向为时间 t 增加的方向。

下面根据相轨线图来分析 $s(t)$，$i(t)$，$r(t)$ 的演化过程。$t \to \infty$ 时三者的极限值分别记为 s_∞，i_∞，r_∞。

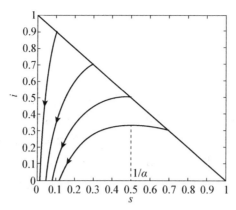

图 10-10　SIR 模型的相轨线

说明：$\sigma = 2$，曲线从上至下对应的 s_0 分别为 0.1，0.3，0.51 和 0.7。

（1）不论初始条件 s_0，i_0 如何，感染者终会消失：$i_\infty = 0$。

首先，由方程（10-10）可知，s 为 t 的单调递减函数，而 $s \geqslant 0$，由单调有界序列必有极限可知 s_∞ 存在（$s_\infty \geqslant 0$）。同样道理，由方程（10-11）可知 r_∞ 也存在且 $r_\infty \leqslant 1$。因此 $i_\infty = 1 - r_\infty - s_\infty$ 必定存在。

其次，假如 $i_\infty = m > 0$，则由方程（10-11）可知，对充分大的 t 有 $\dfrac{\mathrm{d}r}{\mathrm{d}t} > \gamma \dfrac{m}{2}$，这将导致 $r_\infty = \infty$，与 $r_\infty \leqslant 1$ 相矛盾，从而得出 i_∞ 必然为 0。

（2）根据初始值 s_0 的不同，i，s 出现两种演化过程。当 $s_0 > \dfrac{1}{\sigma}$（图 10-8 中下方两条曲线），由于在演化初期 $\dfrac{\mathrm{d}i}{\mathrm{d}s} = \dfrac{1}{s\sigma} - 1 > 0$，因此 $i(t)$ 增加。直到 $\dfrac{\mathrm{d}i}{\mathrm{d}s} = \dfrac{1}{s\sigma} - 1 = 0$，即 $s = \dfrac{1}{\sigma}$，此时 $i(t)$ 达到最大值 $i_m \equiv s_0 + i_0 - \dfrac{1}{\sigma}\left(1 - \ln\dfrac{1}{\sigma s_0}\right)$。之后由于 $s < \dfrac{1}{\sigma}$，故 $i(t)$ 减小，直至 0 为止，与此同时 $s(t)$ 减小至 s_∞，即当 $s_0 \leqslant \dfrac{1}{\sigma}$（图 10-10 中上方两条曲线），则 $i(t)$ 单调减小至 0，$s(t)$ 单调减小至 s_∞。

（3）由结论（1），可求出易感者在总人群中的最终占比 s_∞。在式（10-13）中取 $i = 0$，得到方程：

$$s_0 + i_0 - s + \frac{1}{\sigma}\ln\frac{s}{s_0} = 0$$

s_∞ 为方程在 $\left(0, \dfrac{1}{\sigma}\right)$ 内的解，在图形上是相轨线与 s 轴在 $\left(0, \dfrac{1}{\sigma}\right)$ 内交点的横坐标。

10.3　实践案例——信息扩散计算过程

本节将根据一个网络实例，对基于线性阈值模型和独立级联模型的信息扩散计算过程进行说明，并给出程序代码。

10.3.1 数据介绍

对于线性阈值模型，这里使用例 10.4 中的无向网络（下文称为网络 A）。该网络共有 6 个节点，10 条边。每条边均带有权重值，代表两个相邻节点对彼此的影响力。每个节点具有一个阈值，代表被成功激发的最低水平。网络数据分为节点和边集两部分，如图 10-11 所示。图 (a) 中节点数据记录节点信息，第一列为节点编号，第二列为节点的阈值。图 (b) 中边集数据记录边的信息，其中前两列为两个相邻节点的编号，第三列为边的权重值。

ID	Threshold
A	0.2
B	0.1
C	0.2
D	0.3
E	0.3
F	0.7

(a)

Node1	Node2	Weight
A	B	0.2
B	C	0.3
A	D	0.1
A	E	0.1
B	D	0.2
D	E	0.2
D	F	0.5
C	F	0.1
C	D	0.2
E	F	0.2

(b)

图 10-11　网络 A 数据集

对于独立级联模型，这里使用例 10.5 中的网络（下文称为网络 B）。该网络共有 9 个节点，10 条边，每条边均带有两个权重，分别代表其中一个节点成功激发另一个节点的概率。网络数据如图 10-2 所示，其中前两列为每条边中两个节点的编号，后两列为激发概率，第三列为第一个节点激发第二个节点的概率，第四列为第二个节点激发第一个节点的概率。

Node1	Node2	P12	P21
a	b	0.3	0.1
b	c	0.1	0.3
b	e	0.1	0.2
d	e	0.2	0.4
e	f	0.1	0.3
e	h	0.3	0.4
g	h	0.1	0.2
g	i	0.1	0.4
h	i	0.4	0.1
f	i	0.2	0.4

图 10-12　网络 B 数据集

10.3.2 计算流程及程序代码

一、线性阈值模型

首先读入网络数据。初始时刻，节点 A 被激发，激发节点集 $\Gamma = \{A\}$。接下来，逐个检验节点 A 的邻居节点，如果达到激发条件则被激发，否则状态不变，更新激发节点集。重复此过程，直到不再有新节点被激发为止。最后，输出网络中所有节点的状态。

下面给出上述计算过程的程序代码。

```
//读入网络数据
//本代码使用 igraph 模拟网络结构
//如无此 package 请依据下一行代码安装
install.packages("igraph")
library(igraph)
//读取节点与边的数据
vertices = read.csv("NetAvertices.csv")
vertices $ activate = 0
edges = read.csv("NetAedges.csv")
//生成图,如果需要生成有向图,只要将 direct = F 改为 direct = T 即可
example.graph = graph_from_data_frame(edges, direct = F, vertices = vertices)
//可视化样例图,set.seed 保证每次可视化节点的位置不变
set.seed(1)
plot(example.graph)

//更新下一次用于遍历的节点的函数
update.neighbor.nodes <- function(graph, new.nodes, neighbor.nodes, activate.
nodes)
{
//查找新激活节点的邻居节点
if (is.directed(graph))
update.nodes = adjacent_vertices(graph, new.nodes, mode = "out")
else
update.nodes = adjacent_vertices(graph, new.nodes, mode = "all")
//对查找结果进行去重然后与上一轮遍历的节点合并
update.nodes = setdiff(unique(unlist(update.nodes)), activate.nodes)
neighbor.nodes = union(neighbor.nodes, update.nodes)
//去除已激活节点
new.neighbor.nodes = setdiff(neighbor.nodes, activate.nodes)
return(new.neighbor.nodes)
```

```
}
//信息累积量计算函数
signal.cum< - function(graph, v) {
val = 0
for (each.edge in E(graph)[to(v)]) {//遍历邻边
omega_ij = E(graph)[each.edge]$Weight //获取该边权重
node_i = setdiff(ends(graph, each.edge), V(graph)[v]$name) //获取该边节点
s_i = V(graph)[node_i]$activate //获取该节点状态
val = val + omega_ij * s_i
}
return(val)
}
//激活过程函数
activate.process< - function(graph, activate.nodes){
//初始化参数
//activate.nodes —— 存储已激活节点
//neighbor.nodes —— 存储用于遍历的节点
activate.nodes = match(activate.nodes, V(graph)$name)
V(graph)[activate.nodes]$activate = 1
neighbor.nodes = update.neighbor.nodes(graph, activate.nodes, c(), activate.
nodes)
while(TRUE) {
print(activate.nodes)
   //new.nodes —— 存储该轮激活点
new.nodes = c()
for (v in neighbor.nodes){
val = signal.cum(graph, v)
    //如果该节点收到的信息量大于阈值,且该节点未激活,则将该节点激活
status = V(graph)[v]$activate
if (val> = V(graph)[v]$Threshold) {
if (status = = 0) {
new.nodes = append(new.nodes, v)
        }
      }
   }
    //如果一轮中没有任何节点激活,则结束程序
if (length(new.nodes) = = 0) break
  //如果有节点激活,更新节点状态,activate.nodes,neighbor.nodes
```

```
V(graph)[new.nodes] $ activate = 1
activate.nodes = append(activate.nodes, new.nodes)
neighbor.nodes = update.neighbor.nodes(graph, new.nodes, neighbor.nodes,
activate.nodes)
}
}
//函数调用
activate.nodes = c("A")
activate.process(example.graph, activate.nodes)
```

二、独立级联模型

首选读入网络数据，删去所有重边和自回路。初始时刻，节点 a，i 被激发，激发节点集为 $\{a, i\}$。接下来，节点 a，i 分别以一定概率激发其邻居节点，更新激发节点集。重复此过程，直到不再有新节点被激发为止。最后，输出网络中所有节点的状态。

下面给出上述计算过程的程序代码。

```
//读入网络数据
library(igraph)
rawdata = read.csv("NetB.csv")
vertices = data.frame(ID = sort(unique(union(rawdata $ Node1, rawdata
$ Node2))),activate = 0)
edges1 = data.frame(Node1 = rawdata $ Node1, Node2 = rawdata $ Node2, prob =
rawdata $ P12)
edges2 = data.frame(Node1 = rawdata $ Node2, Node2 = rawdata $ Node1, prob =
rawdata $ P21)
edges = rbind(edges1, edges2)
example.graph = graph_from_data_frame(edges, direct = T, vertices = vertices)
set.seed(1)
plot(example.graph)
   //更新下一次用于遍历的节点的函数
update.neighbor.nodes< - function(graph, new.nodes,activate.nodes) {
if (is.directed(graph))
update.nodes = adjacent_vertices(graph, new.nodes, mode = "out")
else
update.nodes = adjacent_vertices(graph, new.nodes, mode = "all")
   //独立级联模型中失败一次的点不再考虑,因此不需要与旧遍历节点合并
new.neighbor.nodes = setdiff(unique(unlist(update.nodes)), activate.nodes)
return(new.neighbor.nodes)
```

```
}
  //信息累积量计算函数
signal.cum<- function(graph, v) {
val = 0
  for (each.edge in E(graph)[to(v)]) {//遍历邻边
prob = E(graph)[each.edge]$prob//获取该边激活概率
node_i = setdiff(ends(graph, each.edge), V(graph)[v]$name)//获取该边节点
s_i = V(graph)[node_i]$activate//获取该节点状态
    if (s_i) {//前一个信号点激活才能发送有效信号
      if (runif(1) <prob) {//runif 用于生成[0,1]之间的随机数
val = val + 1 * s_i
      }
    }
  }
return(val)
}
activate.process<- function(graph, activate.nodes){
activate.nodes = match(activate.nodes,V(graph)$name)
V(graph)[activate.nodes]$activate = 1
neighbor.nodes = update.neighbor.nodes(graph, activate.nodes, activate.nodes)
while(TRUE) {
print(activate.nodes)
new.nodes = c()
for (v in neighbor.nodes){
val = signal.cum(graph, v)
//如果该节点的信号大于1,且该节点未激活,则将该节点激活
status = V(graph)[v]$activate
if (val>= 1) {
if (status == 0) {
new.nodes = append(new.nodes, v)
    }
  }
}
if (length(new.nodes) == 0) break
V(graph)[new.nodes]$activate = 1
activate.nodes = append(activate.nodes, new.nodes)
neighbor.nodes = update.neighbor.nodes(graph, new.nodes,
```

```
activate.nodes)
  }
}
//函数调用
activate.nodes = c("a", "i")
activate.process(example.graph, activate.nodes)
```

三、计算结果
请参见本章第 10.2 节例 10.4、例 10.5。

习题
1. 比较三种热点主题发现方法，总结各自的优势和不足。
2. 简述 TSTE 方法的步骤。
3. 结合文本挖掘所学内容，总结各种将词语汇总为主题的方法。
4. 简述网络上信息扩散的基本模型及它们的基本思想。
5. 简述两种传染病模型，比较其异同。
6. 尝试将传染病模型拓展到网络中，研究其传播阈值与网络度分布之间的关系。

参考文献

［1］AlSumait L，Barbará D C，Domeniconi C．On-line IDA：Adaptive topic models for mining text streams with applications to topic detection and tracking//Eighth IEEE International Conference on Data Mining．IEEE，2008：3-12．

［2］Appel G．Become your own technical analyst．Journal of wealth management，1970，6（1）：27-36．

［3］Cataldi M，Caro L D，Schifanella C．Emerging topic detection on Twitter based on temporal and social terms evaluation//Proceedings of the 10th International Workshop on Multimedia Data Mining．ACM，2010：4-13．

［4］Leskovec J，Backstrom L，Kleinberg J．Meme-tracking and the dynamics of the news cycle//ACM SIGKDD International Conference on Knowledge Discovery and Data Mining．ACM，2009：497-506．

［5］Page L，Brin S，Motwani R，et al．The pagerank citation ranking：bringing order to the web//Proceedings of the 7th International World Wide Web Conference，1998：161-172．

［6］Robertson S E．On term selection for query expansion．Journal of documentation，1990，46（4）359-364．

［7］Rong L，Qing Y．Trends analysis of newstopics on Twitter．International journal of machine learning and computing，2012，2（3）：327-332．

［8］Shamma D A，Kennedy L，Churchill E F．Peaks and persistence：modeling the shape of microblog conversations//ACM 2011 Conference on Computer Supported Cooperative Work，ACM，2011：355-358.

[9] Takahashi T，Tomioka R，Yamanishi K. Discovering emerging topics in social streamsvia link anomaly detection//IEEE Transaction on Knowledge & Data Engineering，2011，26（1）：120-130.

[10] Urabe Y，Yamanishi K，Tomioka R，et al. Real-time change-point detection using sequentially discounting normalized maximum likelihood coding//Pacific-Asia Conference on Advances in Knowledge Discovery and Data Mining. Springer-Verlag，2011.

[11] Yamanishi K，Maruyama Y. Dynamic syslog mining for network failure monitoring//Eleventh ACM SIGKDD International Conference on Knowledge Discovery in Data Mining. ACM，2005.

188

第 11 章 数据流中的数据挖掘

11.1 简 介

传统的统计学或者机器学习主要关注小数据集。处理方法或者算法的理论根据是数据从某种固定的机制（分布）产生。因此传统的统计学或者机器学习的任务就是从观测的数据出发，推测数据背后产生的机制，然后用学习到的机制去解释观测现象或者对新的数据做预测分析。

数据流对传统的统计方法和数据挖掘方法提出了挑战。数据流中的数据是随着时间不断变化的，数据的产生机制是动态的，不再是一个稳定的分布。另一个挑战是，数据流中的数据量庞大，因此需要合适的策略存储和分析这类大数据。表 11 - 1 列出了传统数据分析和数据流数据分析的一些主要区别。

表 11 - 1 　　　　　　　　　　数据流和传统数据的主要区别

数据流	传统数据
流式数据，无穷多个	有限样本
分布随时间变化（动态数据）	静态数据
不是独立同分布	独立同分布
数据是时空数据	（一般）和时间无关，和空间也无关

数据流是流式数据，通常计算机只读取一次，不会专门存储下来。因此，区别于传统计算，数据流计算的主要特点是数据只被观测和处理一次！本章介绍的数据流方法都假设：（1）数据不可以随机读取；（2）计算机的内存相对于数据量非常有限。因此本章的方法都需要特殊的抽样、随机化技术以及新的估计和近似算法。

处理数据流的主要难点包括：（1）数据是无限的；（2）每个变量的可能取值范围也是

无限的。在存储和使用数据时，不可能存储所有的历史数据，然后使用它们。通常存储一些概括性的统计量。在存储大小和精确使用方面，不可能两全其美。受存储和计算时间的约束，通常对数据流挖掘的结果给出以下两种近似解决方案。

（1）ε 近似。结果是一个近似，近似的（某种）误差不大于 ε。

（2）(ε, δ) 近似。结果是一个近似，以很大的概率（不小于 $1-\delta$）使得近似的（某种）误差不大于 ε。

11.1.1　数据流的例子

为了更好地理解数据流挖掘和传统数据分析的不同之处。我们来看两个简单的数据流的例子。

一、数数（数一数数据流中元素出现的个数，又称为频率估计）

1. 估计网络中某 IP 接收和发送的数据包的数量

Count-Min Sketch 方法可以用于解决数据流的频率估计问题。在解决这个问题之前，先来看一下这个问题的难点以及它和传统的数据分析问题的不同之处。

对于数据流问题，关键是存储，设 IP 列表长度为 n。如果使用长度为 n 的向量来存储每一个 IP 的发送或接收的数据包的数量，这个问题比较简单。现在的难点是，存储空间不够，因此，需要考虑使用很少的空间如 $\log(n) \times C$ 来存储。这个 C 的大小由所需的精度来决定。

接下来是数学化该问题。假设一个向量 a，它是一个 n 维的向量。在 t 时刻，它的取值是 $a(t) = [a_1(t), a_2(t), \cdots, a_n(t)]$。在不引起混淆的情况下我们一般不写下标 t，它代表当前时刻的取值。a 的初始状态为 0，在 t 时刻，某个元素 (i_t) 增加了 c_t，可以表示为：

$$a_{i_t}(t) = a_{i_t}(t-1) + c_t$$
$$a_{i'}(t) = a_{i'}(t-1), \qquad i' \neq i_t$$

此时称为更新 (i_t, c_t) 出现。

现存的问题是：在 t 时刻，我们的检索 $Q(i)$ 的返回值是多少，即 $a_i(t)$ 是多少。还可以回答其他问题，比如部分和、两个向量的内积，等等（这里不再一一介绍，有兴趣的读者可以参考本章末参考文献［4］）。

Count-Min Sketch 算法：

（1）算法使用的数据结构。

使用一个二维矩阵来存储 data。矩阵的长度为 w，宽度为 d。为保证精确度，$w = \left\lceil \dfrac{e}{\varepsilon} \right\rceil$，$d = \left\lceil \log\left(\dfrac{1}{\delta}\right) \right\rceil$，这里 $[\cdot]$ 代表一个数的整数部分。另外，还使用 d 个随机函数：

$$h_1, h_2, \cdots, h_d : \{1, 2, 3, \cdots, n\} \rightarrow \{1, 2, 3, \cdots, w\}$$

（2）更新方法（估计方法）。

当看到一个更新 (i_t, c_t) 出现时，对矩阵的每一行，随机地选择一列，把它的元素更新（$+c_t$）。即对于每一行 j，有

$$count(j, h_j(i_t)) \leftarrow count(j, h_j(i_t)) + c_t$$

上式中，$h_j(i)$ 表示将 i 随机 map 到 $\{1, 2, \cdots, w\}$，如图 11-1 所示：

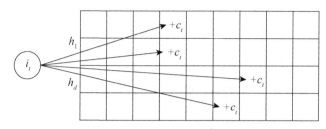

图 11-1 CM 算法示意图

（3）估计方法：

$$\hat{a}_i = \min_j count(j, h_j(i))$$

（4）估计的性质。

定理 1：估计值 $\hat{a}_i$ 具有如下性质：

1) $\hat{a}_i \geq a_i$

2) $P(a_i \leq \hat{a}_i \leq a_i + \varepsilon \parallel a \parallel_1) \geq 1 - \delta$

式中，$\parallel a \parallel_1 = \sum_i |a_i|$。

证明：$count(j, h_j(i))$ 表示第 j 行，第 $h_j(i)$ 列元素的值。该值每次遇到更新 (i, c_t) 时，都会增加 c_t。而所有的更新 (i, c_t) 对应的 c_t 之和即为 a_i。故 $count(j, h_j(i)) \geq a_i$，从而 $\hat{a}_i \geq a_i$。再考察哪些更新会使 $count(j, h_j(i))$ 的值增加。如果有元素 k，在经过第 j 个映射后，也映射到了第 $h_j(i)$ 个元素，这时候 $count(j, h_j(i))$ 也就要相应地增加值。假设将 k 也给映射到 $h_j(i)$，则 $count(j, h_j(i)) \geq a_i + a_k$。把所有这样的 k 找到，记

$$X_{ij} = \sum_{k \neq i} I_{ijk} a_k$$

式中，$I_{ijk} = 1$ 表示第 j 行的映射中，$h_j(k)$ 和 $h_j(i)$ 的值相同，即都映射到同一个格子里。否则，$I_{ijk} = 0$。于是

$$count(j, h_j(i)) = a_i + X_{ij}$$

最后，我们来证明概率不等式：

$$P(\hat{a}_i > a_i + \varepsilon \parallel a \parallel_1) = P(\forall j, count(j, h_j(i)) > a_i + \varepsilon \parallel a \parallel_1)$$
$$= P(\forall j, a_i + X_{ij} > a_i + \varepsilon \parallel a \parallel_1) = P(\forall j, X_{ij} > \varepsilon \parallel a \parallel_1)$$
$$= \prod_{j=1}^{d} P(X_{ij} > \varepsilon \parallel a \parallel_1)$$

由马尔科夫不等式，

$$P(X_{ij} > \varepsilon \parallel a \parallel_1) \leqslant \frac{E(X_{ij})}{\varepsilon \parallel a \parallel_1} = \frac{\sum_k a_k P(I_{ijk} = 1)}{\varepsilon \parallel a \parallel_1}$$

注意到 $P(I_{ijk}=1)\leqslant\dfrac{1}{w}\leqslant\dfrac{\varepsilon}{e}$，所以

$$P(X_{ij}>\varepsilon\parallel a\parallel_1)\leqslant\dfrac{1}{e}$$

$$P(\widehat{a_i}>a_i+\varepsilon\parallel a\parallel_1)\leqslant\dfrac{1}{e^d}\leqslant\delta$$

需要注意的是，如果 a_i 有正有负，可以使用如下估计：

$$\widehat{a_i}=\underset{j}{mediacount}(j,h_j(i))$$

定理 2：上面的估计值 $\widehat{a_i}$ 具有如下性质：

$$a_i-3\varepsilon\parallel a\parallel_1\leqslant\widehat{a_i}\leqslant a_i+3\varepsilon\parallel a\parallel_1\text{with Probability greater than }1-\delta^{1/4}$$

2. 数一数数据流中共有多少个不同的元素出现

假设一个属性所有可能的值是 $\{0，1，2，\cdots，M-1\}$，怎样使用很少的空间存储便知道这里的不同的取值有 M 个？如果存储空间足够多，这当然没有问题。可以使用 Hash Sketch 来处理这个问题，只需要 $\log_2(M)$ 的存储空间。具体算法过程可参考本章末参考文献［7］。

除了"数数"这些看似简单的应用外，数据流挖掘还关心如何维护数据流中的统计量。

二、维护数据流中的简单统计量

1. "全体"统计量

有时候，人们仅仅关心一些统计量比如均值、方差、相关系数等。这时候，不需要存储每一个数据。例如，为实时计算均值，只需存储两个数字：（1）观测数目；（2）到目前为止的所有元素的和。这两个数字都是很容易实时更新的。如果实时计算方差，需要存储三个数字：（1）观测数目；（2）到目前为止，所有元素的和；（3）到目前为止，所有元素的平方和。如果计算两个变量（X，Y）的相关系数，则需要存储 6 个数字：（1）观测数目；（2）到目前为止，所有 X 元素的和；（3）到目前为止，所有 Y 元素的和；（4）到目前为止，所有 X 元素的平方和；（5）到目前为止，所有 Y 元素的平方和；（6）到目前为止，所有 $X\cdot Y$ 元素的和。

2. 滑动窗口及其统计量的维护

前面看到了一些"全体"统计量。有时候用户更关心某一时间段的统计量，比如最近一个月的 GDP、近三年发的 SCI 的数量等。这就需要滑动窗口（sliding window）。数据流研究的对象是如何使用经济的存储来近似一些统计量，从而避免存储一个窗口的所有元素。

ADWIN（adaptive sliding window）算法（Bifet and Gavalda，2006，2007）是一个用于检测数据流中的变化的算法，使用了可变长度的滑动窗口。它使用最大的长度，使得在这个长度的滑动窗口内，数据的平均值在统计意义上是不变的（没有变点）。更精确的表述是：当且仅当有足够的证据表明这一段（旧的）数据的均值和窗口里面的剩余的数据的均值不同，丢掉一部分旧的数据。

ADWIN 的输入是：（1）一个序列 x_1，x_2，…，x_t，…；（2）一个置信度 $\delta \in (0，1)$。对数据的一些假定：（1）x_t 从某个分布 D_t 中来；（2）分布 D_t 的均值是 μ_t；（3）x_1，x_2，…，x_t，…相互独立；（4）假设 $x_i \in [0，1]$。

算法如下：用 $|W|$ 表示一个窗口中含有的元素的个数，用 $\hat{\mu}_W$ 表示窗口 W 中的数据的平均值。可用以下公式定义一个代表两组数据的平均值和足够大的临界值：

$$m = \frac{2}{\frac{1}{|W_0|} + \frac{1}{|W_1|}}$$

$$\varepsilon_{cut} = \sqrt{\log\left(\frac{4|W|}{\delta}\right)}$$

Algorithm 1：The ADWIN Algorithm

begin

    Initialize Window W；

Foreach t > 0 do

$W \leftarrow W \bigcup \{x_t\}$ // 把 x_t 添加到 W 中

repeat

                Drop elements from tailof W

until $|\hat{\mu}_{W_0} - \hat{\mu}_{W_1}| < \varepsilon_{cut}$ holds for every split of W into

                $W = W_0 \bullet W_1$

    Output $\hat{\mu}_W$

end

该算法具有如下性质：

（1）误报率（False Positive rate bound）：如果 μ_t 在窗口 W 里面保持不变，则窗口 W 会分离出一个子集 W_0 的概率不超过 δ。

（2）漏报率（False Negative rate bound）：如果在窗口 W 里存在一个分割（W_0，W_1），使得 $|\mu_{W_1} - \mu_{W_0}| > 2\varepsilon_{cut}$ 的概率不超过 δ，则上述算法会以不小于（$1-\delta$）的概率，使得 W_0 被分离出去。

11.1.2 数据流的应用

本节用两个应用作为数据流简介的结束。

一、数据仓库问题：热销单

现有一个零售店，比如沃尔玛。数据仓库有 3TB 的数据。每天的销售记录有上百 GB 的数据。热销单问题是：找出最受欢迎的 K 件（如 20）商品。

如果是小数据，这个问题很简单，只需将所有的销售记录做一个排序，取出前面 K 个商品就是满足需求的商品。

显然 3TB 的数据没有办法全部放入电脑的内存，且刚才的方法非常费空间、费时间。

可以考虑使用数据流的方法。随着数据不断流入内存，维护一个长度为 m（$m>k$，但是 $m \ll n$，n 是商品的数量）的列表。最后用这个列表的序代表商品的序。下面两个算法是常用的算法的伪代码。

Algorithm 2：The Frequent Algorithm

Input：S － A sequence of Examples

begin

Foreach *example* e $\in$ *S* do

if e is monitored then

Incement $Count_e$；

else

if there is a $Count_j$ == 0then

        Replace elementj by e and initialize $Count_e=1$

else

        Subtract 1 to each$Count_i$

end

Algorithm 3：The Space－Saving Algorithm

Input：S － A sequence of Examples

begin

Foreach *example* e $\in$ *S* do

if e *is monitored* then

Incement $Count_e$；

else

Lete_m be the element with least hit min；

Replacee_m with ewith $Count_e=\min+1$

end

值得说明的是，上述算法只是给出了一个近似序，它不能保证给出的序正好是实际的序。而且里面的数字更是和实际数字差别很大，不代表一个商品的销售量。

二、计算数据流的熵

熵（entropy）用来度量数据的随机性。用 $S=(a_1, a_2, \cdots, a_m)$ 代表一个观测序列。其中每个 $a_j \in \{1, 2, \cdots, n\}$。用 f_i 表示元素 i 出现的次数。则这个序列的熵定义为：

$$H(S) = -\sum_i p_i \log(p_i) = -\sum_i \frac{f_i}{m} \log\left(\frac{f_i}{m}\right)$$

那么是否存在一个近似方法，使得：（1）使用的空间比较少，比如 $O(\log(m))$；（2）得到的近似比较精确，即以不少于 $1-\delta$ 的概率，使得估计值在 $[1-\varepsilon, 1+\varepsilon] \times H(S)$。查克拉巴提（Chakrabarti）等提出了一个很好的方法，可参见本章末的参考文献［3］，这里不再详细介绍。

11.2　数据流中的变化探测

传统的机器学习假定数据来自一个稳定的分布。但是数据流明显不是，比如实时视频监控、传感器网络、舆情监控等。本节致力于寻找数据流中的变点。

为对比数据流中的算法，先考虑一个传统分类算法。假设观测到数据 (x_i, y_i)，其中 x_i 是一个向量代表一个样本的属性，$y_i \in \{C_1, C_2, \cdots, C_k\}$ 代表该样本属于哪一类。如果 (x_i, y_i) 随机来自某个稳定的分布 D，则通过诸如 SVM、决策树、神经网络等方法都可以得到一个很好的分类器。

对于数据流，产生数据的分布是不断变化的，数据流可以看成是 S_1, S_2, $\cdots$, S_k, $\cdots$其中 S_i 代表一堆样本，它们来自分布 D_i。如果每一个数据块 S_i 有充分多的样本，问题似乎容易解决。但是这里的难题是，如何知道数据从哪一时刻开始发生变化。而且在实际问题中，相邻两个数据块的数据相互干扰，彼此成为对方的噪声，这也使得变点监测变得比较困难。

概念漂移（concept drift）是指缓慢的、逐渐的变换过程。针对这类的变化，通常考虑如下四个方面：(1) 数据管理；(2) 检测办法；(3) 调整方法；(4) 决策模型管理。以下逐一介绍。

(1) 数据管理。数据管理用来刻画怎样存储数据，常见的有两种方式：全存储（full memory）和部分存储（partial memory）。全存储在内存中存储所有观测数据的充分统计量。举个例子，假设在时刻 i，我们要更新一个统计量 S_{i-1}，此时的观测数据是 x_i，为了考虑时间的影响，需要使用加权的样本，即历史的数据没有此时刻的数据重要。假设统计量的更新公式是 $G(x, S)$，则时间加权的统计量更新公式是 $S_i = G(x_i, \alpha \times S_{i-1})$。因此，古老的数据将会有很小的权重。部分存储和全存储不同，该方法仅仅存储最新的一些数据。例如 FIFO（first-in-first-out）数据结构。这种数据结构定义了一个时间窗口，随着数据的读入，每次只保留窗口内的数据，根据这个最新的数据来制定决策。该方法的难点是：如何定义窗口的大小。窗口太大，不能很好地刻画数据分布的变化；窗口太小，则丢掉太多的数据信息。常见的窗口大小的选择方法有固定窗宽和适应性窗宽。固定窗宽通常在内存中存储固定长度的最新数据。适应性窗宽的宽度是可变的，通常和变化检测方法结合起来，只有检测到数据变化的时候，才丢掉古老的数据。

(2) 检测办法。检测方法刻画了检测数据变化使用的方法和技术。数据变化检测的一个直观的优点是，它提供了有意义的描述，指出了变化的时间点或者某段时间内数据发生了变化。变化检测的方法通常分为两类。一类是监测数据结果的表现随着时间有没有变化，比如赢率、分类的精度、召回率等。还有一类是监测数据本身的分布是否有变化。检测办法通常使用两个窗口，一个用来刻画历史数据的部分，一个用来刻画最新的数据的分布。

这里介绍一个简单直观的变化检测方法——累加和算法（cumulative sum algorithm, CUSUM）。CUSUM 最早由佩奇（Page）于 1954 年提出，它是经典的监测变化的算法。

这里简单描述一下。

用 $X[n]=[x_1, x_2, \cdots, x_n]$ 表示一系列独立信号的观测。假设信号服从某种分布，记密度函数为 $p(x, \theta)$。现假设信号在某个时刻 n_c 发生了改变，即密度函数由 $p(x, \theta_0)$ 变成了 $p(x, \theta_1)$。为推导 CUSUM 算法，我们首先假设参数 θ_0 和 θ_1 是已知的。之后，我们考虑参数未知的情形。

判断一个数据点来自 $p(x, \theta_1)$ 而不是来自 $p(x, \theta_0)$，常用似然比检验，即计算 $L(x)=\log\left(\dfrac{p(x, \theta_1)}{p(x, \theta_0)}\right)$。如果 $L(x)$ 足够大，则认为数据来自 $p(x, \theta_1)$。由此可以得到变点 n_c 的一个估计方法：

$$\widehat{n_c}=\mathrm{argmax}_{1\leqslant c\leqslant n}\sum_{i=c}^{n}\log\left(\frac{p(x_i, \theta_1)}{p(x_i, \theta_0)}\right)$$

其中

$$\sum_{i=c}^{n}\log\left(\frac{p(x_i, \theta_1)}{p(x_i, \theta_0)}\right)=\sum_{i=1}^{n}\log\left(\frac{p(x_i, \theta_1)}{p(x_i, \theta_0)}\right)-\sum_{i=1}^{c-1}\log\left(\frac{p(x_i, \theta_1)}{p(x_i, \theta_0)}\right)$$

令 $s_i=\log\left(\dfrac{p(x_i, \theta_1)}{p(x_i, \theta_0)}\right)$，$S(0)=0$，$S(i)=\sum_{k=1}^{i}s_k$，则 n_c 的估计为：

$$\widehat{n_c}=\mathrm{argmin}_{1\leqslant c\leqslant n}S(c-1)$$

信号强度为 $\max_{1\leqslant c\leqslant n}\sum_{i=c}^{n}\log\left(\dfrac{p(x_i, \theta_1)}{p(x_i, \theta_0)}\right)=S(n)-\min_{1\leqslant c\leqslant n}S(c-1)$。当信号强度足够强的时候，就检测出了变点。

实际问题中，通常不知道参数 θ_0 和 θ_1。通常事先定义一个漂移量 $\delta=\theta_1-\theta_0$。检测算法取决于 δ 的选取，δ 越大，检测越保守。θ_0 通常从当前数据中估计得到。

(3) 调整方法（adaptation methods）。该方法主要考虑决策方法的调整。一旦数据监测出了变化，以前的模式就不再适合，需要调整。常用的有两种方法：盲法和信息法。盲法是指不管数据的分布有没有发生变化，都要考虑模型对于数据的变化做出的相应的调整。常见的例子是，数据是使用固定时间窗口保留下来的。信息法是指决策模型仅仅要适应变点后的数据，该方法常常要结合变点监测模型。

(4) 决策模型管理。在数据流中，数据是不断变化的，因此决策模型也不能只用一个，可以考虑使用多个决策模型，把它们加权平均得到最后的决策。这样做的原因是，实际问题中，人们一般不知道产生数据的模型是什么，即不知道或者没有真模型，人们只能去近似数据背后的模型，而多个模型会给出更稳健的近似。

11.3 实时更新数据流中的直方图

直方图是数据分析中非常有用的工具之一。它提供了对数据的图形化表达，给出了随机变量的分布，而且可以用于估计密度函数。直方图还可以用于控制误差的快速检索和分类等。本节介绍数据流中直方图的维护更新以及变化监测。

11.3.1 直方图的维护和更新

直方图在图形上表示为柱状图，每条柱子代表数据落在某个区域的频数或者频率。传统的直方图的构造过程是：（1）将观测数据排序，找到最小值和最大值；（2）将数据分到很多的小格子里面；（3）对每个格子里的数据数数，求出频数或者频率；（4）画柱状图，柱子的宽度为格子的大小，高度为该格子里数据的频数或者频率。这里每个格子的宽度和数据的总宽度（最大值−最小值）有关，常用的是选取等宽的宽度。

传统的直方图经常采用等宽的格子，这里唯一需要决定的参数是：使用多少个格子。斯透奇斯规则采用 $1+\log_2(n)$ 个格子。许多直方图算法是针对静态数据的，或者每隔一段时间使用新的数据重新计算直方图。但是这种方法非常不适合数据流，使用这样的直方图往往带来很大的误差。吉本斯等（Gibbons et al.，1997）提出了一种逐渐地、微小地更改直方图的方法，来估计逐渐改变的数据流的直方图。他们的方法预先定义了使用的格子的数目，该算法主要有两种操作：分离合并操作和合并分离操作。

分离合并操作：当出现某个格子里的频数超过一个预先设定的阈值时，该操作被执行，并且紧挨着的两个格子被合并起来。

合并分离操作：当有些格子里的频数变得很少时，把它与临近的格子合并起来，然后将频数很大的格子分为两个格子。

伽马（Gama）和平托（Pinto）提出了 PiD 算法（partition incremental discretization algorithm）。该算法分为两层。第一层简化和概括数据；第二层构建最终的直方图。PiD 的计算量非常小，扫描一次数据就可以了。第一层粗略地将数据分为很多块（block）；第二层，直接使用第一层的粗略划分来构造最后的直方图。

第一层首先有一个初始化过程。初始化需要输入格子的数量，以及变量的取值范围（这只是一个估计，不用很精确）。这两个参数用于构造一个等宽的很多数量的格子（或区间）。当观测到数据的时候，就找到该数据对应的格子，然后让这个格子的频数增加 1。当这个频数超过一定数量，就要采取分离的操作，产生一个新的格子。

第二层将根据第一层的结果合并一些格子，构造最后的直方图。

具体细节参见下面算法（Algorithm 5）的伪代码。

Algorithm 5：The PiD Algorithm for Updating Layer1

Input：x：Current value of the random variable

breaks：vector of actual set of break points

counts：vector of actual set of frequency counts

NrB：Actual number of breaks

α：Threshold for split an interval

Nr：Number of observed values seen so far

begin

$\qquad k \leftarrow 2 + integer((x - breaks[1])/step)$

$$
\begin{aligned}
&\text{If } x < breaks[1] \text{ then}\\
&\qquad\qquad\qquad k \leftarrow 1\\
&\qquad\qquad\qquad Min.\,x \leftarrow x\\
&\quad\text{If } x > breaks[NrB] \text{ then}\\
&\qquad\qquad\qquad k \leftarrow NrB\\
&\qquad\qquad\qquad Max.\,x \leftarrow x\\
&\;\text{While } (x < breaks[k-1]) \text{ do } k \leftarrow k-1\\
&\quad\text{While } (x > breaks[k]) \text{ do } k \leftarrow k+1\\
&counts[k] = 1 + counts[k]\\
&\qquad\qquad\qquad Nr \leftarrow 1 + Nr\\
&if(1 + counts[k])/(Nr+2) > \alpha \text{Then}\\
&\qquad\qquad\qquad val \leftarrow counts[k]/2\\
&\qquad\qquad\qquad counts[k] \leftarrow val\\
&if\, k == 1 \text{ then}\\
&\qquad\quad breaks \leftarrow append(breaks[1]-step, breaks)\\
&\qquad\qquad counts \leftarrow append(val, counts)\\
&else\\
&if\, k == NrB \text{ then}\\
&\qquad\quad breaks \leftarrow append(breaks, breaks[NrB]+step)\\
&\qquad\qquad counts \leftarrow append(counts, val)\\
&else\\
&\quad breaks \leftarrow Insert(\frac{breaks[k]+breaks[k+1]}{2}, breaks, k)\\
&\qquad counts \leftarrow Insert(val, counts, k)\\
&\qquad\quad NrB \leftarrow NrB + 1\\
&end
\end{aligned}
$$

图 11-2 给出了第一层得到的划分很细的直方图。在这个直方图的基础上，可以得到更实用的直方图。

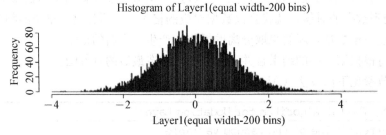

图 11-2　第一层得到的划分很细的直方图

11.3.2　监测直方图的变化

数据流分析中的一个关键点是监测环境的变化并采取应对措施。常用的监测数据分布变化的方法是，使用两个数据窗口：一个是背景数据，对应过去观测到的数据；另一个是

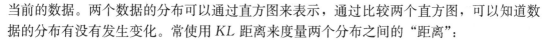

当前的数据。两个数据的分布可以通过直方图来表示，通过比较两个直方图，可以知道数据的分布有没有发生变化。常使用 KL 距离来度量两个分布之间的"距离"：

$$KL(p\,||\,q) = \sum_i p(i)\log_2\left(\frac{p(i)}{q(i)}\right)$$

11.4　数据流中的聚类

第 4 章讲过，聚类就是将对象分成不同的组，使得同一组内的对象之间具有更多的相似性，不同组之间的对象有更大的不相似性。数据流里聚类的目标是：使用尽可能少的空间和时间，维护一个不断变化的聚类分组结果。这里的难点和关键点是要实时计算，因此要使用微小更新的算法。数据流的聚类方法需要具有如下特征：（1）表达的紧致性；（2）对新的数据点能进行快速、微小的处理；（3）对聚类变化进行跟踪；（4）迅速清晰地发现离群点。下面介绍两个数据流聚类算法。

一、Leader 算法

斯帕思（Spath）于 1980 年提出的 Leader 算法非常简单，它首先计算一个点离当前的类别中心（称为 leader）的距离，找到距离最小的那一类，如果这个距离小于某个阈值，则将该点归为当前的类别。否则，这个新的点自成一类（记作新的 leader）。具体算法流程见下面的伪代码（Algorithm 6）。该算法的优点是：只读取一次数据，且不用事先知道要将数据分成多少类。但是它的缺点也很明显：结果不稳定。它的结果甚至取决于输入样本的顺序，并且该算法对阈值的要求也比较高。

```
Algorithm 6：The Leader Clustering Algorithm
Input：X：A sequence of Examples x_i
δ：Control Distance parameter.
Output：Centroids of the k Clusters
Begin
      Initialize the best of centroids C = x_1
Foreach x_i ∈ X do
Find the cluster C_r whose center is close to x_i
If d(x_i, C_r) < δ then
                                    C = C ⋃ x_i
End
```

二、一次传递的 k-Means 算法

第 4 章讲过，k-Means 聚类方法首先指定要将数据分成 k 组，然后优化以下目标函数：

$$\min \sum_{c=1}^{k} \sum_{x_i \in class\ c} (x_i - x_c)^2$$

费恩斯德姆（Farnstorm）等提出一次传递的 k-Means 算法。该算法的主要思想是：

使用缓存来保存压缩的数据。数据流被分解成数据块，首先使用缓存的数据利用 k-Means 得到 K 个类，只记录 k 个中心。然后执行如下循环——使用缓存中的数据和刚才的 K 个中心（每个中心看成是 n_k 个同样的点，n_k 代表第 k 个中心的点的个数）进行 k-Means 聚类；聚类后更新中心并且清空缓存中的数据，并在缓存中读入新的数据，直至缓存中没有数据。算法伪代码（Algorithm 7）描述如下：

Algorithm 7：Algorithm for Single Pass k－means Clustering
Input：S：A sequence of Examples
k：Number of desired Clusters
Output：Centroids of the k Clusters
Begin
Randomly initialize cluster means.
Each cluster has a discard set that keeps track of the sufficient statistics
While *TRUR* do
Fill the buffer with examples
Excecute iterations of k－means on points and discard set in the buffer, until convergence
/＊For this clustering, each discard set is treated like a regular point weighted with the number of points in the discard set. ＊/
foreach $grpup$ do
update sufficient statistics of the discard set with the examples assigned to that group
Remove points from the buffer
End

11.5　数据流的分类

如前所述，决策树是常见且重要的分类方法，具有易于解释且不需要假定数据分布等优点。本章介绍数据流中决策树的建立和应用，重点介绍 VFDT（very fast decision tree algorithm）方法。

VFDT 最早由多明戈斯（Domingos）和赫尔滕（Hulten）提出。该算法通过将叶子节点递归地分裂成决策节点的方法来构造决策树。简单地讲，每一个叶子节点存储了一些属性的充分统计量，这些充分统计量可以用于检验是否可以将一个叶子节点分成决策节点。当一个新的数据到来时，这个数据遍历当前决策树的每一个节点（从根节点一直到叶子节点），对每个节点的属性进行更新，当它到达叶子节点时，充分统计量就被更新了。当有足够证据（通过了某种假设检验）的时候，就将一个叶子转化为一个决策节点。VFDT 的伪代码具体描述如下（Algorithm 8）。

```
Algorithm 8: VFDT:The Hoeffding Tree Algorithm
```
Input: S:Stream of examples

X:Set of nominal Attributes

Y: $Y = \{y_1, \cdots, y_k\}$:Set of Class labels

$H(\cdot)$:Split evaluate function

N_{min}:Minimum number of examples

δ:1 minus the desired probability of choosing the correct attribute at any node

τ constant to solve ties.

Output: HT: a decision tree

begin

Let $HT \leftarrow Empty\ Leaf\ (Root)$

Foreach example$(x, y_k) \in S$ do

Traverse the tree HT from the root till a leaf l

If $y_k == ?$ then

Classify the example with the majority class in the leaf l

Else update sufficient statistics

If $numer\ if\ examples\ in\ l > N_{min}$ then

　　　　Compute $H_l(X_i)$ for all the attributes

　　　　Let X_a be the attribute with highest H_l

　　　　Let X_b be the attribute with second highest H_l

　　　　Compute $\epsilon = \sqrt{\dfrac{R^2 \ln(2/\delta)}{2n}}$　　(Hoeffding bound)

If $H(X_a) - H(X_b) > \epsilon$ then

Replace l with a splitting test based on attribute X_a

Add a new empty leaf for each branch of the split

Else

　　　　If $\epsilon < \tau$ then

Replace l with a splitting test based on attribute X_a

　　　　　　Add a new empty leaf for each branch of the split

end

11.6　数据流方法的评估

　　我们已经学习了一些有用的数据流方法，现在一个重要的问题是如何评估数据流方法。数据流方法评估的一个难点是，数据分布和模型总是在随着时间变化。而在传统统计学习方法里，数据的分布是不变的，模型也具有某种不变的性质。

　　首先总结一下数据流处理的难点：（1）得到的是一个连续时间的流式数据，而不是具有固定样本大小的来自平稳分布的样本；（2）模型是动态的，而不是静态的。

　　通常使用"序贯预测误差"来评估一个数据流方法的好坏。赫尔滕和多明戈斯指出数据流学习决策模型的高效算法应该具有如下特征：

（1）对于每个数据点，计算需要的时间很少。

（2）需要的内存是规定的，不会随着时间增加而增加。

（3）一次扫描数据，即得到决策模型。

（4）所得的模型，不应取决于样本的顺序。

（5）可以处理"概念漂移"。

（6）对于平稳分布的数据，使用数据流方法得到的模型应该近似于使用传统方法得到的模型。

从上面的特征可以看出，影响数据流学习的三个主要方面是：（1）空间——使用的内存大小是固定的；（2）时间——处理新进来的样本所需要的时间是固定的；（3）推广力——学习的模型不会依赖于观测数据的具体方式，即学习到本质的能力。本节就是讨论如何对推广力进行评估。

传统的统计学习中，交叉验证是常用的评估学习能力的方法。交叉验证对于样本量不是很大、数据独立地来自平稳分布的样本是合适的。在数据流中，因为样本量可以是无穷多个，并且数据不是来自一个平稳分布的样本，显然不合适。

对于数据流方法的评估，通常用两种方法：

（1）保留一个独立的测试集。每次预留出一段时间窗口的测试集，用当前的模型去做预测，用预测集得到的预测误差作评估度量。

（2）序贯预测。对于每一个观测到的样本，首先只用它的属性值代入到学习的模型进行预测，然后和观测到的值对比得到这个观测样本的误差。序贯预测误差等于每个观测样本的误差累计和：

$$S_n = \sum_{i=1}^{n} L(y_i, \hat{y}_i)$$

还可以计算平均误差：$M_n = \dfrac{S_n}{n}$，以及 M_n 的置信区间 $M_n \pm \varepsilon$，对于独立有界随机变量的独立和，可以使用霍夫丁上界（Hoeffding bound），确定置信区间：

$$\varepsilon = \sqrt{\frac{R \log\left(\frac{2}{\delta}\right)}{2n}}$$

式中，R 是 M_n 的取值范围的宽度；δ 是置信水平。

为了消除历史数据对 M_n 的影响，可以考虑使用加权的累计和：

$$E_i = \frac{S_i}{B_i} = \frac{L_i + \alpha \times S_{i-1}}{n_i + \alpha \times B_{i-1}}$$

上式中，$0 < \alpha < 1$；B_i 代表加权的样本量；S_i 代表加权的误差累计和。

习题

1. 数据流数据和传统数据的区别是什么？

2. 处理数据流的主要难点包括哪些方面？

3. 请结合自己的生活实际举出一种新的数据流应用的例子。

4. 什么叫概念漂移？检测概念漂移需要考虑哪些方面？

5. 数据流聚类和普通的文本聚类有哪些不同？

6. 对于数据流方法的评估，通常有哪些方法？

参考文献

[1] Bifet A，Gavalda R. Kalman filters and adaptive windows for learning in data streams//International Conference on Discovery Science. Springer-Verlag，2006：29-40.

[2] Bifet A，Gavalda R. Learning from time-changing data with adaptive windowing//Siam International Conference on Data Mining，2007：443-448.

[3] Chakrabarti A，Cormode G，Mcgregor A，et al. A near-optimal algorithm for estimating the entropy of a stream. ACM transactions on algorithms，2010，6 (3).

[4] Cormode G，Muthukrishnan S. An improved data stream summary：the count-min sketch and its applications. Journal of Algorithms，2005，55：29-38.

[5] Domingos P，Hulten G. Mining high-speed data streams//Proceedings of the ACM 6th International Conference on Knowledge Discovery and Data Mining. ACM，2000：71-80.

[6] Farnstrom F，Lewis J，Elkan C. Scalability for clustering algo-rithms revisited. SIGKDD Explorations 2 (1)，2000，51-57.

[7] Flajolet P，Martin G N. Probabilistic counting algorithms for data base applications. Journal of Computer and System Sciences，1985，31 (2)：182-209.

[8] Gama J，Pinto C. Discretization from data streams：applications to histograms and data mining//ACM Symposium on Applied Computing，Dijou France，2006：662-667.

[9] Gibbons P B，Matias Y，Poosala V. Fast incremental mainte-nance of approximate histograms//Proceedings of Very Large Data Bases，1997：466-475.

[10] Hulten G，Spencer L，Domingos P. Mining time-changing data streams//Proceedings of the 7th ACM SIGKDD International conference on Knowledge Discovery and Data Mining. ACM，2001：97-106.

[11] Page E S. Continuous inspection schemes. Biometrika，1954：100-115.

[12] Pinto C，Gama J. Incremental discretization，application to data with concept drift//ACM Symposium on Applied Computing. ACM，2007：467-468.

第 12 章　多媒体数据分析

12.1　概　述

多媒体是计算机科学的重要分支，其目标是整合多模态信息，使用户更方便地获取知识。多媒体数据包括视频、音频、图像、文本等。由于之前已用大量篇幅介绍了文本分析技术，在此不再赘述。

伴随着便携式数码设备特别是智能手机的普及以及媒体压缩、存储和通信技术的进步，多媒体数据呈现爆炸式的增长并全方位地渗透到我们的生活中。每天都有海量的图像、视频被世界各地的互联网用户上传到各种社交媒体平台。以 Instagram 为例，作为一个基于移动终端的在线照片编辑、共享平台，平均一天的照片上传数就超过 6 000 万张，参见图 12-1。据统计每分钟有 300 小时的视频数据被上传到视频共享网站 YouTube。据不完全统计，图像和视频数据在整个大数据中的比例约为 90%。这些多媒体大数据的背后也蕴藏着巨大的商机。调查显示 Instagram 中有 12% 的用户使用该平台来寻找或购买商品，而在 Pinterest 中这个比例甚至达到了 55%，参见图 12-2。为了满足不同用户对于这些海量多媒体数据的多样化的信息需求，需要利用计算机对这些数据进行自动分析。因此，研究与发展更加有效、快速的多媒体数据分析理论、方法与技术是大数据研究和应用的一个重要组成部分。

多媒体数据分析的根本困难在于计算机能从数据中提取的信息与特定用户在特定场景下对于该数据的（主观）理解缺乏一致性，即语义鸿沟问题（semantic gap）。语义鸿沟最早是 2000 年由荷兰阿姆斯特丹大学的阿诺尔德（Arnold Smeulders）教授等在经典论文 *"Content－based image retrieval at the end of early years"* 中提出的。当时他们的关注点是基于内容图像的检索，现在一般认为语义鸿沟也普遍存在于视频、音频分析任务中。为

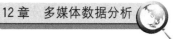

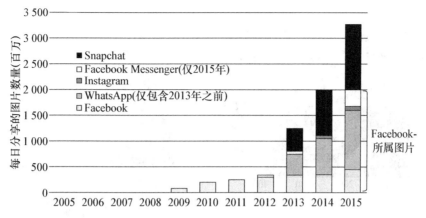

图 12 - 1　每天上传到特定社交平台的照片数

资料来源：KPCB 2016 互联网趋势报告。

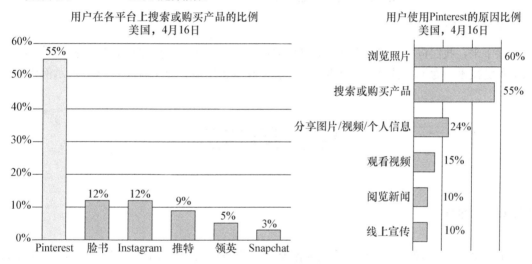

图 12 - 2　照片分享网站的用户意图统计

资料来源：KPCB 2016 互联网趋势报告。

了更直观地理解语义鸿沟，我们以图 12-3 为例进行说明。不难看出，（a）是一张足球队员在场上庆祝进球的照片。实际上，我们在照片中并没有看到足球，照片本身也未呈现进球的镜头，但这些都不影响我们作出一个相对合理的判断。原因就在于我们在解读这张照片时有意识或无意识地使用了我们对于特定领域（即足球）的常识。比如，根据队员所穿衣服及其背后的场地判断这是足球比赛，根据队员所呈现的兴奋表情、互相拥抱的动作等判断这是在庆祝进球。球迷们因为有更专业的知识甚至能识别出具体是哪个球队和球星。以上就是从用户角度对数据作出的一种解读。与之相反的是，计算机能直接从照片中获取的就是组成该照片的各个像素点。图 12-3（b）给出了这些像素点在RGB 空间（参见下一节）的分布。以这些像素点为输入，计算机需要进行物体识别（足球运动员）、场景分类（绿茵场）、人脸定位与表情识别（兴奋）、行为识别（拥抱）、身份识别（球星）等一系列数据分析，并融合这些分析结果以期达到特定用户的理解水平。

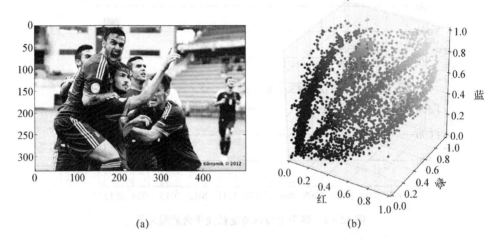

(a)　　　　　　　　　　　　(b)

图 12 - 3　一张彩色照片及它的像素在 RGB 空间的分布

资料来源：Flickr.

接下来，我们将从基础知识开始，介绍多媒体数据分析（主要是内容检索和识别）所涉及的关键技术。为了增强读者的直观认识，我们在叙述过程中会穿插若干 Python 示例代码。

12. 2　基础知识

12. 2. 1　图像

计算机表示图像内容的基本单位是像素。一张宽度为 W、高度为 H 的图像可以看成是一个包含了 H 行、W 列的二维矩阵，其中有 $W \cdot H$ 个像素点。根据每个像素点所占的存储空间，可以将图像分为二值图（1 个像素用 1 个比特表示）、灰度图（1 个像素用 1 个字节表示）、彩色图（1 个像素用 3 个字节表示），参见图 12 - 4。显然，灰度图和彩色图所能表示的图像信息更加丰富，因此内容分析算法处理的对象也是以这两类图像为主。

二值图　　　　　　　　灰度图　　　　　　　　彩色图

图 12 - 4　按像素所需存储空间对图像进行类型划分

一个字节最多能表示 256 种不同情况。因此，灰度图中每个像素的取值范围是 0～255

之间的整数，其中 0 表示黑色，255 表示白色，中间取值表示不同程度的灰色。彩色图中每个像素是一个（R，G，B）三元组，分别表示该像素的红色分量、绿色分量及蓝色分量，参见图 12-5。三个分量的取值范围也是 0～255 之间的整数。因此，理论上能表示的颜色有 256^3 种。人眼由于感知范围和分辨能力的限制，能感受到的颜色种类要远小于这个理论值。举例来说，（255，0，0）表示红色，但在人眼看来，（254，0，0）、（255，1，0）、（255，1，1）同样也是红色，即便这三者的 RGB 值不尽相同。这涉及如何对 256^3 种 RGB 组合进行合适的量化，以更符合人类视觉的预期，从而产生更有意义的分析结果，比如自动分析和提取一幅油画中各种颜色的比例。

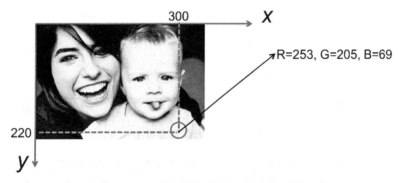

图 12-5　特定像素在 RGB 图中的位置

说明：像素位置坐标的原点在左上角。

资料来源：Flickr.

  RGB 色彩空间在感知上并不是线性的。感知上线性指的是在色彩空间上相同数量的变化应产生大致相同视觉重要性的变化。相对而言，Lab 色彩空间在感知上更线性，更符合人眼对颜色变化的感受。Lab 空间是颜色-对立空间，其中的 L 代表亮度，a 代表颜色从深绿色（低亮度值）到灰色（中亮度值）再到亮粉红色（高亮度值）的变化，b 代表颜色从亮蓝色（低亮度值）到灰色（中亮度值）再到黄色（高亮度值）的变化。在 Lab 空间中，不同颜色之间的距离称为 delta-E，写作 ΔE_{ab}^*。计算 ΔE_{ab}^* 的公式为：

$$\Delta E_{ab}^* = \sqrt{(L_2^* - L_1^*)^2 + (a_2^* - a_1^*)^2 + (b_2^* - b_1^*)^2}$$

式中，(L_1^*, a_1^*, b_1^*) 和 (L_2^*, a_2^*, b_2^*) 分别是颜色 A 和颜色 B 在 Lab 空间的坐标。一般认为，当颜色 A 与颜色 B 的 $\Delta E_{ab}^* < 1.0$ 时，人眼不能区分出这两种颜色的差别。我们可以利用这一点，使计算机识别出更符合人眼预期的颜色。感兴趣的读者可以调用免费的 Python 图像处理库 scikit-image 实现 RGB 空间和 Lab 空间之间的转换。关于图像更进一步的底层知识可以参见冈萨雷斯等编写的《数字图像处理》。

  需要指出的是，尽管我们可以在其他色彩空间（如 Lab，HSV，RG 等）进行图像处理操作，但最终仍需返回到 RGB 空间进行图像显示和存储。RGB 空间对于计算机的便利性使得它仍是我们实现图像内容检索、识别的主要工作空间。

12.2.2　音频

  声音是人们最熟悉和最方便的传递信息的媒体。在多媒体系统中，声音是指人耳能识别的音频信息，如人发出的话音，乐器声，动物发出的声音，机器产生的声音，自然界的雷声、风声、雨声等，也包括各种人工合成的声音。

人耳能识别的声音频率范围大约在 20～20 000Hz，通常称为音频（audio）信号。人的发音器官发出的声音范围大约在 80～3 400Hz，但人说话的信号频率通常为 300～3 000Hz，称为语音（speech）信号。低于 20Hz 的信号称为次声波（subsonic），高于 20 000Hz 称为超声波（ultrasonic），次声波和超声波人耳都无法听到。音乐信号的频率分布范围很宽，可以分布在整个人耳能听到的范围上。图 12 - 6 给出了声音的频率范围情况。

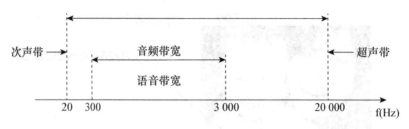

图 12 - 6　声音的频率范围

声音的特性可以由三个要素来描述，即音强（响度）、音调和音色。

音强又称响度或音量，它表示的是声音的强弱程度，主要取决于声音的幅度大小。一般用声压或声强来计量，声压的单位为帕（Pa），它与基准声压比值的对数值称为声压级，单位是分贝（dB），计算公式可以表示为：两个信号的强度比，即某个声音信号（I）与参照声（I_0）之间的强度差：$10 \times \lg(I/I_0)$。

音调也称音高，同响度一样，也是一种听觉的主观感受。客观上音高大小主要取决于声波基频的高低，当声音频率由小到大变化时，听觉便产生一种与此相应的由低到高的不同音高的变化，即频率高则音调高，反之则低。频率的单位用赫兹（Hz）表示，音高单位也用赫兹表示，即周期的倒数，单位为赫兹（Hz）。这里周期指声波中两个相邻波峰或波谷之间的时间间隔，单位为秒。

音色又称音品，由声音波形的谐波频谱和包络决定。声音波形的基频所产生的听得最清楚的音称为基音，各次谐波的微小振动所产生的声音称泛音。音色是由混入基音的泛音决定的，高次谐波越丰富，音色就越有明亮感和穿透力。各种发声物体在发出同一音调声音时，其基波成分相同。但由于谐波的多少不同，并且各次谐波的幅度和相位偏移各异，因而产生各种音色效果。例如当我们听胡琴和扬琴等乐器同奏一首曲子时，虽然它们的音调相同，但我们却能把不同乐器的声音区别开来。这是因为各种乐器的发音材料和结构不同，它们发出同一个音调的声音时，虽然基波相同，但谐波构成不同，因此产生的波形不同造成音色不同。图 12 - 7 给出了钢琴和风琴演奏中音 C 的时域波形及对应的频谱分布。波形图只能显示幅度上的变化，但反映不出频谱的分布。从频谱分布图上，我们可以很清楚地看到 262Hz 的基频及其谐波的分布情况，即可以看出同一个中音 C（262Hz）也可以有不同的泛音组合。音色作为感知特性，可以从时域信号的过零率及频域上的倒谱、频谱质心、频谱变化、频谱偏差、频谱延展性等几个方面进行描述。感兴趣的读者可以参考柯蒂斯·罗兹等著的《计算机音乐教程》。

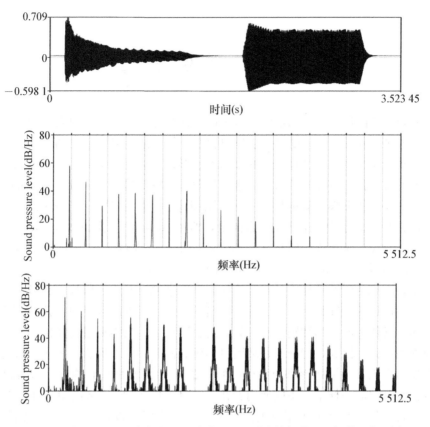

图 12 - 7　钢琴和风琴演奏中音 C 的波形图及对应的频谱图。频谱图中上侧
为钢琴的频谱图，下侧为风琴的频谱图

12.2.3　视频

视频由图像序列和声音两部分组成。在分析视频内容时，一般的做法是先分别提取图像序列（也称为视频帧）和音频数据。常用的工具是 FFmpeg。每一秒包含的静态画面数量称为帧率（frame rate）。网络视频中常用的帧率有 24、25、30、48、50 及 60，其中以30 为主。在日常视频中，1 秒内尽管包含了 30 张图像，但各个画面基本没有变化，因此存在着大量冗余信息。为了降低计算和存储开销，通常的做法是每半秒、1 秒甚至更长间隔取 1 帧，如图 12 - 8 所示。

图 12 - 8　从一段网络视频中每隔半秒取出的视频帧序列

资料来源：YouTube.

12.3　特征提取

上一节介绍了图像、音频和视频等多媒体数据在计算机中是如何表示的。各种媒体数据的表示形式是不同的，即使是同种媒体也存在个体上的差异，比如图像尺寸、音频和视频长度等。我们无法直接在这种原始的数据表示形式上进行数据分析，需要从中提取与目标任务相关的可量化、可计算的信息。这个步骤就是特征提取（feature extraction）。简言之，对于一个特定的多媒体数据样本 x（一张图像、一段音频或一个视频），一个特征提取操作 ϕ 就是将 x 表示为一个 d 维实数向量，即 $\phi: x \rightarrow R^d$。我们称这个 d 维向量为样本 x 的特征（feature）或者特征向量[①]（feature vector）。内容检索（见 12.4 节）和内容识别（见 12.5 节）都将发生在这个 d 维特征空间（feature space）中。

一个需要考虑的问题是什么是好的特征。举例来说，对于人脸检测任务，能区分人脸区域与非人脸区域的特征是一个好的特征。当需要进一步判断性别时，该特征应能区分不同性别，同时又能忽略掉非性别因素，如年龄、胖瘦等；当需要进行年龄估计时，又要求能忽略掉性别因素。因此，特征的好坏因目标任务而异。一般而言，衡量一种特征的好坏要同时考虑两个因素：描述性和重复性。特征的描述性就是指它能在多大程度上描述内容。重复性是指对同一样本，不同使用者在不同时刻提取的结果都是相同的，即特征提取的过程应是自动的、无须人工干预的。举例来说，我们可以设计一个极端的特征提取算法，不管输入的是图像、音频还是视频，该算法始终输出数字 42。显然，它具有重复性但不具有描述性。相反，我们可以设计另一个极端的特征提取算法，就是让一个人来描述数据。它具有描述性但不能简单重复。因此，一个好的特征提取算法应兼具描述性和重复性。

接下来，我们分别介绍一些实用的图像、音频和视频特征。

12.3.1　图像特征

（1）直方图特征（histogram feature）。在统计学中，直方图是一种在二维平面上对数据分布情况进行可视化呈现的统计图表。它的两个坐标分别是统计样本和该样本对应的某个属性的度量。对于图像而言，统计样本就是像素，而其对应的属性就是像素的取值。对于灰度图，我们可以直接得到它的直方图。图 12-9 给出了一张图片及其在 RGB 三个通道上的直方图。原始图像中有大片的蓝色（对应天空）和绿色（对应植被）区域。反映在直方图上，蓝色曲线和绿色曲线的峰值较红色曲线更靠近右侧。对于彩色图，因为每个像素的取值是一个（R，G，B）三元组，需要通过特定的量化策略将三元组转换成一个单一整数值。

以上描述的直方图特征是非常初级的图像特征。由于其表达能力较弱，现在已基本不

---

　① 这里的特征向量与线性代数中的特征向量（eigenvector）是两个完全不同的概念。

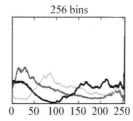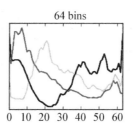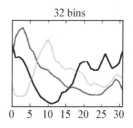

图 12-9　一张彩色图及其 RGB 三个通道上根据不同量化级别产生的直方图

使用了。尽管如此，它在教学上仍有重要地位。首先是简单，有助于初学者直观地理解如何将一张图像从 JPEG 变成一个特征向量。更重要的是，后来发展出的很多更高级的特征在本质上也可以视为一种直方图特征，区别主要发生在量化阶段。原始的直方图特征是对像素进行量化，而更高级的纹理特征则在量化的同时考虑了每个像素及其周围的像素（称为该像素的邻域）。典型的例子是局部二值特征（local binary pattern，lBP）。LBP 先将每个像素与它邻域的像素值进行比较，并用一个二进制串表示比较结果，最终通过二进制编码得到 LBP 描述子和相应的直方图特征。下面要介绍的基于局部描述子量化的图像特征同样也属于直方图特征。

（2）量化局部描述子直方图（histogram of quantized local descriptors）。随着以尺度不变特征变换（scale-invariant feature transform，SIFT）等为代表的局部性特征描述子的出现，图像特征的表达能力得到了突破性的提升。由于 SIFT 是从多个局部（如 16×16 模板）提取的，每张图像能提取出大量的 SIFT 描述子。一张 500×500 的图像通过密集采样（dense sampling）可产生上万个 SIFT 描述子。这就给后续的基于 SIFT 特征的图像分类造成了很多困难。为此，研究人员提出借鉴文本分析中的词袋（bag of words）思想，通过量化 SIFT 描述子产生特征维度相对较小且固定的可视词袋（bag of visual words）特征。特征提取过程分两个阶段。第一个阶段是构建一个用于对 SIFT 特征进行量化的码表（codebook），具体做法是从训练图像库中提取大量的 SIFT 描述子，利用 k-Means 聚类算法将它们聚成 k 类，保存这 k 个类中心作为码表。第二阶段，对于一张新的测试图像，首先（通过密集采样策略）提取 n 个 SIFT 描述子，然后利用码表对每个 SIFT 描述子进行量化，用距离该描述子最近的类中心序号表示。由此，得到 n 个取值从 0 到 $k-1$ 之间的整数。统计各个整数的出现次数即得到维度为 k 的直方图。在深度特征出现之前，这种特征被认为是对图像内容理解最有效的视觉特征。

（3）深度特征（deep features）。深度特征是指用预先训练好的深度卷积网络（deep convolutional neural networks，CNN）提取的一种图像特征。目前常用的 CNN 模型一般都在 ImageNet 数据集上训练，模型的输出是一个关于 1 000 个视觉类别的预测结果。当用 CNN 模型作为提取图像特征的工具时，将待处理图像单个或成批输入到 CNN 模型中，通过网络前向计算（forward computation），得到 CNN 模型每一层的输出。一般认为，倒数第 2 层适合作为特征独立使用。表 12-1 给出了主流的深度模型及其用于特征提取的网络层。

表 12 - 1 常用的深度特征

深度模型	作为特征使用的网络层	特征维度
VGGNet	fc7	4 096
ResNet	pool5	2 048
GoogLeNet	pool5 _ 7x7 _ s1	1 024

12.3.2 音频特征

表 12 - 2 给出了音频分析，特别是音乐分类中常用的一些特征。下面介绍其中几个主要的特征。

（1）时域过零率（zero crossings rate，ZCR）。过零率指在一个短时帧内，离散采样信号值由正到负和由负到正变化的次数，它能很好地表示噪声信息和 pitch 信息。一般来说，语音信号过零率的变化率高于音乐信号，含有吉他和鼓声的重金属音乐的过零率的变化率高于古典音乐。不含噪声的语音信号，其过零率与频谱质心相关性很高。计算公式如下：

$$ZCR = \frac{1}{2(N-1)}\sum_{m=1}^{N-1}\left| sgn[x(m+1)] - sgn[x(m)]\right|$$

式中，m 为特定的采样点；N 为采样点总数；$x(m)$ 为离散音频信号；$sgn[x(m)]$ 为 $x(m)$ 的符号值。

（2）频谱质心（spectral centroid）。频谱质心是从能量分布中推导出的一个重要特征，其值越大，对应的频率越高，声音越明亮。它是一个声音频谱能量分布的中心点，也称为亮度。一般而言，亮度越高，情感是积极的可能性越大。其计算公式如下：

$$C_t = \frac{\sum_{n=1}^{N}M_t[n]n}{\sum_{n=1}^{N}M_t[n]}$$

式中，M_t 为第 t 帧的 FFT 幅值；N 为第 t 帧中采样点的个数。

（3）频谱流量（spectral flux）。频谱流量定义为相邻两帧之间频谱分布的变化量。就是将相邻两帧的 M_t 归一化后以 2 为模的差分，它体现了信号的动态特性。其计算公式如下：

$$F_t = \sum_{n=1}^{N}(N_t[n] - N_{t-1}[n])^2$$

式中，$N_t[n]$ 为第 t 帧 $M_t[n]$ 的归一化。

（4）倒谱系数（Mel-frequency cepstrum coefficient，MFCC）。Mel 频率倒谱系数考虑了人耳的听觉特性，具有较好的识别性能。它是建立在傅立叶和倒谱分析基础上的，对短时音频帧中的各采样点进行傅立叶变换，得到这个短时音频帧在每个频率上的能量大小。MFCC 的计算过程如图 12 - 10 所示。具体地，在经过采样和分帧后，对帧内信号进行预加重和加窗，以提升高频并避免短时信号段边缘的影响。预加重和加窗的定义如下：

- 预加重公式：$s_i' = s_i - a s_{i-1}$（$0.9 \leqslant a \leqslant 1.0$），参数 a 通常取 0.95。
- 加窗公式：$s_i' = s_i w(i)$，其中 w 为窗函数，汉明窗较为常用，窗长可以为 32ms，窗移为 16ms。

接着，对信号进行快速傅立叶变换（FFT），得到音频帧在每个频率上的大小，得到信号的功率谱。使用三角滤波器将一般频率上的能量映射到符合人类听觉的 Mel 频谱上。三角滤波器在 Mel 频谱上是等间隔的，每个滤波器的输出是子带能量，即该频段上的能量系数。对三角滤波器组的输出求取对数，可以得到近似同态变换的结果。

最后，通过 DCT（离散余弦变换）将信号映射到低维空间，并进行谱加权，此时得到的系数即为 MFCC 特征。提取 MFCC 特征的常用工具有 openSMILE[①]。

表 12 - 2　　　　　　　　　　　　音乐分类中常用的特征

音频特征	特征名称	维数
反映音色	频谱中心值（spectral centroid）及其方差	1～2
	衰减截止频率（spectral rolloff point）及其方差	3～4
	频谱流量（spectral flux）及其方差	5～6
	时域过零率（zero crossings rate）及其方差	15～16
	Mel 倒谱系数（MFCC）及其方差	23～48
	线性预测系数（LPC）及其方差	49～68
	谱峰值（peak based spectral smoothness）及其方差	73～74
反映节奏	最强节拍（strongest beat）及其方差	17～18
	节拍力度和（beat sum）及其方差	19～20
	最强节拍力度（strength of strongest beat）及其方差	21～22
其他特征	谱变化量（spectral variability）及其方差	9～10
	矩阵法（method of moments）及其方差	69～78
反映响度	紧密性（compactness）及其方差	7～8
	能量均方根（root mean square，RMS）及其方差	11～12
	低能量帧比例（FoLE）及其方差	13～14

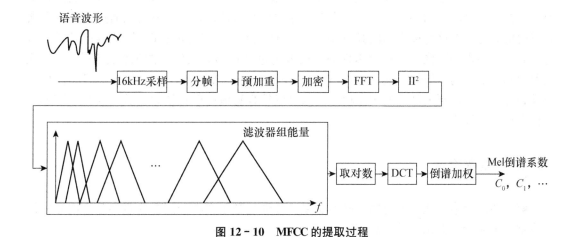

图 12 - 10　MFCC 的提取过程

---

① 获取路径为：http://audeering.com/technology/opensmile.

12.3.3　视频特征

视频包含了动态画面和音频两方面的信息。为了全面描述视频内容，往往需要从视频中分别提取静态图像特征、运动特征以及音频特征。

（1）静态图像特征。静态图像特征指通过均匀采样从视频中提取多个视频帧，再提取12.3.1节所描述的特定图像的特征。对于短视频，一般通过对帧一级的特征求平均的方式得到视频一级的特征。

（2）运动特征。视频画面中出现的运动既可能是由于前景物体做了某个特定的动作，比如跳跃，也可能是背景改变或者相机本身的运动。运动特征应尽量减少背景改变和相机本身运动这两者的影响。常用的运动特征有运动边界直方图（motion boundary histogram，MBH）和光流直方图（histogram of optical flow，HOF）。

（3）音频特征。音频特征提取常用的是量化 MFCC 直方图。该特征的提取过程与图像特征中的量化局部描述子直方图类似。具体地，首先从给定的视频中导出音频数据，接着按照 12.3.2 节描述的方法提取大量的 MFCC 描述子；然后利用预先建好的 MFCC 码表对这些描述子进行量化编码；最后根据各个码出现的次数产生量化 MFCC 直方图。需要注意的是在使用时，需要对特征向量做归一化以消除视频长度的影响。

12.4　多媒体内容检索

多媒体内容检索的目标是帮助特定用户在大量的多媒体数据中快速、准确地找到满足该用户特定需求的内容。注意这里的"大量"是个相对的概念，当用户无法在可承受的时间内通过人工手段达成其检索目标时，该数据规模可被称为"大量"。通过特征提取，各个多媒体数据样本已实现了向量化的表示。如果一个特定的用户查询（query）能被映射到与被查询对象同样的特征空间，那么判断样本与查询是否相关，就可以通过计算二者所对应的特征向量在该特征空间的某种距离来实现。如果查询与被查询对象来自不同模态，比如通过文字查询图像（图像检索任务）或者通过图像检索文字（图像标注任务），那么该种问题设定称为跨媒体检索（cross-media retrieval）。接下来，我们分别介绍如何检索图像和音频。考虑到大部分的图像检索技术可以较容易地推广到视频领域，因此本节不再单独介绍视频检索。

12.4.1　图像检索

解决图像检索问题主要有两种基本思路，分别是基于文本的图像检索和基于内容的图像检索。下面分别介绍这两种思路。

一、基于文本的图像检索（text-based image retrieval）

这种方法并不试图去分析、理解图像内容本身，而是借助相应的文本信息，比如关于该图像的文字描述、文件名等，利用现有的文本检索技术达到检索图像的目的。文本输入的优点是可以表达用户相对抽象的查询需求。目前主流的商用图像搜索引擎如谷歌、百度、必应等仍是以基于文本的图像检索为主。网络搜索引擎的优势在于可以不断积累用户点击数据，相当于让用户在使用过程中帮助搜索引擎判断哪些图像是与查询相关的。图 12-11 给出了某个图像搜索引擎在特定时间段内记录的用户点击次数。不难看出，用户点击数在相当程度上反映了图像与查询的相关性。

使用文本检索技术的前提条件是被检索的图像带有相关的文字描述，而这个前提条件在很多情况下是难以满足的。比如个人智能手机所拍摄的照片，除非手动加上标注，否则不会有文字描述，而人工标注又是一个费时费力的工作（12.5 节将介绍如何用计算机做标注）。接下来介绍的基于内容的图像检索就是为了克服一个困难发展起来的。

fall :113;fall pictures :85;fall
leaves :48;fall
backgrounds :33;fall
images :28;fall foliage :21;fall
colors :18;fall pics :16;fall
trees :14;autumn images :13

food :513;food
pictures :13;pictures of
food :11;food pics :5;picture of a
food :4;fast food :3;food
images :3;resturant
food :2;foood :2;food picture :2

图 12-11　图像搜索引擎记录的用户点击次数

说明："fall：113"表示当用户搜索"fall"时，这张图在搜索结果中被用户点击的次数。点击数在一定程度上反映了图像与查询的相关性。

二、基于内容的图像检索（content-based image retrieval, CBIR）

基于内容的图像检索是在给定查询图像的前提下，依据内容信息或者特定的查询标准，在图像数据库中检索出符合查询条件的相应图像。在 CBIR 设定的情景中，查询的表现形式是一张或若干张图像样例。根据匹配程度，以样例搜图可进一步细分为类别检索（category retrieval）、样例检索（instance retrieval）、近似重复图像检索（near-duplicate image retrieval）。图 12-12 给出了三种检索的示意图。三者中，传统的 SIFT 特征匹配对于近似重复图像检索比较有效，类别检索由于深度特征的使用也取得了显著进展，但样例检索仍是一个极具挑战性的问题。

当用户手头没有能很好表达其查询需求的图像样例时，可以考虑使用手绘样本作为输入，如图 12-13 所示。这种输入形式虽然不需要现成的图像作为输入，但对用户的绘图能力提出了较高的要求。该种类型的 CBIR 称为基于手绘的图像检索（sketch-based image retrieval）。

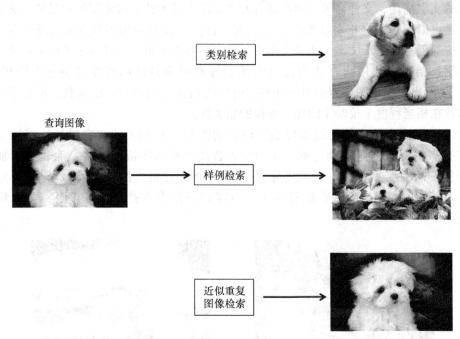

图 12 - 12　基于内容的图像检索细分示意图

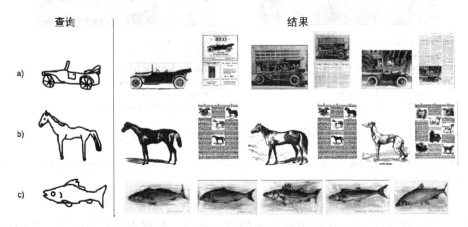

图 12 - 13　基于手绘样例的图像检索概念图

说明：左侧为用户手绘的查询样例，右侧为检索结果。
资料来源：http://lukastencer.github.io/.

12.4.2　音频检索

在基于内容的音乐信息检索技术中，哼唱查询（query by humming）是一个重要的方面。哼唱查询，是指系统根据用户哼唱的一小段旋律，能够在音乐数据库中查找出这段旋律出自哪一首歌。从 1995 年吉亚斯（Ghias）等人提出第一个基于哼唱的音乐检索系统开始，这项技术蓬勃发展，如今已应用到实际生活中，如点歌系统、移动设备上的音乐检索及互联网音乐搜索引擎（www.midomi.com）等。

哼唱检索的首要任务是将用户的哼唱旋律准确地描述出来（旋律表示），以便与乐曲库中的旋律进行比较匹配（旋律匹配）。

一、旋律表示

旋律是指单个音符或乐音的节奏上的编排和有含义的连续。一般意义上，旋律是音调和节奏的组合。音调和节奏，主要体现在音高和音长上，因此旋律表示可以是对音高、音长进行数字或字符的描述和表示。如假设乐曲 M 由顺序演奏的 N 个音符组成，p_i 表示第 i 个音符的音高，l_i 表示第 i 个音符的时长，对乐曲 M 的旋律表示就可以使用乐曲的绝对表示，即特征值序列可以表示为 $[(p_1, l_1), (p_2, l_2), \cdots, (p_N, l_N)]$；或用乐曲的相对特征值表示法，即用乐曲的音高序列中后一个音符与前一个音符的音高之差（即音程）作为乐曲的音高特征向量，而用音长序列中的后一个音符与前一个音符的音长的比值作为音长的特征向量，而乐曲 M 的相对特征值序列表示为 $[(p_2 - p_1, l_2/l_1), (p_3 - p_2, l_3/l_2), \cdots (p_N - p_{N-1}, l_N/l_{N-1})]$。

旋律的轮廓是指旋律音调的起伏的整体形状，即相邻音符的起伏。乐曲中，后一个音符的音高与前一个音符的音高相比，只可能是高、低、相同这三种情况之一，可分别用 U (up)，D (down)，S (same) 三个字母表示，因此一般旋律音高轮廓是用 U，D，S 序列表示。同理，乐曲中，后一个音符的音长与前一个音符的音长相比，只可能是长、短、相同这三种情况之一，可分别用 L (long)，S (short)，E (equal) 三个字母表示，因此一般旋律音长轮廓是用 L，S，E 序列表示。这样一段乐曲如图 12 - 14 的乐谱示例中，其旋律轮廓特征向量可表示为：$[(U, E), (U, E), (S, S), (D, E), (U, L), (D, S), (D, L), (U, S), (U, E), (U, E), (S, S), (D, E), (U, L), (D, L)]$。

$$1 = C \ 2/4$$

$$\underline{3 \ \ 5} \quad \underline{6 \ \ \underline{65}} \ | \ \underline{6.\ 3} \quad 2 \ | \ \underline{3 \ \ 5} \quad \underline{6 \ \ \underline{65}} \ | \ 6 \quad 3. \ |$$

图 12 - 14　乐谱示例

二、旋律匹配

在旋律匹配方面，早期研究采用的是近似字符串匹配算法，如用计算编辑距离的动态规划算法、N-Gram 法等来比较两段旋律的相似程度。由于多数情况下用户的哼唱输入是包含某些错误的，如哼唱者跑调、漏唱了几个音符、多唱了几个音符等，因此，基于哼唱的查询算法必须具有一定的容错能力。但近似字符串匹配算法在容错方面有明显缺陷，如果采用音高变化的程度来描述哼唱旋律，当用户在哼唱时有一个音的频率出现偏差，则编码成音符序列后，误差就会传播到两个音符上，那么在稍大规模的乐曲库中使用字符串匹配，用户仅仅唱错一个音就很容易导致检索失败。

除了近似字符串匹配技术外，统计学模型也用在了哼唱检索的序列匹配上。一种方法是动态时间规整（dynamic time warping，DTW）算法。这种方法可以提高搜索的准确性和容错性，但代价是暴力搜索的时间大大增长。另外研究比较多的是基于隐马尔科夫模型（HMM）的方法。这种方法在建立初期就定义了用户哼唱的几个错误，例如删除错误、插入错误，并对错误进行建模，使 HMM 训练模型能够更加适应哼唱者的错误习惯，对于不同演唱水平的哼唱者都有较好的检索效果。同时，也有学者提出利用 HMM 和 DTW 混合的方法,其中 DTW 方法的距离函数是用概率模型来计算的。除了 DTW 和 HMM 算法外,其他具有代表性的算法包括基于后缀树的索引方法、基于编辑距离的方法、基于单侧连续匹配的方法等。

12.5 多媒体内容识别

多媒体内容识别是让计算机能够自动地从大量多媒体数据中快速检测到用户感兴趣的特定内容,而这个特定内容的定义和范围因任务而异,需要预先指定。在某种程度上,多媒体内容识别也可以看成是一个检索问题。区别在于,在一般检索情景中,用户对于信息需求的描述是开放的,而多媒体内容识别的范围相对受限。举例来说,对于视觉场景分类任务,需要给出一个场景列表,如教室、体育馆、酒吧、停车场、街道、高速公路、海滩等;在图像标注中,需要给出一个标签集,如公交车、动物、建筑、奶牛、女孩、网球等;音乐情感分类中的类别数量相对较少,以四个基本情绪作为支撑——高兴、平静、悲伤、愤怒。图 12-15 给出了多媒体内容识别的基本框架,过程分为训练和测试两个阶段。训练阶段负责分类器的产生,测试阶段负责用训练好的分类器对新数据进行预测。如果新数据有标准答案(ground truth),可以进一步通过评估(evaluation)模块给出识别性能报告。

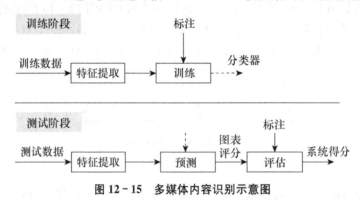

图 12-15 多媒体内容识别示意图

"分类"和"标注"都是给多媒体数据添加语义描述,二者的区别在于前者是单标签(single-label)问题,即一个样例只能属于一个类别,后者是多标签(multi-label)问题,即一个样例可以同时属于多个类别。无论是单标签还是多标签问题,它们在特征提取上是没有差别的,主要的区别在于分类器输出函数的使用。单标签问题中各个类别存在互斥关系,需要用 softmax 函数;而多标签问题中允许多个类别共存,应选用 sigmoid 函数。

接下来,我们介绍当前图像、音频和视频内容识别中涉及的主要技术。

12.5.1 图像内容识别

一、图像分类(image classification)

目前主流的图像分类方法都基于以深度卷积神经网络为代表的深度学习(deep learning)技术。深层神经网络是通过模仿人脑对事物的认知过程,使用多层非线性处理单元的级联进行特征提取和变化，每一层使用前一层或前若干层的输出作为输入。卷积神经网络是一种相对特殊的深层神经网络，同一卷积层中神经元之间的连接权重是共享的，另外它的神经元间的连接是非全连接的。权值共享与非全连接的网络结构使之更类似于生物神经网络，不但显著降低了模型复杂度和参数规模，而且对输入图像的平移、比例缩放等变换具有较高的不变性。一般认为，在数据允许的前提下，分类性能随着网络层数的增加而增强，参见图 12 - 16。目前常用的深度卷积网络有 VGGNET、GoogLeNet（Inception v3）、ResNet、ResNet ＋ Inception（Inception v4）等。

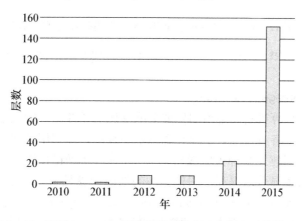

图 12 - 16　历届 ImageNet 图像识别竞赛获胜者所使用的模型层数

说明：2015 年的获胜系统所使用的 ResNet 网络有 152 层。
资料来源：https://tinyurl.com/y9l9golb.

图 12 - 17 给出了如何在 tensorflow 框架下利用预先训练好的 CNN 模型进行图像识别的示例代码以及预测结果。

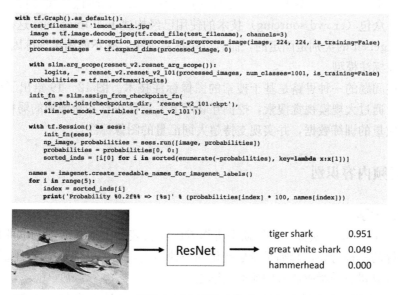

图 12 - 17　在 tensorflow 框架下进行图像内容识别的示例代码及预测结果

说明：本例中我们使用了 101 层的 ResNet 模型，测试图像中的鲨鱼属于柠檬鲨（lemon shark）。

图 12-17 的测试图像是柠檬鲨。因此在严格意义上，预测结果并不正确。原因就在于训练时所指定的类别中并未包含柠檬鲨。为了克服这种局限性，研究人员正在积极探索零样本图像识别技术，如图 12-18 所示，通过零样本学习（zero-shot learning）扩展现有模型可预测的词汇量。

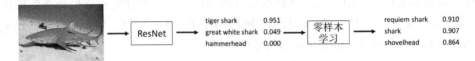

图 12-18　通过零样本学习扩展现有模型可预测的词汇

说明：关于用零样本学习技术加 tensorflow 实现图像标注的完整程序，感兴趣的读者可以查看 https://github.com/li-xirong/hierse/。

二、图像标注（image annotation）

图像标注就是让计算机自动地给图像加上能够反映图像内容的文字。现有的图像标注方法在具体表现形式上各有特点，但核心思想是一致的，即利用已知的标注数据在标签词汇与图像（特征）之间建立某种关联或映射关系，并据此预测新图像的标签。毫无疑问，深度学习技术的发展也显著地提高了图像标注的性能（参见 Li et al. *Socializing the Semantic Gap：A Comparative Survey on Image Tag Assignment*，*Refinement*，*and Retrieval*，CSUR 2016）。由于图像标注所需要的标签数量要大于图像分类所能预测的数量，所以现有的图像分类方案并不足以解决图像标注问题。

目前图像标注的核心问题有两个。一是如何构建一个合适的、能够满足特定用户的标签集。不同用户在不同应用场景下对于标签集的需求是不同的。目前论文中所使用的标签集往往是采用在训练集中出现频率最高的前 n 个标签。这种策略更多的是出于实验便利的考虑。随之而来的第 2 个问题是，在有了标签集之后，如何以较低的代价获取大量高质量的训练数据。众包（crowd sourcing）技术的使用已经构建了如 ImageNet 这样大规模的数据集，但 ImageNet 的类别是固定的，而且以单标签为主，并不能满足训练因用户而异的、多标签的图像标注模型。

解决上述问题的一种思路是基于搜索的图像标注技术。图 12-19 给出了该技术的一个实现方案，通过大规模视觉搜索，挖掘互联网上大量存在且不断增加的弱标注数据，从中提取出高质量的训练数据，并实现支持超大词汇量的图像标注。

12.5.2　音频内容识别

一、翻唱识别

翻唱（cover song）实际上是指歌手将作者已经发表并由他人演唱的歌曲根据自己的风格重新演绎的一种行为，翻唱是音乐变化的一种形式，也可以理解为哼唱查询的一种特殊形式，是计算机音乐听感相似的研究问题之一。

翻唱歌曲重要的特点是：音乐相似的定义比较客观，易于判断。其主要存在形式包括：重新灌制（remaster）、现场版（live）、不插电版（acoustic version）、演示版（demo）、二重唱（duet）以及混合曲（medley）等。翻唱版本与原曲或其他翻唱版本的区别主

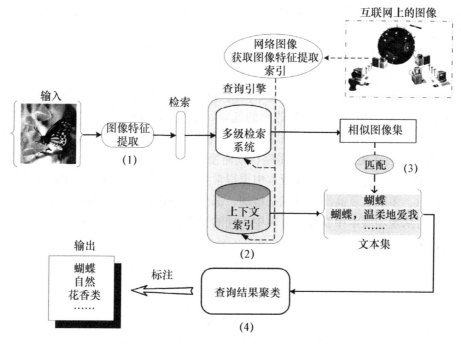

图 12 - 19 基于搜索的图像标注方法示意图

资料来源：Li et al.，Image Annotation by Large-Scale Content-based Image Retrieval，ACM MM 2006。

要体现在：音色、速度、节奏、调、结构、和声、歌词和噪音等多方面。这项技术的研究成果可应用于乐曲版权裁决、基于内容的音乐检索等方面。表 12 - 3 中给出了几种翻唱歌曲中音乐维度的变化情况。

表 12 - 3 翻唱歌曲中音乐可能存在的变化形式

	音色	节奏	速度	结构	主调	和声	歌词	噪音
重新灌制	＊						＊	＊
器乐版	＊							＊
现场版	＊	＊	＊					＊
不插电版	＊	＊	＊		＊	＊		＊
演示版	＊	＊	＊	＊	＊			＊
混合曲	＊	＊	＊	＊				＊
混音	＊	＊	＊	＊			＊	＊
引唱版	＊			＊				＊

说明：＊符号表示可能存在的变化，但不是必然存在。

翻唱版本检测的一般步骤如图 12 - 20 所示，需要进行歌曲调、速度和结构的统一处理。

（1）调：翻唱版本中最常见的是转调，转调会将所有的音高信息进行平移。一般情况下，不同的调能释放不同的情绪，这是确定原曲应该定在哪个调的关键。但在翻唱中，调的选取主要依赖于歌手所擅长的音域范围。对于普通的听众来说，变调的翻唱版本与原曲的听觉感受几乎不变，但是，变调对计算机来说意义很大，计算机中向量存储的 c 调信息

势必与 g 调完全不同。因此，研究中需要将翻唱后调不同的歌曲转到同一个调上，进行统一移调处理。

（2）速度：速度泛指音色进行的快慢，是音乐运动的时间因素，速度与感情的变化以及形象的刻画有密切的关系。速度不同在翻唱歌曲中很普遍。这是因为同一旋律用不同的速度处理，从而获得不同的音乐形象或不同的音乐情绪是完全可能的。90 BPM 可能被故意提高到 140 BPM 以便营造出一种热烈的气氛，相反 120bpm 降至 60bpm 可能会营造出与原版不同的情调。即使原来的艺术家要复制他的专辑的效果，在现场表演中，原曲的 120 BPM 也可能会在无意中被演绎得略快或略慢。

（3）结构：结构的变化在翻唱版本中也很常见。尤其是在现场版本中，艺术家通常会增加几段独白、多次重复高潮部分或是增加一部分即兴独奏，这些信息对于听众是有价值的，听众期待从现场版本中获得与专辑中不同的视听体验，但对于计算机来说，以上所说的信息是冗余的。

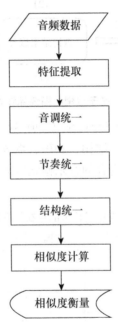

图 12-20 翻唱识别的主要步骤（来源于 Joan Serra 论文）

二、音乐流派分类（music genre classification）

音乐流派分类，顾名思义就是把音乐划分到其所属的音乐流派当中。音乐流派分类最大的挑战就是音乐流派的定义本身就存在分歧，而且同一首歌曲往往包含了几个流派。因此，音乐流派分类是一个多标签问题。同时，音乐流派也存在着层次结构。主流派有古典、乡村、迪斯科、嘻哈、爵士、摇滚、蓝调、雷鬼、流行、金属等。每个主流派可进一步细分成多个子流派。比如古典可细分为合唱、管弦乐、钢琴曲、四重奏等。目前的主要研究基本上是在音乐的主流派上进行。与音乐信息检索的其他方面类似，流派的分类还是偏向于针对西方音乐。关于在其他文化背景下进行类似的分类也有一些研究尝试，如中国地域风格的分类、印度音乐和西方音乐合集的分类等。

12.5.3　视频内容识别

由于视频具有天然的多模态特点,其内容包含的信息更丰富,也更复杂。视频内容分析需要回答的问题包括:

(1) 视频在哪里拍的(视频场景分类,video scene classification);

(2) 视频里有什么人或物(视频概念检测,video concept detection);

(3) 它们正在做什么(视频行为识别,video activity recognition);

(4) 将要发生什么(视频事件预测,video event prediction)。

视频内容识别建立在对其图像和音频内容进行识别的基础上。在实践中,我们可能会遇到其中一个模态缺失的情形。一个典型的例子是监控视频,只有图像,没有音频。因此,视频内容识别的难点在于如何在部分信息缺失的情形下,进行有效、可靠的多模态信息融合。图 12-21 给出了训练视频分类器的一般框架。

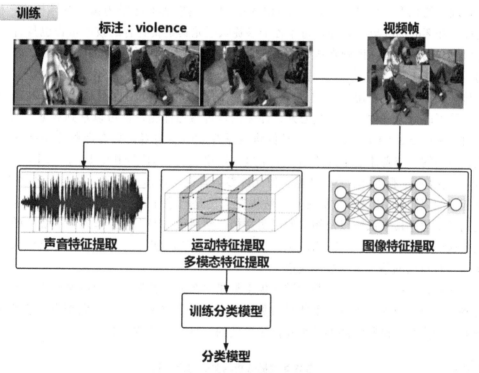

图 12-21　训练视频分类器示意图

12.6　国际评测

关于特定任务(如视频检索)的国际评测是指由特定机构或学术团体无偿提供与任务

相关的训练/测试数据，并按照统一的评测规则，在特定时间内对世界各地的参与者（公司、学术团队或个人）所提的解决方案给出相对客观、公正的定量评价。表 12-4 给出了与多媒体数据分析相关的几个主要的国际评测。

由于多媒体问题的复杂性，在国际评测出现之前，研究人员要花费相当多的人力、财力在数据准备上，而且由于当时数据共享的观念和技术并不像现在这样普及和便利，几乎每个团队都在重复类似的工作，所以导致三个问题：一是大量重复劳动浪费了宝贵的科研资源；二是受制于人力、财力成本，数据规模相对较小，既影响实验结论的可靠性，也制约研究人员探索更高级但对数据量需求较大的技术（如深度学习）；三是更严重的问题，即公共数据集的缺乏使得各个论文中报告的实验结果往往缺乏可比性，影响了学术共识和科学结论的达成。

国际评测在很大程度上解决了上述三个问题。以国际视频分析与检索技术评测（TRECVID）为例。它由美国国家标准与技术研究所（NIST）从 2001 开始主办，至今已举办过 16 届。TRECVID 给视频检索领域带来的一个显著变化就是将实验数据的规模从过去的几个小时提升到现在的几千个小时。历届的 TRECVID 数据集事实上已成为衡量视频检索、标注、分类算法好坏的标准集。此外，每年各个参赛队伍尤其是获胜者的技术报告也具有较高的参考价值。因此，国际评测在推动多媒体数据分析技术发展的过程中起到了非常重要的作用。

从表 12-4 可以看出，不同的评测所规定的数据开放范围也不尽相同。根据开放程度，大致可以分为三种。一种是公开，即无论是否参加评测，都可以拿到数据，如 Pascal VOC 和 ImageNet Challenge。第二是仅将数据开放给参与者，只有那些注册并签署了相关版权声明的参与者才能拿到数据。采用这种策略的有 TRECVID、ImageCLEF 和 MediaEval。最后一种是完全不公开数据，但允许参与者提交可执行程序，由组织者完成评估。由于版权的限制，MIREX 数据集对算法提交人员是严格保密的，但允许参与者远程提交他们的音乐信息检索系统以及相关的说明文档，然后由 MIREX 工作人员在统一的数据集上运行这些系统。之后，MIREX 会自动反馈所有系统的实时运行报告和评价结果，并允许参与者对自己的系统做持续性改进。

有必要指出的是，国际评测的游戏规则是建立在参与者学术自律的基础上。比如，不能对测试结果进行人工干预，不能针对测试数据进行参数优化等。我们相信，这种违规的情况属于极少数，国际评测的结果总体是可信的、具有标杆意义的。

表 12-4　　　　　　　　　　多媒体数据分析相关的国际评测

名称	任务	开始时间	数据开放范围
TRECVID	视频检索、分类、标注	2001 年	开放给参与者
ImageCLEF	图像标注	2003 年	开放给参与者
MIREX	音频检索	2005 年	不公开
Pascal VOC	图像分类、物体定位	2005 年	公开
ImageNet Challenge	图像分类、物体定位	2010 年	公开
MediaEval	社交多媒体数据分析、检索	2010 年	开放给参与者

12.7　问题与挑战

多媒体数据分析技术已经取得了长足进展，并在一些特定应用场景如图像/视频去重、视觉类别检索、语音识别、内容推荐等达到了商用的水平。但总体而言，现有成果较用户期望还有较大的差距。首先，计算机对于多媒体数据尚未达到语义理解的程度，我们能通过图像、音频、视频内容识别技术提取的仍是相对简单的、缺乏逻辑和层次结构的信息，且未形成能够支撑可靠推理的知识体系。其次，表征内容的特征缺乏明确的语义含义，使得预测结果往往不可解释。深度学习技术在多媒体数据分析中存在缺乏常识的问题，即使是两张目测很相似的图像（或者视频帧），深度卷积网络对其进行预测的类别也可能会出现较大的差异。此外，即使在大数据背景下，特定领域由于涉及专业知识等仍然存在着训练数据稀缺的挑战，需要积极继续探索小样本甚至零样本学习的技术。最后，多媒体数据分析中涉及的多模态协调分析和融合计算仍是一个开放性的问题。

习题

1. 多媒体数据的表现形式有哪些？
2. 多媒体内容检索和内容识别有何区分，二者是否可以互为解决方案？
3. 图像标注与图像分类的异同点是什么？
4. 如何实现一个基于哼唱的音乐检索系统？
5. 在使用深度网络提取特征时，一般不使用最后一层作为特征，为什么？

图书在版编目（CIP）数据

非结构化大数据分析/李翠平主编. —北京：中国人民大学出版社，2018.11
（大数据分析统计应用丛书）
ISBN 978-7-300-26297-0

Ⅰ.①非… Ⅱ.①李… Ⅲ.①数据处理-研究生-教材 Ⅳ.①TP274

中国版本图书馆 CIP 数据核字（2018）第 222071 号

大数据分析统计应用丛书
非结构化大数据分析
主编 李翠平
Feijiegouhua Dashuju Fenxi

出版发行	中国人民大学出版社			
社 址	北京中关村大街 31 号		邮政编码	100080
电 话	010 – 62511242（总编室）		010 – 62511770（质管部）	
	010 – 82501766（邮购部）		010 – 62514148（门市部）	
	010 – 62515195（发行公司）		010 – 62515275（盗版举报）	
网 址	http://www.crup.com.cn			
经 销	新华书店			
印 刷	固安县铭成印刷有限公司			
开 本	787 mm×1092 mm 1/16		版 次	2018 年 11 月第 1 版
印 张	15 插页 1		印 次	2024 年 7 月第 2 次印刷
字 数	346 000		定 价	36.00 元

中国人民大学出版社　理工出版分社

教师教学服务说明

中国人民大学出版社理工出版分社以出版经典、高品质的统计学、数学、心理学、物理学、化学、计算机、电子信息、人工智能、环境科学与工程、生物工程、智能制造等领域的各层次教材为宗旨。

为了更好地为一线教师服务，理工出版分社着力建设了一批数字化、立体化的网络教学资源。教师可以通过以下方式获得免费下载教学资源的权限：

★ 在中国人民大学出版社网站 www.crup.com.cn 进行注册，注册后进入"会员中心"，在左侧点击"我的教师认证"，填写相关信息，提交后等待审核。我们将在一个工作日内为您开通相关资源的下载权限。

★ 如您急需教学资源或需要其他帮助，请加入教师 QQ 群或在工作时间与我们联络。

中国人民大学出版社　理工出版分社

🔔 **教师 QQ 群：** 229223561(统计2组) 982483700(数据科学) 361267775(统计1组)
教师群仅限教师加入，入群请备注（学校＋姓名）

☎ **联系电话：** 010-62511967，62511076

✉ **电子邮箱：** lgcbfs@crup.com.cn

📍 **通讯地址：** 北京市海淀区中关村大街 31 号中国人民大学出版社 507 室（100080）